Alexander W. Roos

Verfahren zur Gestaltung von Dienstleistungsunternehmen in einem Konfigurationsansatz

Mit 93 Abbildungen

Springer

Dr. rer. pol. Alexander W. Roos
Fraunhofer-Institut für Arbeitswirtschaft und Organisation (IAO), Stuttgart

Prof. Dr.-Ing. Dr. h. c. mult. H. J. Warnecke
o. Professor an der Universität Stuttgart
Präsident der Fraunhofer-Gesellschaft, München

Prof. Dr.-Ing. Dr. h. c. E. Westkämper
o. Professor an der Universität Stuttgart
Fraunhofer-Institut für Produktionstechnik und Automatisierung (IPA), Stuttgart

Prof. Dr.-Ing. habil. Prof. e. h. Dr. h. c. H.-J. Bullinger
o. Professor an der Universität Stuttgart
Fraunhofer-Institut für Arbeitswirtschaft und Organisation (IAO), Stuttgart

D 93

ISBN 978-3-540-64566-5   ISBN 978-3-662-10767-6 (eBook)
DOI 10.1007/978-3-662-10767-6

Dieses Werk ist urheberrechtlich geschützt. Die dadurch begründeten Rechte, insbesondere die der Übersetzung, des Nachdrucks, des Vortrags, der Entnahme von Abbildungen und Tabellen, der Funksendung, der Mikroverfilmung oder der Vervielfältigung auf anderen Wegen und der Speicherung in Datenverarbeitungsanlagen, bleiben, auch bei nur auszugsweiser Verwertung, vorbehalten. Eine Vervielfältigung dieses Werkes oder von Teilen dieses Werkes ist auch im Einzelfall nur in den Grenzen der gesetzlichen Bestimmungen des Urheberrechtsgesetzes der Bundesrepublik Deutschland vom 9. September 1965 in der jeweils gültigen Fassung zulässig. Sie ist grundsätzlich vergütungspflichtig. Zuwiderhandlungen unterliegen den Strafbestimmungen des Urheberrechtsgesetzes.
© Springer-Verlag Berlin Heidelberg 1998
Ursprünglich erschienen bei Springer-Verlag Berlin Heidelberg New York 1998.

Die Wiedergabe von Gebrauchsnamen, Handelsnamen, Warenbezeichnungen usw. in diesem Werk berechtigt auch ohne besondere Kennzeichnung nicht zu der Annahme, daß solche Namen im Sinne der Warenzeichen- und Markenschutz-Gesetzgebung als frei zu betrachten wären und daher von jedermann benutzt werden dürften.

Sollte in diesem Werk direkt oder indirekt auf Gesetze, Vorschriften oder Richtlinien (z. B. DIN, VDI, VDE) Bezug genommen oder aus ihnen zitiert worden sein, so kann der Verlag keine Gewähr für die Richtigkeit, Vollständigkeit oder Aktualität übernehmen. Es empfiehlt sich, gegebenenfalls für die eigenen Arbeiten die vollständigen Vorschriften oder Richtlinien in der jeweils gültigen Fassung hinzuzuziehen.

Gesamtherstellung: Copydruck GmbH, Heimsheim
SPIN 10681832   62/3020−5 4 3 2 1 0

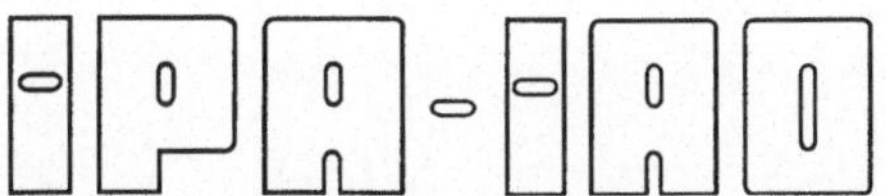

Forschung und Praxis

Band 267

Berichte aus dem
Fraunhofer-Institut für Produktionstechnik
und Automatisierung (IPA), Stuttgart,
Fraunhofer-Institut für Arbeitswirtschaft
und Organisation (IAO), Stuttgart,
Institut für Industrielle Fertigung und
Fabrikbetrieb der Universität Stuttgart und
Institut für Arbeitswissenschaft und
Technologiemanagement, Universität Stuttgart

Herausgeber: H. J. Warnecke, E. Westkämper
und H.-J. Bullinger

Springer-Verlag Berlin Heidelberg GmbH

Geleitwort der Herausgeber

Über den Erfolg und das Bestehen von Unternehmen in einer marktwirtschaftlichen Ordnung entscheidet letztendlich der Absatzmarkt. Das bedeutet, möglichst frühzeitig absatzmarktorientierte Anforderungen sowie deren Veränderungen zu erkennen und darauf zu reagieren.

Neue Technologien und Werkstoffe ermöglichen neue Produkte und eröffnen neue Märkte. Die neuen Produktions- und Informationstechnologien verwandeln signifikant und nachhaltig unsere industrielle Arbeitswelt. Politische und gesellschaftliche Veränderungen signalisieren und begleiten dabei einen Wertewandel, der auch in unseren Industriebetrieben deutlichen Niederschlag findet.

Die Aufgaben des Produktionsmanagements sind vielfältiger und anspruchsvoller geworden. Die Integration des europäischen Marktes, die Globalisierung vieler Industrien, die zunehmende Innovationsgeschwindigkeit, die Entwicklung zur Freizeitgesellschaft und die übergreifenden ökologischen und sozialen Probleme, zu deren Lösung die Wirtschaft ihren Beitrag leisten muß, erfordern von den Führungskräften erweiterte Perspektiven und Antworten, die über den Fokus traditionellen Produktionsmanagements deutlich hinausgehen.

Neue Formen der Arbeitsorganisation im indirekten und direkten Bereich sind heute schon feste Bestandteile innovativer Unternehmen. Die Entkopplung der Arbeitszeit von der Betriebszeit, integrierte Planungsansätze sowie der Aufbau dezentraler Strukturen sind nur einige der Konzepte, welche die aktuellen Entwicklungsrichtungen kennzeichnen. Erfreulich ist der Trend, immer mehr den Menschen in den Mittelpunkt der Arbeitsgestaltung zu stellen - die traditionell eher technokratisch akzentuierten Ansätze weichen einer stärkeren Human- und Organisationsorientierung. Qualifizierungsprogramme, Training und andere Formen der Mitarbeiterentwicklung gewinnen als Differenzierungsmerkmal und als Zukunftsinvestition in *Human Resources* an strategischer Bedeutung.

Von wissenschaftlicher Seite muß dieses Bemühen durch die Entwicklung von Methoden und Vorgehensweisen zur systematischen Analyse und Verbesserung des Systems Produktionsbetrieb einschließlich der erforderlichen Dienstleistungsfunktionen unterstützt werden. Die Ingenieure sind hier gefordert, in enger Zusammenarbeit mit anderen Disziplinen, z. B. der Informatik, der Wirtschaftswissenschaften und der Arbeitswissenschaft, Lösungen zu erarbeiten, die den veränderten Randbedingungen Rechnung tragen.

Die von den Herausgebern langjährig geleiteten Institute, das

- Institut für Industrielle Fertigung und Fabrikbetrieb der Universität Stuttgart (IFF),

- Institut für Arbeitswissenschaft und Technologiemanagement (IAT),

- Fraunhofer-Institut für Produktionstechnik und Automatisierung (IPA),

- Fraunhofer-Institut für Arbeitswirtschaft und Organisation (IAO) arbeiten in grundlegender und angewandter Forschung intensiv an den oben aufgezeigten Entwicklungen mit. Die Ausstattung der Labors und die Qualifikation der Mitarbeiter haben bereits in der Vergangenheit zu Forschungsergebnissen geführt, die für die Praxis von großem Wert waren. Zur Umsetzung gewonnener Erkenntnisse wird die Schriftenreihe „IPA-IAO - Forschung und Praxis" herausgegeben. Der vorliegende Band setzt diese Reihe fort. Eine Übersicht über bisher erschienene Titel wird am Schluß dieses Buches gegeben.

Dem Verfasser sei für die geleistete Arbeit gedankt, dem Springer-Verlag für die Aufnahme dieser Schriftenreihe in seine Angebotspalette und der Druckerei für saubere und zügige Ausführung. Möge das Buch von der Fachwelt gut aufgenommen werden.

        H. J. Warnecke   E. Westkämper   H.-J. Bullinger

Vorwort

Die vorliegende Arbeit entstand während meiner Tätigkeit als wisenschaftlicher Mitarbeiter am Institut für Arbeitswissenschaft und Technologiemanagement (IAT) und am Fraunhofer-Institut für Arbeitswirtschaft und Organisation (IAO) in Stuttgart in Kooperation mit dem Betriebswirtschaftlichen Institut der Universität Stuttgart (Abteilung IV: Lehrstuhl für Allgemeine Betriebswirtschaftslehre und Betriebswirtschaftliche Planung).

Herrn Prof. Dr. Erich Zahn danke ich sehr für die wissenschaftliche Unterstützung und wohlwollende Förderung der Arbeit.

Herrn Prof. Dr.-Ing. habil. Dr. h.c. Prof. E.h. H.-J. Bullinger danke ich für seine eingehende Durchsicht der Arbeit und die sich daraus ergebenden konstruktiven Hinweise.

Weiterhin danke ich meiner Famile für ihre Geduld und Unterstützung sowie den Arbeitskollegen am IAO, die stets für ein kritische fachliche Diskussion zur Verfügung standen.

Göppingen, im März 1998   Alexander Roos

Inhaltsverzeichnis

Abbildungsverzeichnis

Abkürzungsverzeichnis

AMJ	Academy of Management Journal
ArbPlSchuG	Arbeitsplatzschutzgesetz
ArbStättV	Arbeitsstättenverordnung
ASiG	Arbeitssicherheitsgesetz
AZG	Arbeitszeitgesetz
AZO	Arbeitszeitordnung
BeschFG	Beschäftigungsförderungsgesetz
BetrVG	Betriebsverfassungsgesetz
BGB	Bürgerliches Gesetzbuch
BAT	Bundesangestellten Tarif
BUrlG	Bundesurlaubsgesetz
BPR	Business Process Reengineering, synonym mit Business Reengineering verwendet
C++	objektorientierte Programmiersprache
CC	Competence Center
CIM	Computer Integrated Manufacturing
CPM	Critical Path Method
CSCW	Computer Supported Cooperative Work
DBW	Die Betriebswirtschaft
DLZ	Durchlaufzeit
DMS	Dokumentenmanagementsystem
EU	Europäische Union
FIS	Führungsinformationssysteme
FMEA	Failure Mode and Effect Analysis
GmbH	Gesellschaft mit beschränkter Haftung
GSM	Global Systems for Mobile Communications
GtA	Gesetz über technische Arbeitsmittel
HAG	Heimarbeitsgesetz
HTML	Hyper Text Markup Language
HTTP	Hyper Text Transfer Protocol
ISDN	Integrated Services Digital Network
IT	Informationstechnik
JAVA	objektorientierte, plattformunabhängige Programmiersprache

KVP	Kontinuierlicher Verbesserungsprozeß
LAN	Local Area Network
MA	Mitarbeiter
MBO	Management-Buy-Out
MIT	Massachusetts Institute of Technology
MITI	Ministery of Trade and Industry
MPM	Metra Potential Method
MT	Marktstrategieteam
PERT	Program Evaluation and Review Technique
POI	Point of Information
PPS	Produktionsplanungs- und Steuerungssysteme
QFD	Quality Function Deployment
QM	Qualitätsmanagement
RVG	Reichsversicherungsordnung
SGE	Strategische Geschäftseinheit
TVG	Tarifvertragsgesetz
TQM	Total Quality Management
TVG	Tarifvertragsgesetz
VRML	Virtual Reality Modelling Language
WAN	Wide Area Network
WiSt	Wirtschaftswissenschaftliches Studium
WWW	World Wide Web
ZFO	Zeitschrift Führung und Organisation

1 Ausgangssituation

Die Industriestaaten sind auf dem Weg in die "Dienstleistungsgesellschaft". Der Dienstleistungssektor hat für die Beschäftigungssituation und als „Innovationskatalysator für Produktion, Handwerk und andere Sektoren der Volkswirtschaft"[1] hohe volkswirtschaftliche Bedeutung. Dies gilt auch mit Blick auf die öffentlichen Dienstleister: effektives und effizientes Verwaltungshandeln sind Vorbedingung für einen konkurrenzfähigen "Standort Deutschland"[2]. Moderne Verwaltungen entwickeln sich zu Dienstleistern, bei Produktionsunternehmen wird der Anteil der Dienstleistung am Produkt höher, neue Dienstleistungen entstehen getrieben z.B. durch informationstechnische Entwicklungen in Form von elektronischen Märkten, Informationsdienstleistungen und Online-Diensten.

Trends in Richtung einer zunehmenden Individualisierung der Nachfrage, Globalisierung und Fragmentierung der Märkte, Intensivierung des Wettbewerbs, Diffusion moderner Informationstechnologien und Veränderung von Standortbedingungen, erfordern organisatorische Anpassungsmaßnahmen der Unternehmen.

In der Vergangenheit haben demgegenüber relativ lange Wachstumsphasen verbunden mit einer daraus resultierenden "Verteilungs- und Absicherungsmentalität" einen organisatorischen Wandel in vielen Dienstleistungsunternehmen verhindert. Auch staatliche Reglementierungen beispielsweise im Versicherungsbereich, bei der Telekommunikation oder bei der Privatisierung kommunaler Dienstleistungen haben die Ausrichtung auf moderne Dienstleistungs- und Verwaltungsstrukturen in bestimmten Dienstleistungsbranchen bisher verzögert. Mit der zunehmenden Öffnung, Globalisierung und Liberalisierung von Märkten, z.B. durch die Deregulierungspolitik der Europäischen Union, und dem zunehmenden Leidensdruck durch öffentliche Verschuldung hat sich ein hoher Handlungsbedarf bezüglich der organisatorischen Gestaltung von Dienstleistungsunternehmen aufgebaut. Dieser Handlungsbedarf wird durch die Produktivitätslücke bei Dienstleistungsunternehmen verstärkt. Unter dieser Produktivitätslücke wird nicht zuletzt eine fehlende Korrelation zwischen Investitionen in Informationstechnologie und ihren Auswirkungen auf die Produktivität bei Dienst-

---

[1] Gries, W. [1995], S. 5

[2] vgl. dazu Diebold (Hrsg.) [1994], S. 4

leistungsunternehmen verstanden.

Der skizzierte Handlungsbedarf erklärt auch den großen Verkaufserfolg der populär-wissenschaftlichen Managementliteratur, die zuerst mit Blick auf Japan eine "Lean"-Welle[3] und dann mit Blick auf die USA eine "Business Reengineering"-Welle[4] auslöste. Doch in Literatur und Praxis sind sehr unterschiedliche Erfahrungen mit diesen Ansätzen zu finden. Beim Business Reengineering als dem z.Z. wohl am meisten diskutierten Managementansatz ist die anfängliche Euphorie einer kritischen Stimmung gewichen. Die Zahl der Kritiker ist groß und prominent. Womack merkt an: „Viele Reengineering-Projekte scheitern entweder völlig oder nutzen ihr Potential nicht restlos"[5]. Er kann den Reengineering-Vertretern keinen Erfolg wünschen, da „sie nicht Willens sind, menschliche und betriebliche Realitäten anzuerkennen"[6]. Bleicher kritisiert beim Reengineering und den damit verbundenen Gestaltungsansätzen, daß die Nutzenpotentiale der Zukunft mit vernichtet werden und damit "das Kind mit dem Bade" ausgeschüttet wird: „Die partizipativ getragene Vision und Mission der Unternehmung ... enthüllt sich als Farce. ... Mit wieviel Unglaubwürdigkeit und Mißtrauen werden wir in die nächste Phase unserer Unternehmensentwicklung eintreten"[7]. Scharfe Kritik übt auch Kieser. Zu den von Beratern und Reengineering-Autoren prophezeiten Quanten-sprüngen in der Leistungsfähigkeit von Unternehmen stellt er fest: „Quantensprünge sind bisher nicht nachgewiesen, sind auch nicht zu erwarten"[8]. Generell merkt Kieser zu den Managementbestsellern an: „Ein Schlüsselfaktor wird in den Vordergrund gestellt. ...Dieser Faktor wurde, dem Autor zufolge, bisher sträflich vernachlässigt, weshalb seine Entdeckung als revolutionär bezeichnet werden kann. Der Autor belehrt oder kritisiert die Praxis nicht, er macht lediglich auf deren eigene Spitzenleistungen aufmerksam und stellt sie anhand anschaulicher Beispiele vor. Damit suggeriert er Umsetzbarkeit. ...Wichtig ist vor allem: Die Darstellung ist einfach und mehrdeutig

---

[3] Als bekanntestes Buch ist hier Womack, J.P.; Jones, D.T.; Roos, D. [1992] „Die 2. Revolution in der Autoindustrie" zu nennen

[4] Business Reengineering ist begründet durch Hammer und Champy; vgl. Hammer, M.; Champy, J. [1993]

[5] Womack, J. P. [1995], S. 15

[6] Womack, J. P. [1995], S. 17

[7] Bleicher, K. [1995], S. 390

[8] Kieser, A. [1996], S. 183

zugleich"[9].

Doch stellen auch die kritischen Autoren fest, daß Business Reengineering und andere Managementansätze richtige und sinnvolle Elemente enthalten, z.B. im Bereich der Prozeßorientierung. In den zahlreichen Ansätzen zum Business Reengineering sind unterschiedliche Werkzeuge und Gestaltungsprinzipien für die Realisierung eines Business Reengineering genannt. Kieser bemerkt dazu: „Wie schon bei Hammer und Champy wollen sich die vielen Puzzleteilchen schwer zu einem Gesamtbild zusammenfügen"[10]. Es stellt sich also die Frage, ob es ausreicht, die als richtig erkannten Werkzeuge und Gestaltungselemente aus den bestehenden Managementansätzen herauszuarbeiten, damit diese im Sinne eines Werkzeugkastens zur Gestaltung einer Organisation zur Verfügung stehen.

Diese Frage muß zum einen vor dem Hintergrund beantwortet werden, ob der Wandel einer Organisation inkremental oder eher revolutionär abläuft und ob es einheitliche Prinzipien der Gestaltung für diesen Wandel gibt. Zum anderen ist die Kenntnis des gewünschten Zielzustands der Organisation erforderlich. Gibt es in der Praxis die Extreme der "tayloristischen" und der "ganzheitlich-prozeßorientierten Organisation" die Hammer und Champy fast im Sinne einer normativen Organisationslehre beschreiben? Gibt es ein Kontinuum von situativ-angepaßten Organisationsformen, die jeweils durch Anpassung von Organisationen an ihre Umwelt entstehen?

Solche und andere Fragen sollen auf Basis der Konsistenz- und Konfigurationsansätze[11], die im Umfeld von Mintzberg, Miller und Friesen entstanden sind, in der vorliegenden Arbeit beantwortet werden. Diese Ansätze zeigen eine begrenzte Zahl von Strategie-Struktur-Umwelt Kombinationen, sogenannte Konfigurationen. Durch eine relativ geringe Anzahl von Konfigurationen, so die Annahme dieser Ansätze, kann dabei die überwiegende Zahl der in der Realität vorkommenden Kombinationen von Organisationselementen erklärt werden. Khandwalla fand schon 1973 heraus, daß die Konfiguration einer Organisation einen größeren Einfluß auf deren Effizienz hat als

---

[9] Kieser, A. [1996], S. 347

[10] Kieser, A. [1996], S. 180

[11] Zur Entstehung der Konfigurations-/Konsistenz-Ansätze vgl. Staehle, W. H. [1991], S. 58 ff; als Standardwerk gilt Miller, D.; Friesen, P. H. [1984]: Organizations: A quantum view, New Jersey 1984

jedes einzelne Element dieser Konfiguration[12]. Es ist also demnach nicht sinnvoll, nur einzelne Elemente einer Konfiguration zu verändern. Mit anderen Worten: Neue Elemente aus aktuellen Managementansätzen sollten nicht unreflektiert im Sinne eines Werkzeugkastens, sondern immer nur situativ und spezifisch für den gezielten Übergang zwischen Konfigurationen eingesetzt werden. Erfolge bei der Anwendung neuer Managementansätze zur Gestaltung des organisatorischen Wandels lassen sich vermutlich dadurch erklären, daß sie fallweise (und unter Umständen unbewußt) zur Gestaltung einer neuen stimmigen Konfiguration genutzt wurden.

Es gilt also ein Verfahren zu entwickeln, in dem das Instrumentarium organisatorischen Wandels, das neue Managementansätze bieten, systematisch den Konfigurations-übergängen zugeordnet wird. Dies muß differenziert für die verschiedenen Formen des Wandels zwischen unterschiedlichen Ausgangs- und Zielkonfigurationen im Sinne der Konfigurationsansätze erfolgen.

Zum Zwecke einer erfolgreichen Gestaltung des organisatorischen Wandels von Dienstleistungsunternehmen wird mit der vorliegenden Arbeit eine Verbindung empi-risch geprägter Managementansätze, und hier vor allem des Business Reengineering und der betriebswirtschaftlichen Konfigurationstheorie vorgeschlagen. Dieses Vorhaben folgt somit einer Einschätzung von Hill, Fehlbaum und Ulrich: „Jeder neue Ansatz wird in der ersten Begeisterung tendenziell überschätzt, was zu einer gewissen Einseitigkeit führt. Es besteht im Verlauf der weiteren Entwicklung dann das Bestreben, frühere und neuere Ansätze zu integrieren"[13]. Das heißt, die empirisch geprägten Management-ansätze, welche die Diskussion um den organisatorischen Wandel in den 90 Jahren beherrschen, sollen in dieser Arbeit mit den Konfigurationsansätzen verbunden werden. Dadurch kann die Diskussion um den "richtigen" Managementansatz durch die

---

[12] vgl. dazu die Arbeit von Khandwalla, P.N. [1973]; Khandwalla stellte damit die Kontingenztheorie in Frage, die besagt, daß die Effizienz einer Organiation umso höher ist, je besser die Übereinstimmung (fit) zwischen Organiation und Umwelt ist

[13] Hill, W.; Fehlbaum, R.; Ulrich, P. [1981], S. 406

Erörterung adäquater Übergänge zwischen Konfigurationen differenziert und situationsadäquat geführt werden.

2 Zielsetzung und Vorgehensweise

Zielsetzung dieser Arbeit ist es, ein Verfahren zu entwickeln, das einen erfolgreichen organisatorischen Wandel von Dienstleistungsunternehmen unterstützen kann. Dazu werden nach einer Begriffsklärung in Kapitel 3.1 zunächst in Kapitel 3.2 die spezifischen Eigenschaften und Anforderungen von und an Dienstleistungsunternehmen analysiert. Einen Überblick zur Vorgehensweise bietet Abbildung 1.

Dienstleisterspezifische Anforderungen an Verfahren zur Unternehmensgestaltung			
Formen der Existenz eines kontinuierlichen oder diskontinuierlichen Wandels	Organisatorische Konfigurationen für Dienstleister: Ausgangspunkte und Ziele organisatorischer Gestaltung	Anforderungen aus den Ansätzen des organisatorischen Wandels	Kritische Analyse der Erfolgspotentiale empirisch geprägter Managementansätze
Verfahrensbeschreibungen für den Wandel zwischen Konfigurationen von Dienstleistungsunternehmen unter Berücksichtigung der o.g. Anforderungen. Die Beschreibung des Wandels erfolgt unter Einbeziehung der Erfolgspotentiale empirisch geprägter Managementansätze			

Abbildung 1: Vorgehensweise

In Kapitel 3.3 wird der Entwicklungsstand theoretischer Erkenntnisse, vor allem in Bezug auf die Ansätze des Management of Change untersucht. Hierbei sind insbesondere die Frage der Eignung organisatorischer Konfigurationsansätze zur Erklärung des geplanten organisatorischen Wandels und die Frage der Existenz von Formen kontinuierlichen oder diskontinuierlichen organisatorischen Wandels zu klären. Auf Basis der organisatorischen Konfigurationsansätze wird ein Konfigurationsmodell erstellt.

Anschließend werden in Kapitel 3.4 die Grundlagen für den organisatorischen Wandel erarbeitet: Der relevante betriebswirtschaftliche Gehalt aktueller, empirisch geprägter Managementansätze für den geplanten Wandel von Organisationen wird herausgearbeitet.

Das analysierte Instrumentarium wird zur Beschreibung eines Verfahrens zur Gestaltung von Dienstleistungsunternehmen im Sinne des organisatorischen Wandels in Kapitel 4 genutzt. Differenziert nach verschiedenen (aufzuzeigenden) Formen des Wandels zwischen unterschiedlichen Konfigurationen im Sinne der Konfigurationsansätze werden zu bestehenden Instrumentarien des Wandels Elemente aus den empirisch geprägten Managementansätzen systematisch zugeordnet und die Instrumentarien des Wandels so ergänzt, erweitert und verändert.

Anforderungen an das Verfahren werden aufgenommen durch die Auswertung empirischer Studien zum Business Reengineering und aus Projekterfahrungen in der Unternehmenspraxis. Solche Projekterfahrungen sind in der Literatur und in Projektberichten u.a. des Fraunhofer Instituts für Arbeitswirtschaft und Organisation dokumentiert. Die herausgearbeiteten Anforderungen an das zu entwickelnde Verfahren werden mit wissenschaftlichen Erkenntnissen aus der strategischen Planung sowie der Organisations- und Innovationsforschung, speziell aus Untersuchungen über den organisatorischen Wandel und über prozeßorientierte Organisationsformen abgeglichen. Notwendige Software-Werkzeuge für den Gestaltungsprozeß werden klassifiziert und analysiert. Aufbauend auf diesen Erkenntnissen wird ein Verfahren mit spezifischen Varianten für unterschiedliche Konfigurationsübergänge (d.h. Strategie-Struktur-Umwelt-Kombinationen) entwickelt. Dieses Verfahren soll ein systematisches, durchgängiges, das Unternehmen umfassendes Vorgehen ermöglichen und die Basis für eine fundierte praktische Umsetzung darstellen. Im einzelnen werden Interdependenzen zwischen Gestaltungsfeldern aufgezeigt und die bestehenden Vorgehensweisen hinsichtlich einer integrativen Betrachtung von Gestaltungsfeldern weiterentwickelt. Kapitel 5 faßt die wesentlichen Erkenntnisse der Arbeit zusammen und gibt einen Ausblick über Möglichkeiten zur Weiterentwicklung.

Die vorliegende Arbeit basiert auf der wissenschaftstheoretischen Position eines gemäßigten Voluntarismus[14]. Soziale Systeme sind danach durch Willensakte gestaltbar, wobei nicht jeder Änderungsversuch gelingen muß, ja durch einen übermäßig hohen Mitteleinsatz auch sinnlos werden kann. Mit anderen Worten: Der Wandel einer Organisation läßt sich aktiv herbeiführen, er läßt sich planen. Dieser geplante Wandel ist eine Führungsleistung, welcher die Planung und Steuerung von Wandlungsprozessen beinhaltet. Treibende bzw. fortschrittsfähige Kräfte in der Organisation müssen in der Phase des Wandels gestärkt und hemmende gemindert

---

[14] vgl. Habermas, J. [1969], S. 146 ff und Kirsch, W.; Esser, W.-H.; Gabele, E. [1979], S. 229 ff

werden, damit die komplexen technischen und sozialen Prozesse des Wandels die personellen, finanziellen und technischen Ressourcen des Unternehmens nicht übersteigen. Der geplante Wandel überlagert gleichsam episodenhaft den ständigen ungeplanten aus Improvisation resultierenden Wandel.

Der Verfasser der Arbeit teilt auch die Einschätzung einer eingeschränkten Relevanz des kritischen Rationalismus. Dabei wird der Argumentation von Niemeier[15] gefolgt. Bei Arbeiten, die den Prinzipien des kritischen Rationalismus hinsichtlich des nachvollziehbaren Prüfens und Testens von Hypothesen folgen besteht die Gefahr, daß nur objektiv meßbare Phänomene als real und wichtig angesehen werden, unter Vernachlässigung subjektiv wahrnehmbarer Faktoren. Zum anderen werden u.U. die ersten Phasen der wissenschaftlichen Arbeit, d.h. die theoretische Grundlegung und Hypothesengenerierung, bei der Phantasie und Kreativität eine große Rolle spielen, vernachlässigt. Die vorliegende Arbeit basiert auf einem Konfigurationsansatz, der zum einen auf objektiv gemessenen empirischen Längsschnittdaten, zum anderen auf konzeptionellen Erweiterungen durch logische Schlußfolgerungen basiert. Die Arbeit versucht die Balance zu wahren zwischen kritisch-rationalem Wissenschaftsverständnis im Sinne Karl Poppers sowie den holistischen und assoziativen Denkansätzen, die z.B. Henry Mintzberg im gedanklichen Umgang mit "Gestalten" und Konfigurationen zu eigen sind. Mintzberg illustriert seine Position in Bezug auf die holistischen Denkansätze mit einem Beispiel:

> "Die Besucher eines Kunstmuseums betrachten ein Bild zunächst ganzheitlich, wandern mit ihren Augen dann über die gesamte Leinwand, um die Gestalt des Kunstwerks, seine Darstellung, Stimmung und sein Thema aufzunehmen. ...Mit anderen Worten, wir begreifen ein komplexes System erst über seine Synthese... Nach unserer Auffassung sind die Museen der Organisationstheorie so leer..., weil die meisten Publikationen [das Verstehen durch Analyse]... vom Leser verlangen, nämlich ein Merkmal der Organisation nach dem anderen zu untersuchen, ohne je die Ganzheit zu erkennen. Die Leser brauchen die Organisationstheorie aus denselben Gründen wie manche Betrachter die Gemälde: um Einblick in ihre Welt zu erlangen. ...Deshalb brauchen wir die Konfigurationen auch als Hilfe zum Verstehen unserer Welt"[16].

Die volkswirtschaftliche und gesellschaftspolitische Dimension des geplanten Wandels von Unternehmen wird nicht verkannt, steht jedoch nicht im betriebswirtschaftlichen Fokus der Arbeit. Interdependenzen zwischen betriebswirtschaftlichen und volkswirt-

---

[15] vgl. Niemeier, J. [1986], S. 109 ff

[16] Mintzberg, H. [1991], S. 108 f

schaftlichen sowie gesellschaftspolitischen Aspekten ergeben sich in vielfältiger Weise:

- Der geplante Wandel von Dienstleistungsunternehmen unterliegt teilweise Rahmenbedingungen durch gesetzliche Vorgaben, z.B. durch die Deregulierungspolitik im Energieversorgungsbereich.

- Global agierende und virtuelle Unternehmensstrukturen entziehen sich partiell einer einzelstaatlichen (demokratischen) Kontrolle. Erfolge des geplanten Wandels in Form verbesserter Leistungsfähigkeit des Unternehmens können global genutzt werden. Eventuelle negative Auswirkungen, z.B. durch Personalfreistellungen müssen dagegen von einzelnen Staaten getragen werden.

- Die Privatisierung öffentlicher Aufgaben kann Konkurrenzsituationen zwischen noch öffentlich geförderten und rein privatwirtschaftlich organisierten Unternehmen und damit ungleiche Voraussetzungen bewirken.

3 Der Bezugsrahmen für die Gestaltungsaufgabe

3.1 Begriffsbestimmungen

3.1.1 Geschäftsprozesse

Zuerst ist zu präzisieren, was unter dem Begriff Prozeß und speziell unter dem Begriff Geschäftsprozeß zu verstehen ist. Der Terminus Prozeß ist durch seine Verwendung im Kontext verfahrens-, fertigungs- und informationstechnischer Zusammenhänge geprägt. Die DIN-Norm 19222 definiert einen Prozeß als „eine Gesamtheit von aufeinander einwirkenden Vorgängen in einem System, durch die Materie, Energie oder auch Information umgeformt, transportiert oder auch gespeichert wird"[17].

Erst in den 80er Jahren rückte der Prozeßbegriff verstärkt in den Blickwinkel betriebswirtschaftlicher Theorie und Praxis - z.B. durch die Arbeiten von Gaitanides[18] und Striening[19]. So kommt Gaitanides zu dem Schluß, daß sich in der Betriebswirtschaftslehre seit den Veröffentlichungen von Nordsieck und Hennig in den dreißiger Jahren im Bereich prozeßbezogener Betrachtungsweisen kaum konzeptionelle Weiterentwicklungen ergeben haben[20]. Vor allem unter dem Eindruck des Erfolgs japanischer Unternehmen, deren Vorgehensweise bei der Verbesserung von Prozessen und bei der Betrachtung vollständiger Prozesse vom Kunden bis zu den Zuliefererunternehmen Gegenstand ausführlicher Untersuchungen war[21], rückten prozeßorientierte Fragestellungen zunehmend in den Vordergrund.

Im Kontext dieser Arbeit wird der folgende Geschäftsprozeßbegriff von v. Eiff zu Grunde gelegt: „Ein Geschäftsprozeß ist ein am Kerngeschäft orientierter Arbeits-, Informations- und Entscheidungsprozeß mit einem für den Unternehmenserfolg relevanten Resultat. Der Prozeßoutput steht entweder in Verbindung mit einem konkreten Kundennutzen oder liefert einen nachvollziehbaren Beitrag zu dem Zielsystem des

---

[17] DIN 19222 [1985], S. 1

[18] vgl. dazu Gaitanides, M. [1983]

[19] vgl. dazu Striening, H.-D. [1988]

[20] vgl. Gaitanides, M. [1983], S. 16 ff

[21] vgl. dazu Womack, J.P.; Jones, D.T.; Roos, D. [1992]

Unternehmens insgesamt"[22]. Diese Definition ist präziser als z.B. die von Hammer und Champy: „We define a business process as a collection of activities that takes one or more kinds of input and creates an output that is of value to the customer"[23]. Bei der Betrachtung von Dienstleistungsunternehmen ist zu beachten, daß für Prozesse in der Verwaltungspraxis auch der Begriff des Vorgangs verwendet wird[24].

Auf die entscheidenden Zusammenhänge in der o.g. Definition zwischen der Entwicklung für das Kerngeschäft notwendiger Kernkompetenzen und deren ständiger Adaption zur Erfüllung von Kundenwünschen sowie der Ableitung von Prozessen aus den definierten Kernkompetenzen wird bei der Verfahrensbeschreibung eingegangen. Eine Typisierung von Geschäftsprozessen mit Beispielen für Geschäftsprozesse zeigt Abbildung 2.

Geschäftsprozeßtyp	Charakteristika	Beispiele
Originäre Geschäftsprozesse	externer Kunde, meßbarer Output, kundenspez. Ausprägung	Auftragsabwicklung oder Kundenservice für Kundengruppe X
Gelegenheitsprozesse Prozeß ist Teil des Unternehmens aus historischen o.ä. Gründen		CAD-Software-Entwicklung durch einen Autohersteller
Sekundärprozesse — Hebel-prozesse	interner Kunde in einem/mehreren Primärprozessen oder einem/mehreren anderen derivativen Prozessen	Kulturwandel Organisationsentwicklung Personalentwicklung
Sekundärprozesse — Unterstützungs-prozesse		Kostenverfolgung
Sekundärprozesse — Entwicklungs-prozesse		Produktentwicklung Marktentwicklung

Abbildung 2: Klassifikation von Prozessen[25]

Für das Verstehen von Prozessen ist das Denken in Geschäftsprozeßmodellen, auf

---

[22] Eiff, W. v. [1994], S. 366

[23] Hammer, M.; Champy, J. [1993], S. 35

[24] zu den Begriffen Prozeß und Vorgang in Verwaltung und Büro vgl. Rathgeb, M. [1996], S. 23 ff

[25] zu den Begriffen des Hebel- und Gelegenheitsprozesses siehe Chrobok, R.; Tiemeyer, E. [1996], S. 167

das in der Verfahrensbeschreibung noch detailliert eingegangen werden wird, notwendig. Dieses Denken ermöglicht das Verstehen von Zusammenhängen zwischen Kunden- und Prozeßzielen, sowie das Verstehen von Abhängigkeiten zwischen Prozessen, z.B. in Form von Kunden-/Lieferantenbeziehungen. Für diese Betrachtungen ist eine systemtheoretische Sichtweise sinnvoll. Diese ermöglicht, die Steuerung und Beherrschung von Prozessen über Steuerungs- und Regelungskreise zu erschließen sowie die Fragestellung der Prozeßgrenzen, die sich z.B. im Kontext virtueller Unternehmen in entscheidender Weise stellt, zu analysieren. Eine systemtheoretische Denkweise erlaubt auch die logische Strukturierung von Prozessen (in Subprozesse, Aktivitäten, etc.), und damit ein verbessertes Verständnis für Schnittstellen, Informationsverluste und Doppelarbeiten.

Der Prozeßbegriff ist insbesondere von dem des Projektes abzugrenzen: Projekte sind durch ihre Einmaligkeit sowie häufig durch Komplexität und ihren interdisziplinären Lösungscharakter geprägt. Dies kommt auch in der DIN-Norm zum Ausdruck. Ein Projekt ist „ein Vorhaben, das im wesentlichen durch eine Einmaligkeit der Bedingungen in ihrer Gesamtheit gekennzeichnet ist"[26].

3.1.2 Dienstleistungsunternehmen

Neben dem Prozeßbegriff ist insbesondere der Begriff des Dienstleistungsunternehmens zu klären. Eine klare Abgrenzung ist schwierig: „Als entscheidender Grund für die über lange Zeit zu beobachtende Vernachlässigung der Dienstleistung in der wissenschaftlichen Literatur kann die vergleichsweise spät erfolgte Anerkennung als Wirtschaftsgut angesehen werden"[27]. Eine Vielzahl neuer Dienstleistungen entwickelt sich, die zu neuen Handlungsfeldern für Dienstleistungsunternehmen führen. Einige wichtige Handlungsfelder sind in der Abbildung 3 dargestellt.

Eine exakte Definition wird dabei nur von wenigen Autoren versucht. Auch Reichwald und Möslein kommen deshalb zu dem Schluß, daß die Ansätze zur Systematisierung und Klassifikation von Dienstleistungen zahlreich sind: „Aufgrund der Heterogenität des Untersuchungsfeldes ist jedoch keines der bekannten Modelle wirklich trennscharf"[28].

---

[26] DIN 69901 [1987], S. 1

[27] Luczak, H. [1995], S.108

[28] Reichwald, R.; Möslein, K. [1995], S. 344

Gruhler betont die Immaterialität als dominantes Merkmal der Dienstleistung[29] und definiert Dienstleistungen über eine gütersystematische Abgrenzung (vgl. Abbildung 4). „Neben der Immaterialität werden als weitere, die Dienstleistungen eingrenzende Kriterien angeführt: ihre geringe absolute und kaum steigerungsfähige Produktivität, ihre hohe Arbeits- und Personalintensität,... die Unmittelbarkeit der Leistungserbringung sowie ihre mangelnde Speicherfähigkeit"[30]. Der Autor fügt selbst an, daß diese Merkmale umstritten sind. Problematisch sind bei einer solchen Abgrenzung die industrienahen Dienstleistungen, denn bei der Produktion von Sachgütern wird in Zukunft das immaterielle Element weiter zunehmen.

Intelligente Produkte & neue Märkte für Dienstleistungen		
Innovationsmanagement Netzwerke für die Entwicklung neuer Dienstleistungen	Internationaler Export Transport und Handelsfähigkeit von Dienstleistungen	Freizeit Neue Dienstleistungen im Spannungsfeld von Konsum, Eigenarbeit und Partizipation
Kreatives Unternehmen & Reengineering der Wertschöpfungskette		
Virtuelles Unternehmen kundenorientierte Reorganisation von Prozessen entlang der Wertschöpfungskette	lernendes Unternehmen ganzheitliche Gestaltung der Arbeit in Dienstleistungs-unternehmen	Public-Private-Partnership innovative Kooperationsformen an der Schnittlinie zwischen Markt und Staat
Infrastrukturen: Potentiale und Kapazitäten		
Dienstleistungslogistik Basisdienstleistungen für wirtschaftliches Handeln	Gesundheit Von der Reaktion zur Prävention	Informationsversorgung Zugang zu globalen Informationsressourcen organisieren

Abbildung 3: Handlungsfelder der Dienstleistungsproduktion[31]

Nur für empirische Zwecke (z.B. amtliche Statistik, volkswirtschaftliches Rechnungswesen) oder zur Illustration zulässig ist für Gruhler die enumerative Kategorisierung. „Die Vorgehensweise der Enumerierung muß, ähnlich wie die Negativabgrenzung, dann als

---

[29] vgl. Gruhler, W. [1990], S. 29

[30] Gruhler, W. [1990], S. 33

[31] vgl. Bullinger, H.-J. [1995], S. 51

wissenschaftliche Verlegenheitslösung bezeichnet werden, wenn man damit gleich-zeitig auf das Herausarbeiten von konstitutionellen begrifflichen Kriterien verzichtet"[32].

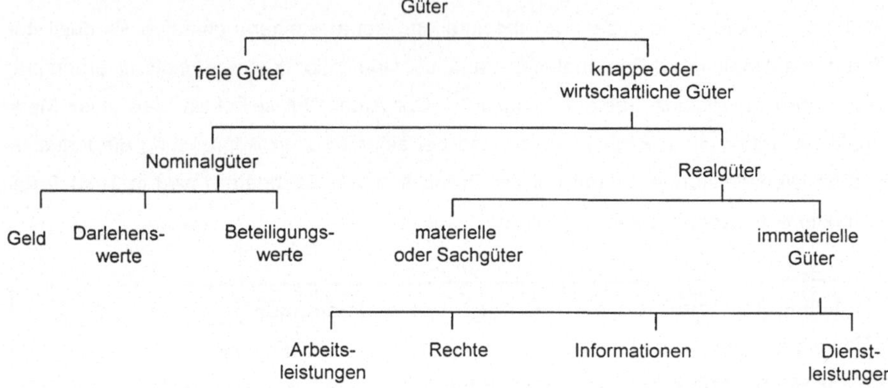

Abbildung 4: Gütersystematische Abgrenzung von Dienstleistungen[33]

Schwierig zu definieren sind die industrienahen Dienstleistungen, bei denen nach Gruhler ein betriebswirtschaftliches Forschungsdefizit besteht[34]. Industrienahe Dienst-leistungen sind[35]

- Leistungen zur Produktdifferenzierung: z.B. Kundendienst, Ferndiagnose;

- Gesamtlösungen: z.B. Planung, Finanzierung, Handel; sie sind beim Kauf eines Produkts mit eingeschlossen;

- Produktnahe Dienste, z.B. Verkehrslenkungssysteme;

- Interne Dienstleistungen, z.B. Forschung.

Diese industrienahen Dienstleistungen lassen sich nach Jaschinsky[36] klassifizieren in industrielle Dienstleistungen als (unentgeltliche) Serviceleistungen (z.B. kostenlose erste Wartung bei einem Fahrzeug), industrielle Dienstleistungen als marktfähige eigenständige Produkte (z.B. Aktualisierung eines Navigationssystems) und industrielle

---

[32] Gruhler, W. [1990], S. 37

[33] in Anlehnung an Gruhler, W. [1990], S. 32

[34] vgl. Gruhler, W. [1990], S. 16 f

[35] vgl. Soboll, H. [1995], S. 117

[36] vgl. Jaschinsky, C. M. [1995], S. 131

Dienstleistungen außerhalb des bestehenden Produktspektrums (z.B. Generalunternehmerschaft bei Bauvorhaben inklusive Planung, Durchführung, Finanzierung und Betrieb).

Ein umfassenderes Verständnis des Dienstleistungsbegriffs stellt Reiß vor. Er teilt Dienstleistungen in vier Bereiche[37]:

- Primäre Dienstleistungen, z.B. Serviceleistung für Endverbraucher;

- Sekundäre Dienstleistungen, z.B. produktunterstützende Finanzdienstleistungen in der Automobilindustrie;

- Tertiäre Dienstleistungen, z.B. Bereitstellung von Infrastrukturdiensten im Unternehmen (Catering, Werksicherheit);

- Quartäre Dienstleistungen, z.B. Pflege von Potentialen ("Human Resources Management", "Skills Development").

Die Frage, ob aus der Dienstleistungsart auch auf eine besondere Kritizität beim organisatorischen Wandel geschlossen werden kann, soll mit Bezug auf die Arbeit von Reichwald und Möslein[38] beantwortet werden. Sie wählen die Objektgebundenheit für die Dienstleistungskategorisierung. Hierbei sind Raumgebundenheit, Personengebundenheit und Sachgebundenheit die Dimensionen, die den Raum zur Einordnung von Dienstleistungsunternehmen aufspannen: die räumliche Gebundenheit (z.B. Gebäudereinigung) schränkt die Freiheitsgrade bei der Gestaltung ein, die Personengebundenheit zielt auf die persönliche Interaktion zwischen Dienstleister und Leistungsempfänger ab (z.B. bei Ärzten), die Sachgebundenheit bezeichnet den Grad der Bindung an materielle Voraussetzungen.

Besondere Beachtung beim organisatorischen Wandel verdienen die "flüchtigen"[39] (im Gegensatz zu den "gebundenen") Dienstleistungen, d.h. mit niedriger Sach-, Personen- und Raumgebundenheit. Der Prozeß ihrer Erbringung ist weitgehend frei gestaltbar. Hier liegt ein großes Potential für Produktivitätssteigerungen, z.B. durch den Einsatz

---

[37] vgl. Reiß, M. [1996], S. 409

[38] vgl. Reichwald, R.; Möslein, K. [1995], S. 344 ff

[39] vgl. Reichwald, R.; Möslein, K. [1995], S. 346; zum Begriff der flüchtigen und gebundenen Dienstleistungen siehe auch Klodt, H. [1995], S. 299 f

von Informations- und Kommunikationstechnik; aber diese Dienstleistungen sind auch die besonders stark standortunabhängigen. Gebundene Dienstleistungen, d.h. im Extremfall solche mit gleichzeitig hoher Sach-, Personen- und Raumgebundenheit, weisen eine geringere organisatorische Gestaltbarkeit, geringere Produktivität und Wertschöpfung, aber eine höhere Standortsicherheit auf. Ursache ist die Notwendigkeit einer räumlichen und zeitlichen Synchronisation von Produktion und Konsumption der Dienstleistung.

Die von Gruhler genannte geringe Produktivitätssteigerung (siehe gütersystematische Definition) muß sich also primär auf gebundene Dienstleistungen beziehen. Die zu beobachtende Produktivitätslücke der Dienstleister wird seit geraumer Zeit in der Literatur als "Produktivitätsparadoxon" diskutiert[40]. Darunter wird die fehlende Korrelation zwischen Investitionen in Informationstechnologie und deren Auswirkungen auf die Produktivität verstanden. Trotz des Leistungszuwachses in der Informationstechnologie und einem wachsenden Anteil der Gesamtinvestitionen in Computertechnologie stagnierte in den letzten 25 Jahren die Produktivität im Service- und Verwaltungsbereich. Erklärungsversuche sind u.a.:

- Mißmanagement von Information und Technologie ist verantwortlich für Fehlallokation von und Überinvestition in Informationstechnologie.

- Eine unzureichende Reorganisation von Unternehmensabläufen bei der Einführung von Informations- und Kommunikationstechnik resultiert in einer simplen Elektrifizierung bestehender Prozesse ohne Anpassung der Organisationsstruktur.

Die oben genannten Definitionen umfassen öffentliche und private Unternehmen. Die Strategie der Deregulierung und die Anwendung des Subsidiaritätsprinzips sowie der verstärkte Druck zur Rationalisierung in den Kommunen fördern das Entstehen von Dienstleistungsunternehmen in öffentlichen und privaten Mischformen. Beispielhaft sind die Netzwerke z.B. bei Verkehrsdienstleistungen zu nennen.

Diese Entwicklung steigert den Druck für private Unternehmen und die öffentliche Hand, Wege zur Einführung neuer Organisationsformen zu finden: „Die neuen z.T. weltweiten Kooperationsbeziehungen im Dienstleistungssektor erfordern nicht nur das Vorhandensein von Telekommunikationstechniken, sondern auch entsprechende unter-

---

[40] vgl. Reichwald, R.; Möslein, K. [1995], S. 335 ff

nehmensinterne und unternehmensübergreifende Organisations- und Arbeitsstrukturen. Visionäre Unternehmenskonzepte, wie die "virtuelle Unternehmung" benötigen auf Ebene der Ausführung und des Managements neue "Mischqualifikationen", die bisher noch nicht entwickelt sind"[41].

Die untersuchten Definitionen lassen den Schluß zu, daß die genannte These von Reichwald und Möslein richtig ist, nach der wegen der Heterogenität des Untersuchungsgegenstands keine scharf abgrenzende Definition des Dienstleistungsbegriffs möglich ist. Im folgenden wird die bereits dargestellte umfassenden Definition von Reiß zu Grunde gelegt, die auch industrienahe Dienstleistungen einschließt. Auch wird im Rahmen der organisatorischen Gestaltung auf die diskutierte Einteilung von Reichwald und Möslein in raum-, personen- und sachgebundene Dienstleistungen bezug genommen.

3.1.3 Konfigurationen

Ein bereits erwähnter Schlüsselbegriff für das Verständnis von Organisationen und organisatorischem Wandel in dieser Arbeit ist der Konfigurationsbegriff. Es wird im folgenden der Konfigurationsbegriff von Niemeier verwendet. Konfigurationen sind nach Niemeier häufig vorkommende Merkmalskombinationen, „die

(1) aufgrund von mulitivariaten Abhängigkeiten entstehen,

(2) integrierte und dauerhafte Verbindungen innerhalb eines Komplexes von Komponenten umfassen,

(3) in ihrer Gesamtheit aussagefähiger sind als die Summe der einzelnen Komponenten, aus denen sie zusammengesetzt sind und

(4) die eine so starke interne Konsistenz [Fit] aufweisen, daß fehlende Merkmale durch die vorhandenen verläßlich bestimmt werden können"[42].

Die Grundthese dieser aus organisatorischen Längsschnittuntersuchungen und/oder logischen Überlegungen[43] entstandenen Konfigurationstheorien lautet: Die Vielzahl der

---

[41] Gries, W. [1995], S. 9

[42] Niemeier, J. [1986], S. 23

[43] zur Unterscheidung konzeptioneller (typologies) und empirischer (taxonomies) Konfigurationsansätze
vgl. Meyer, A.D.; Tsui, A.S.; Hinings, C.R. [1993], S. 1182

kombinatorisch möglichen Varianten aller Struktur-, Umwelt- und Strategiekombinationen läßt sich ohne wesentlichen Informationsverlust auf wenige Struktur-Umwelt-Strategie-Konfigurationen reduzieren. Allerdings sind die Umweltdimensionen (Dynamik, Heterogenität, Feindlichkeit bei Miller und Friesen) nicht in allen ihren Ausprägungen mit allen Ausprägungen der Strategie- und Strukturmöglichkeiten zu kombinieren.

Konfigurationsansätze bedeuten nicht, daß alle Unternehmen ohne Ausnahme erklärt werden können. Lenk und Maring bestätigen die Sinnhaftigkeit solcher Modelle, deren Aussagen bis auf anerkannte Ausnahmefälle gültig sind, für wissenschaftliche Erklärungen in den Sozialwissenschaften: „Es ist zweifellos sinnvoller, solche Allsätze mit Ausnahmen zuzulassen, als auf die Ordnung von Bereichen durch allgemeine Aussagen überhaupt zu verzichten"[44].

Niemeier sieht in den Konfigurationsansätzen eine Chance, die Verbindung der unterschiedlichen Wissenschaftskulturen zu erreichen: „Das Denken in ganzheitlichen Mustern, Gestalten und Archetypen oder Konfigurationen als neue Basisstrategie der Managementforschung bietet eine Vielzahl von Ansatzpunkten, analytische Denkstrukturen naturwissenschaftlicher Prägung hin zu einem synthetischen, intuitiven und holistischen Verständnis in einer geisteswissenschaftlichen Tradition zu entwickeln"[45].

3.2 Dienstleistungsspezifische Verfahrensanforderungen

Im Folgenden werden die dienstleistungsspezifischen Anforderungen an Verfahren zur Gestaltung von Dienstleistungsunternehmen entwickelt. Bei der Konzeption eines Verfahrens zur Gestaltung von Unternehmen im Dienstleistungsbereich ist es auch von Interesse, auf Erfahrungen und Methoden zurückzugreifen, die bei produzierenden Unternehmen angewandt werden[46]. Eine einfache Übertragung ist jedoch nicht möglich. Es müssen spezifische Anforderungen im Dienstleistungsbereich berücksichtigt werden. Diese Anforderungen sind z.B.

- Notwendigkeit der Geschäftsprozeßorientierung: Die Gesellschaft befindet sich, wie bereits erwähnt, auf dem Weg zur Informationsgesellschaft, die durch neue Formen

---

[44] Lenk, H. und Maring, M. [1995], S. 353

[45] Niemeier, J. [1986], S. 62 f

[46] Die in der Fertigung erreichte Prozeßbeherrschung kann als Vorbild für Dienstleister und Verwaltungen dienen; vgl. dazu auch Scheer, A.-W. [1997]

der Dienstleistung durch die neuen informations- und kommunikationstechnischen Möglichkeiten geprägt ist. Burkhard stellt fest, daß eine Verschiebung zu beobachten ist „... zu personalisierten problem- bzw. interaktionsorientierten Dienstleistungen.... Da letztere vom Charakter her immateriell sind und in ihrer Form üblicherweise prozessual erbracht werden, stellen sie nicht selten eine hochqualifizierte, wissensintensive Tätigkeit dar..."[47]. Weiter merkt er an: „... wird jedoch das Prinzip der Arbeitsteilung auch auf den nicht-manuellen Bereich der Geistesarbeit ausgedehnt, hat es sich nie in vergleichbarer Weise als erfolgreich erwiesen"[48].

- Fehlerfreiheit: „Wichtiger als die Definition der Dienstleistung ist die Philosophie der Dienstleistung. Die (Dienst)leistung muß sofort fehlerfrei erbracht werden: Der Kunde wartet nicht und man kann nicht nachträglich reparieren"[49]. Dies gilt vor allem bei Dienstleistungen, die eine zeitliche Synchronisation von Produktion und Konsumption voraussetzen.

- Der Bedarf an internem Projektmarketing zur Initiierung und Durchsetzung des geplanten Wandels bei Behörden zu kundenorientierten öffentlichen Dienstleistern oder zu Unternehmen in einer privatwirtschaftlichen Rechtsform. Dieser Bedarf ergibt sich aus den teilweise starren Personalstrukturen und der geringen Vertrautheit mit prozeßorientierten Strukturen. Industrienahe Dienstleistungen profitieren von der relativen (technologisch bedingten) Vertrautheit mit der Prozeßorientierung durch die Orientierung an Prozessen in Fertigung und Logistik. Auch ist die Bestimmung der Geschäftsfelder (z.B. bei Verwaltungseinrichtungen) häufig durch eine monopolartige Situation der Anbieter und enge rechtliche Rahmenbedingungen und damit durch einen geringen aktuellen Marktdruck geprägt.

- Bei der Gestaltung des Prozesses des geplanten Wandels existieren Unterschiede bei der Modellierung von Unternehmen im Hinblick auf die Modellkomponenten: Materialfluß und Lagerhaltung spielen in vielen Dienstleistungsunternehmen ebenso wie Maschinen und Anlagen eine untergeordnete Rolle.

- Die Datenbasis für die Modellbildung, auf der die Informationsbeschaffung bei der Modellierung aufsetzen kann, ist in Dienstleistungs- und produzierenden Unter-

---

[47] Weber, B. [1996], S. 35

[48] Weber, B. [1996], S. 39

[49] Warnecke, H.-J. [1993], S. 110

nehmen stark unterschiedlich: den Datenbeständen in Steuerungs-, Kapazitäts-planungs- und Qualitätssicherungssystemen in Produktionsbetrieben stehen solche im Dienstleisterbereich gegenüber, die häufig in Papierform im Hinblick auf eine Erfüllung von Rechtsnormen erstellt wurden und wenig aktuell sind (z.B. Geschäfts-verteilungspläne, Funktionsdiagramme).

- Gestaltungspotentiale beim Personaleinsatz: Diese sind häufig determiniert durch starre Strukturen (BAT im öffentlichen Bereich) und durch die Kopplung "Stellenbe-schreibung - Ausbildung - Gehalt". Aufstiegschancen basieren häufig auf Spezialisie-rung und nicht auf Führungsfähigkeit.

- Die "Economics of Speed" müssen als relevanter Faktor in das Zielsystem des Unternehmens einfließen: der "Time to Market" Faktor ist vor allem im Bereich der flüchtigen Dienstleistungen (siehe dazu Dienstleistungsdefinition) durch Online-Produkte etc. im Dienstleistungsbereich sehr klein. Daher ist eine integrative Betrachtung von Produkt - Prozeß - Servicegestaltung z.B. bei der Gestaltung neuer Produkte durch Online-Provider notwendig[50].

3.3 Entwicklungsstand theoretischer Erkenntnisse

3.3.1 Relevante Erkenntnisfelder für die organisatorische Gestaltung

Im Folgenden wird der Entwicklungsstand der betriebswirtschaftlichen Theorie für die organisatorische Gestaltung von Dienstleistungsunternehmen untersucht. Erkenntnisse und Verfahren, welche die Betriebswirtschaftslehre als Basis für das zu entwickelnde Verfahren zur Gestaltung von Dienstleistungsunternehmen anbieten kann, fließen in die Beschreibung des Verfahrens in Kapitel 4 ein. Es sind vor allem die Forschungsgebiete Planung, Controlling, Führung, Techniken der organisatorischen Gestaltung[51], des organisatorischen Wandels[52], die Krisenforschung und auch die Diffusions- und Innovationsforschung[53] angesprochen. „Innovationen im Dienstleistungsbereich können

---

[50] vgl. Bullinger, H.-J.; Roos, A. [1995], S. 29 f

[51] Ein systematischer Überblick ist in Grochla, E. [1982], S. 295 ff gegeben

[52] Für eine grundlegende Darstellung siehe Kirsch, W.; Esser, W.-H.; Gabele, E. [1979]

[53] vgl. Bierfelder, W. H. [1989]: Wechselspiel zwischen Innovieren und Organisieren S. 31 ff

sich auf die Dienstleistung selbst, den Prozeß der Leistungserbringung oder die unternehmensspezifischen Potentiale beziehen"[54]. Kirsch, Esser und Gabele[55] weisen darauf hin, daß die enge Verwandtschaft von Innovationsforschung und einer Theorie des geplanten organisatorischen Wandels deutlich wird, wenn man berücksichtigt, daß Fragen der Entwicklung, Diffusion und Adoption von Neuerungen bzw. Veränderungen als Schwerpunkt sowohl der Innovationsforschung als auch einer Theorie des organisatorischen Wandels anzusehen sind. Die nichttechnischen Innovationen werden dabei vielfach auch als soziale Innovationen bezeichnet, da sie sich unmittelbar auf Veränderungen im Humanbereich beziehen[56].

Außerdem werden soziologische und psychologische Erkenntnisse, vor allem in Bezug auf Aktoren und Gegner beim geplanten Wandel, z.B. in Form von Streßmodellen und Motivationstheorien sowie bei der Betrachtung von Teamarbeit herangezogen. Entscheidend sind auch Erkenntnisse über die Auswirkung moderner Informations- und Kommunikationstechnologien auf innovative Dienstleistungsprodukte, auf die Steuerung dezentraler und selbstorganisierender Strukturen und die Beherrschung von Prozessen, vor allem in virtuellen Strukturen. Dazu gehört auch die Unterstützung des Gestaltungsprozesses durch Organisationsanalysewerkzeuge. In der Informatik hat sich nach der CIM-Euphorie der 80er Jahre, die integrierte, umfassende Planungs- und Steuerungssysteme zu realisieren versuchte, in vielen Bereichen der Informations- und Kommunikationstechnik ein Paradigmenwechsel hin zu einer Prozeßunterstützung vollzogen.

Zwei wichtige theoretische Erkenntnisfelder sollen nachfolgend näher analysiert werden:

Die Berücksichtigung multidimensionaler Gestaltungsfelder und Zielsetzungen

Eine simultane Betrachtung der Gestaltungsfelder Aufbauorganisation, Ablauforganisation, unterstützende Informationssysteme, betriebswirtschaftliche Steuerungssysteme und räumliche Gestaltung mit ihren komplexen zeitlichen und inhaltlichen Interdependenzen ist erforderlich zur Durchführung eines erfolgreichen geplanten Wandels

---

[54] Luczak, H. [1997a], S. 1
[55] vgl. Kirsch, W.; Esser, W.-H.; Gabele, E. [1979], S. 75
[56] vgl. Kilz, G.; Reh, D.A. [1996], S.36

(vgl. auch Abbildung 5). In der Organisationslehre standen in der Vergangenheit aufbauorganisatorische Fragestellungen im Vordergrund. Der Ablauforganisation und der damit verbundenen prozeßorientierten Fragestellungen kommen aber erhebliche Bedeutung für die Erhöhung der Flexibilität, die Reduzierung von Entscheidungswegen und die Schaffung flacher Hierarchien zu (vgl. dazu das Kapitel 3.1.1). In jüngerer Zeit sind viele Arbeiten entstanden, welche die Ablauforganisation, vor allem mit Blick auf informationstechnische Unterstützung von Prozessen betrachten[57].

Auch im Hinblick auf die Aufbauorganisation existieren neue Gestaltungsmöglichkeiten. Veränderte Rechtsformen ermöglichen neue Personalstrukturen. Outsourcing, Joint Ventures und die rechtliche Ausgliederung von Teilbereichen können neue Gestaltungsoptionen schaffen[58]. Im Hinblick auf die räumliche Gestaltung muß gefordert werden, daß die Gestaltung von Arbeitsplätzen und Gebäuden in der betrieblichen Praxis unter Nutzung der unterschiedlichen Spezialkenntnisse von Architekten und Ergonomen nicht einfach als Randgebiet der Aufbauorganisation betrachtet wird, sondern als eigenständiges Gestaltungsfeld.

Gestaltungsfeld	Wesentliche Aktoren	Gestalterische Ausrichtung
Aufbauorgani-sation (1)	Planer, Organisato-ren, Personalmanager	Hierarchien, Stellen, Kompetenzen, Personalqualifikation, -bedarf
Ablauforgani-sation (2)	Planer, Organisatoren	Gliederung von Tätigkeiten, Qualitäts-beherrschung, Hilfsmittel (z.B. Formulare)
Unterstützende Informations-systeme (3)	Informatiker	Netzwerkstrukturen, Hardware/Software, Datenstrukturen, Prozeßbeschleunigung, -vereinfachung, -automatisierung
Betriebswirtschaft-liche Steuerungs-systeme (4)	Controller, Rechtsanwälte	Prozeßkostenrechnungssysteme, Risikomanagementsysteme
Räumliche Gestaltung (5)	Architekten, Ergonomen	Gebäudeplanung, Arbeitsplatzgestaltung

Abbildung 5: Qualifikation von Aktoren bei der organisatorischen Gestaltung unterschiedlicher Gestaltungsfelder

---

[57] vgl. z.B. Rathgeb, M. [1996], Österle, H. [1995]

[58] Ein Beispiel sind Organisationen wie der TÜV, vgl. Becker, K. E. [1994], S. 163

Rückkehr zu den normativen Ursprüngen?

Der Blickwinkel der Unternehmensentwicklung auf Basis von Konfigurationen in der Management- und Organisationslehre wurde zum Ende der 80er Jahre durch die Diskussion um ablauforganisatorische Fragestellungen verändert. Diese ablauforganisatorischen Fragestellungen rückten nach den großen Erfolgen japanischer Unternehmen in vielen Märkten in den Mittelpunkt des Interesses. Da japanische Transplants in Europa und USA erfolgreich arbeiteten[59], wurden neben Erklärungsversuchen über kulturelle Differenzen verstärkt ablauforganisatorische Erklärungsmuster herangezogen: Kundenorientierung durch Geschäftsprozeßorientierung, Methoden zur kontinuierlichen Verbesserung der Abläufe durch die Mitarbeiter (Kaizen) oder die Steuerung von Fertigungsprozessen durch Kanban. Fragestellungen der prozeßorientierten Organisation wurden in vielfältiger Weise behandelt (vgl. dazu das Kapitel 3.1.2). Problematisch erscheint dabei die Tendenz, ein neues normatives Modell (ähnlich den Idealtypen Taylors oder Webers), den Idealtyp "Prozeßorganisation" zu entwickeln ohne situative Gegebenheiten zu berücksichtigen wie sie Konfigurationsansätze bieten. Diese Tendenz wird durch eher populärwissenschaftliche Veröffentlichungen mit starker Verbreitung[60] unterstützt. Dabei werden implizit zwei Gegenpole gebildet:

Erstens die "tayloristische Organisation", die basierend auf den Erkenntnissen von Adam Smith und Frederic W. Taylor die Massenproduktion ermöglichte. Aufbauend auf Erfahrungskurven und Spezialisierungsvorteilen (Arbeitsteilung), ergänzt durch eine funktional orientierte Kostenstellenrechnung, die Vorbereitung auf funktionales Arbeiten in der Ausbildung und die Trennung in Ausführungs- und Dispositionsebene, wurden Unternehmen geschaffen, die für Massenkunden in einem Umfeld ungelernter Arbeitskräfte geeignet waren. Mit der zur Jahrhundertwende verfügbaren Produktionstechnik konnte ein Massenmarkt bedient werden. Die Automobilfabriken Henry Fords wurden Sinnbild für diesen Unternehmenstyp.

Zweitens wird die "kunden- und prozeßorientierte Organisation" dargestellt. Sie wird der "tayloristischen Organisation" gegenübergestellt. Die "kunden- und prozeßorientierte Organisation" orientiert sich an Kundennutzenerwartungen und arbeitet basierend auf

---

[59] vgl. Womack, J.P.; Jones, D.T.; Roos, D. [1992], S. 88 ff

[60] ein Beispiel ist Hammer, M.; Champy, J. [1993]

konsequenter Geschäftsprozeßorientierung unter Einsatz moderner Informationstechnik. Solche Unternehmen produzieren kundenindividuelle Produkte im globalen Wettbewerb mit kurzen Innovationszyklen, moderner Informationstechnik und einem hohen Anteil ausgebildeter Arbeitskräfte. Die Informationstechnik spielt dabei eine Schlüsselrolle bei der Unterstützung der organisatorischen Gestaltung, der Steuerung und Ausführung von Prozessen sowie beim Entwurf neuer Produkte.

Doch für produzierende Unternehmen und für Dienstleister existiert nicht nur eine turbulente Umwelt: „Auch in Deutschland gibt es eine große Anzahl von Aufgaben, die von diesen Tendenzen [Anm. gemeint ist die dramatische Intensivierung des Wettbewerbs] wenig betroffen sind (z.B. aufgrund ihrer regionalen Gebundenheit: Handel, personenbezogene Dienstleistungen)"[61].

Weber bemerkt dazu: „Die getroffene Dichotomisierung in "process" vs. "function", wie sie die entsprechende, primär populärwissenschaftliche Literatur zur Prozeßorientierung propagiert, ist vielmehr nur ein "Sprachspiel", um erneut auf den erfolgskritischen Aspekt einer möglichst optimalen Integration der letztlich immer noch arbeitsteiligen organisatorischen Prozesse hinweisen zu können"[62].

3.3.2 Formen des Wandels

Die Frage nach Verfahren zur Gestaltung eines Dienstleistungsunternehmens ist entscheidend mit der Fragestellung verknüpft, ob es eine kontinuierliche Weiterentwicklung von Unternehmen gibt oder ob der Wandel durch Phasen des Umbruchs und Phasen der Kontinuität gekennzeichnet ist. Außerdem ist zu klären, welche Kräfte den Wandel determinieren und was gegebenenfalls die Gründe für diskontinuierliche Entwicklungen sind. Zur Beantwortung dieser Fragen sind vor allem Erkenntnisse der Organisationslehre und Wachstumsforschung relevant.

Unternehmen müssen Wachstumschancen bewußt wahrnehmen und ergreifen: „Die potentiellen Wachstumschancen eines Unternehmens können nur durch bewußt vorgenommene Wahlakte genutzt werden. Dies erklärt auch, warum von Unternehmen einer bestimmten Anzahl, unter sonst gleichen Voraussetzungen, einige wachsen,

---

[61] Reichwald, R.; Koller, H. [1996], S. 107
[62] Weber, B. [1996], S. 32

andere dagegen stagnieren oder gar schrumpfen"[63].

Daraus folgt, daß eine aktive Gestaltung des Wandels für Unternehmen erforderlich ist. Im Kontext der Unternehmenserneuerung stellt Zahn fest, daß die Gestaltung des Unternehmens kein einmaliger Vorgang, sondern ein ständiger Prozeß ist: „Das zukunftsfähige Unternehmen ist ... ein nie vollendetes Werk. Die zu erfüllenden Anforderungen ändern sich laufend. Das Werk muß mithin immer wieder neugestaltet, aber teilweise auch zerstört werden, wenn es nicht veralten soll"[64].

Die Ergebnisse aus der Wachstumsforschung deuten auf die Existenz diskontinuierlicher Entwicklungen hin. Von Kortzfleisch und Zahn führen dazu aus: „In den die Zeitvarianz von quantitativen Merkmalsausprägungen (z.B. Umsatzentwicklung) repräsentierenden Kurvenzügen lassen sich grundsätzlich kontinuierliches Wachstum (mit positiven, konstanten oder negativen Zuwächsen) und sprunghaftes Wachstum beobachten"[65].

Zum Verständnis der Formen des organisatorischen Wandels ist die Herleitung aus der Entstehung organisatorischer Konzepte und aus Führungskonzepten erforderlich. Zu Beginn des Jahrhunderts standen handwerkliche Organisationsformen wie Manufakturen oder Kontore im Vordergrund. Führung, Innovation und organisatorischer Wandel hingen stark von Unternehmerpersönlichkeiten wie Bosch oder Daimler ab und von deren Produktinnovationen. Diesen Unternehmern wurden "typische Unternehmertugenden" wie Tatkraft, Entschlossenheit und Vertrauenswürdigkeit zugeschrieben[66]. Die Fähigkeit, Teile in gleichartiger Qualität herzustellen und die Arbeit damit arbeitsteilig zu organisieren, wurde von Taylor durch sein Scientific Management wissenschaftlich fundiert und von Henry Ford realisiert[67].

Erste betriebswirtschaftliche Organisations- und Führungsprinzipien, z.B. von Taylor[68] oder Weber[69], waren geprägt von der Schaffung eines normativen Idealtypus. D.h. organisatorischer Wandel wurde als Wandel hin zu einem normativ beschriebenen

---

[63] Zahn, E. [1971], S. 26

[64] Zahn, E. [1995b], S. 5

[65] Kortzfleisch, G.v.; Zahn, E. [1979], S. 435

[66] vgl. Bullinger, H.-J. [1994], S. 21

[67] vgl. Womack, J.P.; Jones, D.T.; Roos, D. [1992], S. 30 ff

[68] vgl. Taylor, F. W. [1983], S. 1 ff

[69] zu den Thesen von Max Weber zu Beamtentum und Bürokratie siehe Käsler, D. (Hrsg.) [1972]

Idealzustand verstanden.

Die Frage nach der situationsadäquaten Organisationsgestaltung ergab sich aus der Kritik an den normativen Ansätzen auf unterschiedlichen Arbeitsgebieten: zum einen auf dem des Krisenmanagements, zum anderen auf dem der situativen Strukturgestaltung.

Eines der bekanntesten Modelle im Bereich der Wachstums- und Krisentheorien wurde von Greiner[70] bereits Anfang der siebziger Jahre veröffentlicht. Es erklärt einen Unternehmenslebenszyklus in Bezug auf Alter und Wachstum einer Organisation. Dabei kommt es zu Krisen, die nach ihrer Bewältigung zu einem weiteren kontinuierlichen Wachstum führen (vgl. Abbildung 6). Greiner ging also von Phasen kontinuierlichen und diskontinuierlichen Wachstums aus. Das Unternehmen reagiert auf Krisensymptome. Greiner postuliert, daß jede Phase revolutionärer Veränderung nur durch eine bestimmte, ganz spezifische Lösung zu beherrschen ist, die sich von der Lösung der vorhergehenden revolutionären Phase unterscheidet.

Die Krisenmodelle führten zu einer Vielzahl daraus abgeleiteter Strategien und Methoden des Krisenmanagements. Im Bereich situativer Organisationsgestaltung wurde eine Relativierung der normativen Ansätze versucht. Eine Vielzahl situationsbezogener Ansätze entwickelte sich[71]. Es herrschte die Erkenntnis vor, daß der Einsatz organisatorischer Instrumente je nach unterschiedlichen situativen Bedingungen zu unterschiedlichen Ergebnissen führt, die Organisationslehre also nicht den Versuch machen sollte, allgemeingültige Prinzipien aufzustellen[72].

Die klassisch-situativen und verhaltenswissenschaftlich-situativen Ansätze[73] folgen tendenziell eher der Vorstellung einer ständigen Anpassung des Unternehmens an neue situative Bedingungen. Situativ bedeutet aber auch, der Organisator ist Getriebener von Umwelteinflüssen mit geringen Handlungsspielräumen.

---

[70] vgl. Greiner, L. E. [1972], S. 37 ff

[71] Eine Übersicht über verschiedene dualistische und pluralistische situative Ansätze findet sich in Hill, W.; Fehlbaum, R.; Ulrich, P. [1981], S. 401 ff

[72] vgl. dazu z.B. Hill, W.; Fehlbaum, R.; Ulrich, P. [1981]

[73] vgl. Staehle, W. H. [1991], S. 47 ff

Phase	Bezeichnung	Beschreibung (Ziel/Struktur/Führungsstil/Kontrollsystem/Leistungsanreize)
1	Wachstum durch Kreativität	- Produzieren & Verkaufen - informelle Struktur - individualistischer Stil - Marktergebnisse -Teilhaberschaft
Krise	Führungskrise	
2	Wachstum durch direkte Führung	- Effizienz der Abläufe - zentralisiert &funktionell - Direktiven - Standards und Kostenzentren - Gehalt und Leistungszulagen
Krise	Autonomiekrise	
3	Wachstum durch Delegieren	- Marktexpansion - dezentralisiert (geographisch) - delegieren - Berichte und Profit-Centers - Individueller Bonus
Krise	Kontrollkrise	
4	Wachstum durch Koordination	- Konsolidierung - Linie/Stab und Produktgruppen - Überwachung - Planungen und Investitionszentren - Gewinnbeteiligung
Krise	Bürokratiekrise	
5	Wachstum durch Zusammenarbeit	- Innovation - Matrixorganisation - partizipativ - abgestimmte Zielsetzungen - Teambonus
Krise	weitere, im Modell noch nicht erfaßte Krisen	

Abbildung 6: Krisen- und Wachstumsphasen im Unternehmenslebenszyklus[74]

Die Idee des organisatorischen Wandels ist der "Quantum Change". Unternehmen passen sich nicht laufend der Umwelt an, sondern versuchen eine interne Konsistenz

---

[74] in Anlehnung an Greiner, L. E. [1972], S. 38 ff

zu erreichen. Die Kritik an situationsbezogenen Ansätzen hinsichtlich Monokausalität und Statik führte zu den bereits erwähnten organisatorischen Konfigurationsansätzen von Mintzberg[75]. In dessen Umfeld entstanden auch die empirischen organisatorischen Längsschnittanalysen von Miller und Friesen zu Beginn der 80er Jahre.

Die Ansätze von Miller und Friesen versuchen Lebenszyklen von Unternehmen zu analysieren und stimmige Konfigurationen zwischen erfolgreichen Unternehmen und ihrer Umgebung zu finden.

Außerdem werden Phasen evolutionären und revolutionären Wandels untersucht. Bei ihren empirischen organisatorischen Längsschnittanalysen fanden Miller und Friesen zehn Strategie-Struktur-Umwelt-Konfigurationen, sechs erfolgreiche und vier nicht erfolgreiche Konfigurationen. Außerdem wurden dynamische Übergänge zwischen den Konfigurationen identifiziert[76].

Auf den Konfigurationsansätzen basiert auch die bereits erwähnte Arbeit von Niemeier. Ein Überblick über die Historie der Konfigurationsansätze ist in Meyer, Tsui und Hinnings[77] gegeben. Abbildung 7 zeigt eine Systematik von wichtigen Ansätzen zum organisatorischen Wandel. Weitere nicht abgebildete Entwicklungsrichtungen der Organisationstheorie vermitteln kein explizites Bild des Wandels, aber z.B. verhaltenswissenschaftliche oder systemtheoretische Erklärungsmuster für Wandlungsprozesse. Vor allem die Systemtheorie bietet mit kybernetischem Denken in Steuerketten und Regelkreisen, ergänzt um die Erkenntnisse der Chaostheorie Erklärungen für den organisatorischen Wandel. Bei dynamischen Systemen kann festgestellt werden, daß sie Entwicklungen durchlaufen, bei denen sie zu bestimmten Zeitpunkten Gleichgewichtslagen einnehmen. Die Chaostheorie erklärt chaotisches Verhalten aus kleinsten Veränderungen von Anfangswerten in nicht-linearen Systemen[78]. Chaos- und Systemtheorie können so einen Beitrag zur Erklärung des Wandels liefern, und bieten eine systemtheoretische Sicht auf Konfigurationsübergänge.

Die Arbeiten von Miller und Friesen bzw. Mintzberg stellen die Basis für weitere

---

[75] vgl. dazu: Die Mintzbergstruktur (Mintzberg, H. [1992]) und Mintzberg über Management (Mintzberg, H. [1991])

[76] vgl. dazu Mintzberg, H. [1984]; Miller, D.; Friesen, P. H. [1982a] sowie Miller, D.; Friesen, P. H. [1984]

[77] vgl. Meyer, A.D.; Tsui, A.S.; Hinings, C.R. [1993], S. 1179 ff

[78] vgl. Zahn, E.; Dillerup, R. [1995], S. 46 f

Untersuchungen bzw. eigene Konfigurationsansätze dar[79]. Außerdem nehmen die Arbeiten zum strategischen Personalmanagement internationaler Unternehmen von Milliman, Glinow und Nathan bezug auf die Überlegungen von Miller und Friesen[80].

Ansätze	normativ	Situative Ansätze	
		Kontingenzansätze (klassisch-situative und verhaltens- wissenschaftlich- situative Ansätze)	Konsistenzansätze (Konfigurationsan- sätze)
Beispiele für Vertreter	Taylor Weber	Lawrence und Lorsch Hill/Fehlbaum/Ulrich	Miller/Friesen Mintzberg Niemeier
Bild des Wandels	Beschreibung einer Idealorganisation	ständige Anpassung an die Umwelt; ein Kontinuum von Organisationen zwischen extremen Organisationsformen existiert	Quantum Change zwischen begrenzter Zahl von Strategie- Struktur-Umwelt- Konfigurationen

Abbildung 7: Ansätze zum organisationalen Wandel

Miller und Friesen analysierten Lebenszyklen von Unternehmen, um stimmige Konfigurationen zwischen erfolgreichen Unternehmen und ihrer Umgebung zu finden. Außerdem untersuchten sie Phasen evolutionären und revolutionären Wandels. Ergebnis dieser Untersuchungen ist, daß sich Unternehmen nicht laufend der Umwelt anpassen, sondern versuchen, eine interne Konsistenz zu erreichen. Erst wenn die Differenz zwischen Umwelt und Struktur sehr groß wird, findet ein tiefgreifender Wandel (Quantum Change) statt. Die Zahl der Konfigurationen, die gefunden wurde, ist begrenzt. Die einzelnen Konfigurationen werden im nächsten Kapitel beschrieben. Abbildung 8 zeigt Konfigurationen, d.h. Phasen des Fit zwischen Strategie, Struktur und Umwelt, zwischen denen Phasen des Quantum Change existieren. Diese Phasen des Quantum Change können revolutionäre oder evolutionäre Ausprägungen haben. Staehle faßt dies zusammen:

---

[79] vgl. dazu Ketchen, D.J.; Thomas, J.B.; Snow, C.C. [1993], S. 1278 ff und Baker, D. D.; Cullen, J. B. [1993], S. 1251 ff sowie Doty, D.H.; Glick, W.H.; Huber, G.P. [1993], S. 1196 ff

[80] vgl. Milliman, J.; Glinow, M. A. v.; Nathan, M. [1991], S. 318 ff

„Die Organisation wird .. im Konflikt zwischen Kontingenz- und Konsistenzstreben mit dem Problem konfrontiert, die Kosten einer nicht an die Umwelterfordernisse angepaßten Organisationsstruktur (Kosten des Misfits) gegen die Kosten der Zerstörung einer in sich konsistenten, harmonischen Organisationsstruktur und -kultur abzuwägen. Die Autoren [Anm. Miller und Friesen] sprechen sich hier eindeutig für einen Quantum Change und gegen einen Piecemeal Change aus. Quantum Change heißt, möglichst langes Beibehalten einer gewachsenen harmonischen Konfiguration und, wenn der Umweltdruck zu stark und die Veränderung unvermeidbar ist, revolutionärer Übergang zu einer neuen Konfiguration, die aber in all ihren Teilsystemen aufeinander abgestimmt sein muß. Piecemeal Change ist dagegen die bevorzugte Strategie der Kontingenztheoretiker; sie erfordert eine evolutionäre, inkrementale Anpassung von einzelnen Strukturelementen, sofern und sobald ein Misfit mit einem Umweltsegment eintritt"[81].

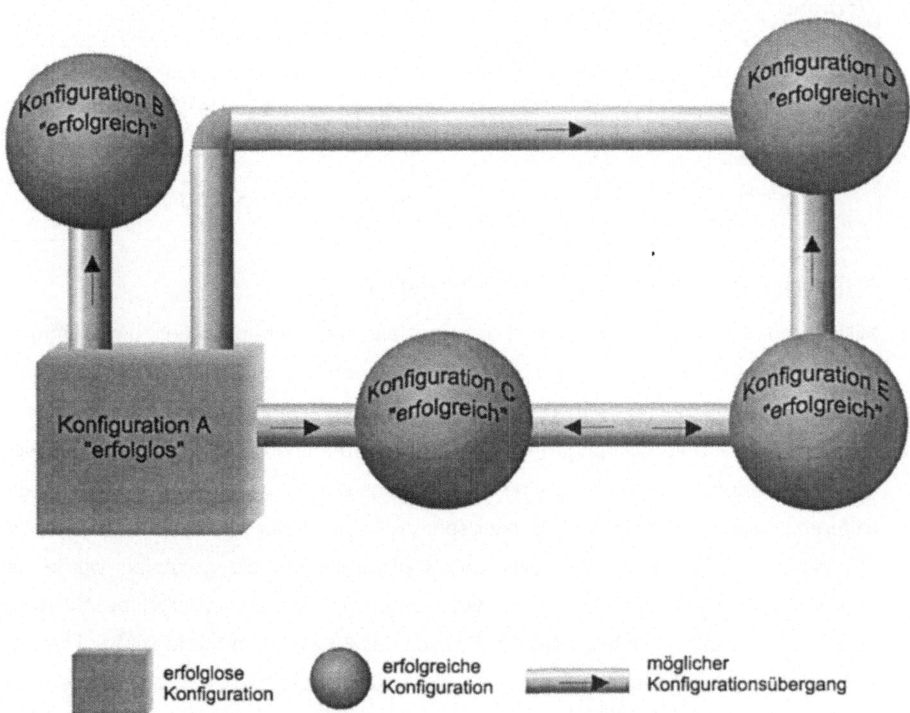

Abbildung 8: Quantum Change: Konfigurationen und Konfigurationsübergänge

Miller und Friesen favorisieren zwar den Quantum Change, empfehlen aber ein situa-

---

[81] Staehle, W. H. [1991], S. 61 f

tives Anpassungsmanagement[82], je nach Umweltzustand und Voraussehbarkeit zukünftiger Umweltsituationen. Der geeignete Zeitpunkt für einen Konfigurationswechsel wird in Kapitel 4.1.3 analysiert.

Aus den hier erwähnten Arbeiten ergeben sich folgende Erkenntnisse für das zu entwerfende Verfahren zur Gestaltung von Dienstleistungsunternehmen:

- Es existiert kein kontinuierlicher Wandel, sondern es wechseln sich Phasen größerer Veränderung mit Phasen kontinuierlicher Entwicklung ab. Das zu entwickelnde Verfahren bezieht sich auf die Phasen größerer Veränderungen, zeigt aber auch Elemente zum Übergang in eine kontinuierliche Veränderung auf. D.h. in der Phase des "Fits" zwischen Strategie-Struktur-Umwelt kann es eine kontinuierliche Verbesserung in der Organisation zur Erhaltung und Verbesserung der Leistungsfähigkeit von Prozessen geben.

- Ein diskontinuierlicher Wandel muß ohne akute Krisen möglich sein: die Organisation muß in die Lage versetzt werden, Projekte tiefgreifenden Wandels ohne Leidensdruck zu realisieren. Das Wort "Krisis" darf hier nur in seiner originären Bedeutung als entscheidender Wendepunkt verstanden werden.

- Ein Verfahren, das die Gestaltung von Unternehmen zum Ziel hat, muß die unterschiedlichen Unternehmenskonfigurationen berücksichtigen. Das bedeutet: Jede Phase des Verfahrens muß nach den Anforderungen unterschiedlicher Konfigurationen differenziert werden, und die anzuwendenden Gestaltungsprinzipien (z.B. Prozeßorientierung) sind spezifisch für die verschiedenen Konfigurationen auszuprägen.

3.3.3 Basiskonfigurationen für die Durchführung von Reorganisationsvorhaben

In den vorangegangen Kapiteln wurde die Bedeutung organisatorischer Konfigurationen für die Entwicklung eines Verfahrens zur Gestaltung von Dienstleistungsunternehmen herausgestellt. Es stellt sich nun die Frage, welche Konfigurationen die Basis für eine Verfahrensentwicklung sein können. Mintzberg z.B. hat ein Konfigurationsmodell entwickelt, das auf seinen eigenen Erfahrungen, mentalen Modellen und verschiedenen Forschungsarbeiten beruht[83]. Er beschreibt fünf Konfigurationen (Einfachstruktur, Ma-

---

[82] vgl. Staehle, W. H. [1991], S. 62 f
[83] vgl. Mintzberg, H. [1992], S. 375

schinenbürokratie, Profibürokratie, Spartenstruktur, Adhocratie) und Übergänge zwischen diesen. Mintzberg selbst weist darauf hin, daß solche Konfigurationen auf Grund des betrachteten sozio-technischen Systems stets starke Vereinfachungen darstellen und fordert dazu auf, eigene Konfigurationsüberlegungen anzustellen: „Ich hatte viel Spaß mit diesem Diagramm. ...Man soll mit dem Diagramm frei experimentieren, mich es aber wissen lassen, wenn man etwas interessantes entdeckt hat"[84]. Zur Frage der Existenz der von ihm definierten Konfigurationen stellt Mintzberg fest, daß immer nur die Wahl zwischen alternativen Modellen besteht: „...die fünf Konfigurationen [werden] existieren, sollten sie sich insgesamt als eine einfache und überzeugende Theorie erweisen, die in mancher Hinsicht nützlicher ist als andere derzeit verfügbare Theorien"[85].

Das Konfigurationsmodell für diese Arbeit basiert auf den durch eine breite empirische Basis fundierten Arbeiten von Miller und Friesen:

> „Danny Miller (1981), ein langjähriger Kollege von Mintzberg, sieht ebenfalls in der Suche nach Gestalt, nach Konsistenz zwischen Kontext, Struktur und Effizienz einen neuen Ansatz zur Kontingenzforschung und veröffentlicht zusammen mit Peter Friesen das heutige Standardwerk auf diesem Gebiet. Miller/Friesen ... verstehen unter Organisationen komplexe Einheiten, deren Struktur-, Strategie- und Umweltelemente eine natürliche Tendenz haben, sich zu Konfigurationen (Quanten) zu verbinden. Der von ihnen propagierte Quantum View besagt, daß eine relativ geringe Anzahl dieser Konfigurationen oder Typen (Archetypes) die überwiegende Mehrzahl der in der Realität vorkommenden Kombinationen von Organisationselementen abbildet"[86].

Die Frage, warum Konfigurationen entstehen, etwa durch natürliche Selektion oder Nachahmungseffekte, ist noch nicht geklärt.

Überlegungen zu einer notwendigen Adaption der Konfigurationen, durch empirische Längsschnittanalysen oder logische Schlußfolgerungen, sind durchzuführen. Beides ist legitim. Niemeier schreibt dazu: „Aber selbst wenn die Strukturkonfigurationen von Mintzberg nur idealtypische Abbildungen wären, so sind sie doch nützlich, die enorme Kompliziertheit realer Unternehmen zumindest gedanklich besser in den Griff zu bekommen"[87]. Es ist zu bedenken, daß empirische Längsschnittanalysen immer vergangenheitsorientiert sind. Daher wird in dieser Arbeit der Weg beschritten, den Ansatz von Miller und Friesen einer logischen Überprüfung und einer Adaption unter gedanklich-

---

[84] Mintzberg, H. [1991], S. 109

[85] Mintzberg, H. [1992], S. 375

[86] Staehle, W. H. [1991], S. 60 f

[87] Niemeier, J. [1986], S. 97

logischen Gesichtspunkten in bezug auf aktuelle und zukünftige Umweltsituationen zu unterziehen. Sicherlich werden sich die Häufigkeiten des Vorkommens der einzelnen Konfigurationen und der Übergangsformen verändern, z.B. wird der Typ S1b "Anpassende Firma in herausfordernder Umwelt" (siehe Abbildung 9) in größerer Häufung als zum Zeitpunkt der Untersuchungen von Miller und Friesen anzutreffen sein. S1b repräsentiert z.B. auch die Strukturen der innovativen, virtuell und global orientierten Unternehmen. Außerdem ist anzunehmen, daß der Übergang von einer Konfiguration auf eine andere unter den heutigen turbulenten Umweltbedingungen schneller erfolgt. Es existieren aber keine logischen Anhaltspunkte, die darauf hindeuten, daß bestimmte Konfigurationen nicht mehr oder in veränderter Form bestehen.

Die Konfigurationen werden nachfolgend kurz charakterisiert. Außer den statischen Konfigurationen wurden neun signifikante dynamische Konfigurationen von Miller und Friesen identifiziert. Diese Übergangskonfigurationen sind von geringerem Interesse für diese Arbeit, da die Übergangsphase durch das zu entwickelnde Verfahren proaktiv gesteuert wird mit dem Ziel, in eine stabile erfolgreiche Konfiguration zu gelangen.

Wie oben dargestellt, zeigen die Arbeiten von Mintzberg, Miller und Friesen organisatorische Konfigurationen, die eine fundierte Grundlage für konfigurationsspezifische Verfahren des Wandels in Dienstleistungsunternehmen darstellen. Allerdings ist zu beachten, daß die gefundenen Konfigurationen und die Übergänge zwischen diesen keinen Absolutheitsanspruch für alle Unternehmen haben, sondern lediglich Konfigurationen aufzeigen, die mit statistischer Signifikanz existieren. Die Konfigurationen „üben eine Anziehungskraft auf reale Organisationen aus"[88]. Daher ist zunächst eine logische Überprüfung der gefundenen Konfigurationen erforderlich. Hierzu werden Beispiele von Dienstleistungsunternehmen aufgezeigt (vgl. Anhang B), welche die verschiedenen Konfigurationen und Übergänge widerspiegeln.

Alle Übergänge zu einer erfolglosen Konfiguration werden nicht behandelt, da es sinnvollerweise niemals Ziel eines geplanten Wandels sein kann, zu einer erfolglosen Zielkonfiguration zu gelangen. Eine Betrachtung der Übergänge zu erfolglosen Konfigurationen ist nur im Zusammenhang mit der Analyse von Risikopotentialen bedeutsam. Relevant sind Übergänge von erfolglosen zu erfolgreichen Konfigurationen und zwischen erfolgreichen Konfigurationen. Dies gilt auch vor dem Hintergrund des zu erwar-

---

[88] Mintzberg, H. [1992], S. 375

tenden Änderungs-Widerstands: „Organisationen sind äußerst resistent gegenüber Veränderungsprozessen und entwickeln konservative Wirkungsmechanismen, um die Veränderung von Strukturen und Prozessen abzuwehren. ... In Unternehmen, die in der Vergangenheit erfolgreich waren, sind diese Mechanismen besonders stark ausgeprägt"[89]. Die Basis von Miller und Friesen wird durch folgende Überlegungen adaptiert:

- Behörden als staatliche Dienstleister für Kernaufgaben des Staates mit neuer Orientierung konnten kein Untersuchungsgegenstand von Miller und Friesen sein, da diese Anforderungen erst durch ein politisch-administratives Umdenken in neuerer Zeit entstanden sind[90]. Daher wurde die Zielkonfiguration S6 (Moderne Bürokratie) neu definiert. Behörden sind hier im engeren Sinne öffentliche Betriebe ohne eigene Rechtspersönlichkeit und damit ein Teil der öffentlichen Betriebe:

  - Öffentliche Betriebe ohne eigene Rechtspersönlichkeit sind Verwaltungsbetriebe, Sondervermögen oder kommunale Eigenbetriebe.

  - Öffentliche Betriebe mit eigener Rechtspersönlichkeit sind öffentlich-rechtliche Anstalten, Körperschaften und Stiftungen sowie privatrechtlich gestaltete Betriebe, die ganz oder teilweise in öffentlichem Besitz sind.

- Entgegen den gefundenen Übergängen zum Zeitpunkt der Untersuchung ist anzunehmen, daß ein Übergang zur Konfiguration S1b durch die Globalisierung und den eingangs beschriebenen dramatisch verschärften Wettbewerb an Bedeutung gewinnt. Für die erfolglose Konfiguration F4 (Hinterherhinkende Firma) wurde empirisch[91] kein signifikanter Übergang zu einer erfolgreichen Konfiguration festgestellt. Logisch am plausibelsten erscheint die (geringe) Chance eines Übergangs zu S1b (Anpassende Firma in stark herausfordernder Umwelt). Daher wurde der Übergang zu dieser Konfiguration aufgenommen.

- Entgegen den gefundenen Übergängen zum Zeitpunkt der Untersuchung ist anzunehmen, daß ein Übergang von F2 ("Stagnierende Bürokratie") zur Konfiguration S1a ("Anpassende Firma in wenig herausfordernder Umwelt") durch die Privatisierung und den verschärften Kostendruck entstehen wird. Daher wurde der Übergang

---

[89] Zahn, E.; Greschner, J. [1996], S. 55 f

[90] vgl. dazu auch Abbildung 16 "Bürokratieverständnis im Wandel" und Gleitze, W.; Frercks, L. [1996], S. 3

[91] vgl. Miller, D.; Friesen, P. H. [1984], S.149

zur Konfiguration S1a zusätzlich aufgenommen.

Ein Sonderfall in der Betrachtung stellen virtuelle Unternehmen dar: „Ein virtuelles Unternehmen ist eine Kooperationsform rechtlich unabhängiger Unternehmen, Institutionen und/oder Einzelpersonen, die eine Leistung auf Basis eines gemeinsamen Geschäftsverständnisses erbringen. Die kooperierenden Einheiten beteiligen sich an der Zusammenarbeit vorrangig mit ihren Kernkompetenzen und wirken bei der Leistungserstellung gegenüber Dritten wie ein einheitliches Unternehmen"[92]. Arnold et al. beschreiben Entwicklungsstufen von virtuellen Unternehmen. In der höchsten Entwicklungsstufe führt „ein Information Broker .. nach Bedarf Unternehmen und Einzelpersonen mit den notwendigen Kernkompetenzen zusammen, um gezielt eine Marktaufgabe zu erfüllen"[93]. Die Vorstellung von einer idealen virtuellen Organisation zeigt die Grenzen des klassischen Verständnisses von Konfigurationsübergängen auf. Konfigurationsübergänge werden zu einem Springen zwischen Konfigurationen.

Nachfolgende Abbildungen (Abbildung 9 und Abbildung 10) zeigen erfolgreiche (S1a-S6) und erfolglose (F1-F4) archetypische Konfigurationen mit den zugehörigen typischen Beschreibungsmerkmalen. Es handelt sich dabei um eine modifizierte Darstellung in Anlehnung an die Arbeiten von Miller und Friesen[94]. Mögliche Beschreibungsmerkmale für die Umwelt sind bei Miller und Friesen Dynamik, Heterogenität und Feindlichkeit. Die Struktur kann durch die primären Gliederungsmerkmale der Organisation sowie durch Wachstum, Alter und Zentralisierungsgrad, die Strategie durch Führungsstil und Innovationsbereitschaft beschrieben werden.

---

[92] Arnold, O.; Faisst, W.; Härtling, M.; Sieber, P. [1995], S. 10; zu den rechtlichen Rahmenbedingungen virtueller Unternehmen siehe Müthlein, T. [1995], S. 68 ff

[93] Arnold, O.; Faisst, W.; Härtling, M.; Sieber, P. [1995], S. 19

[94] vgl. dazu Miller, D. and Friesen, P. [1980]; Miller, D.; Friesen, P. H. [1982a]; Miller, D. and Friesen, P. H. [1982b]; Miller, D.; Friesen, P. H. [1983]; Miller, D.; Friesen, P. H. [1984]

Konfiguration	Bezeichnung (Alter und Größe)	Umweltmerkmale	Strukturmerkmale	Strategiemerkmale
F1	Impulsives Unternehmen (relativ jung und klein)	relativ dynamisch und heterogen	hoch zentralisiert, schnelles Wachstum in der Vergangenheit; durch Wachstum überforderter, impulsiver Top-Manager	ad hoc Entscheidungen statt Strategie
F2	Stagnierende Bürokratie	wenig dynamisch, homogen: "eingeschläfertes", vom Kunden entferntes Unternehmen	funktionale, "bürokratische", zentralisierte Struktur, konservatives Management	geringe Innovationsbereitschaft, Beibehaltung bestehender Strategien
F3	Kopfloser Gigant	relativ dynamisch und heterogen	Schwaches Management, unkoordinierte Sparten; Information als Mittel zum Machterhalt	Management mit operativen Routineaufgaben statt mit strategischen Aufgaben beschäftigt; geringe Innovationsbereitschaft
F4	Hinterherhinkende Firma	relativ dynamisch und heterogen	funktional, zentralisiert, häufiger Managementwechsel, Personal geprägt von ständiger Verlierersituation	impulsive Entscheidungsfindung, wenig Zeit/Ressourcen für analytisches Vorgehen
S1a	Anpassende Firma in wenig herausfordernder Umwelt	stabil, aber starke Konkurrenz	zentralisierte, einfache Struktur	Strategiebildung unter detaillierter Marktbeobachtung
S1b	Anpassende Firma in stark herausfordernder Umwelt	extrem dynamisch und feindlich	organisch, flexibel, stark differenziert: gute Informationsverarbeitung	stark partizipativer Prozeß der strategischen Planung; sehr innovativ

Abbildung 9: Erfolgreiche und erfolglose Konfigurationen (I)

Konfi-guration	Bezeichnung (Alter und Größe)	Umwelt-merkmale	Strukturmerkmale	Strategie-merkmale
S2	Dominantes Unternehmen	relativ ruhig	hierarchisch, mächtiges Management durch bisherige Erfolge	auf partielle Umweltkontrolle ausgerichtet
S3	Gigant unter Feuer	dynamisch, feindlich und heterogen	differenziert, flexibel, gutes Informations-management	risikoarm, keine marktbeherr-schende Stellung möglich, ohne grundlegende Innovationen
S4	Unternehmerisches Konglomerat	sehr komplex	diversifiziert, unternehmerisches Management: sehr gute Informations- und Kon-trollsysteme	wachstums- und kauforientiert, strategische Pla-nung durch Top-Management
S5	Innovatives Unternehmen	dynamisch, aber homogen	einfache Struktur, intuitive Ent-scheidungsfindung	Innovationsfüh-rerschaft, Ni-schenstrategie
S6	Moderne Bürokratie	wenig dynamisch, homogen	Orientierung an Abläufen, gute Informations-systeme	Strategiebildung ausgerichtet an gesetzlichen Rah-menbedingungen

Abbildung 10: Erfolgreiche und erfolglose Konfigurationen (II)

Strategien für die Übergänge zwischen erfolgreichen bzw. erfolglosen Konfigurationen wurden von Miller und Friesen identifiziert und wie folgt bezeichnet: Unternehmerische Wiederbelebung (Entrepreneurial Revitalization), Konsolidierung (Consolidation), Stagnation (Stagnation), Zentralisation (Centralization, Boldness & Abandon), Reife-prozeß (Maturation) und Krisenbewältiger (Troubleshooting)[95]. Die identifizierten Über-gänge zu erfolgreichen Konfigurationen wurden in die nachfolgende Abbildung 11 und Abbildung 12 aufgenommen. Der Handlungszwang bei einem Konfigurationswechsel ergibt sich bei erfolglosen Konfigurationen aus den finanziellen Zwängen und dem Marktdruck, der ein Handeln für das Überleben des Unternehmens zwingend macht.

---

[95] Eine Übersicht ist in Miller, D.; Friesen, P. H. [1984], S.149 gegeben

Eine Ausnahme bildet die Ausgangskonfiguration der stagnierenden Bürokratie. Bei dieser Ausgangskonfiguration können politische und gesellschaftliche Forderungen wie "bürgernähere Verwaltung" oder die Forderung nach einem "schlanken Staat" den Handlungszwang herbeiführen. Bei erfolgreichen Konfigurationen kann dagegen nur die Einsicht in zukünftige strategische Erfordernisse, hervorgerufen z.B. durch erwartete technologische Quantensprünge, den Handlungszwang zum Konfigurationswechsel herbeiführen.

Nr.	Ausgangs-konfiguration	Zielkonfiguration	Gesamt-situation der Aus-gangskon-figuration	wahrscheinlichste Ursache für einen Konfigurations-wechsel (Handlungszwang)
1	F1 "Impulsives Unternehmen"	S3 "Gigant unter Feuer"	erfolglos	Marktzwänge/Finan-zielle Zwänge
2	F1 "Impulsives Unternehmen"	S1b "Anpassende Firma in stark herausfordernder Umwelt"	erfolglos	Marktzwänge/Finan-zielle Zwänge
3	F2 „Stagnierende Bürokratie"	S4 "Unternehmerisches Konglomerat"	erfolglos	Marktzwänge/Finan-zielle Zwänge
4	F2 „Stagnierende Bürokratie"	S2 "Dominantes Unternehmen"	erfolglos	Marktzwänge/Finan-zielle Zwänge
5	F2 „Stagnierende Bürokratie"	S1a "Anpassende Firma in wenig heraus-fordernder Umwelt"	erfolglos	Marktzwänge/Finan-zielle Zwänge
6	F2 „Stagnierende Bürokratie"	S6 " Moderne Bürokratie"	erfolglos	Marktzwänge/Finan-zielle Zwänge
7	F3 "Kopfloser Gigant"	S4 "Unternehmerisches Konglomerat"	erfolglos	politisch-gesellschaftlicher Druck
8	F4 "Hinterher-hinkende Firma"	S1b "Anpassende Firma in stark herausfordernder Umwelt"	erfolglos	Marktzwänge/Finan-zielle Zwänge

Abbildung 11: Konfigurationsübergänge (I)

Nr.	Ausgangs-konfiguration	Zielkonfiguration	Gesamt-situation der Aus-gangskon-figuration	wahrscheinlichste Ursache für einen Konfigurations-wechsel (Handlungszwang)
9	S1a "Anpassende Firma in wenig herausfordernder Umwelt"	S3 "Gigant unter Feuer"	erfolgreich	Einsicht in künftige strategische Erfordernisse
10	S1b "Anpassende Firma in stark herausfordernder Umwelt"	S3 "Gigant unter Feuer"	erfolgreich	Einsicht in künftige strategische Erfordernisse
11	S1b "Anpassende Firma in stark herausfordernder Umwelt"	S4 "Unternehmerisches Konglomerat"	erfolgreich	Einsicht in künftige strategische Erfordernisse
12	S1b "Anpassende Firma in stark herausfordernder Umwelt"	S2 "Dominantes Unternehmen"	erfolgreich	Einsicht in künftige strategische Erfordernisse
13	S2 "Dominantes Unternehmen"	S3 "Gigant unter Feuer"	erfolgreich	Einsicht in künftige strategische Erfordernisse
14	S3 "Gigant unter Feuer"	S2 "Dominantes Unternehmen"	erfolgreich	Einsicht in künftige strategische Erfordernisse
15	S3 "Gigant unter Feuer"	S4 "Unternehmerisches Konglomerat"	erfolgreich	Einsicht in künftige strategische Erfordernisse
16	S4 "Unterneh-merisches Konglomerat"	S3 "Gigant unter Feuer"	erfolgreich	Einsicht in künftige strategische Erfordernisse
17	S5 "Innovatives Unternehmen"	S3 "Gigant unter Feuer"	erfolgreich	Einsicht in künftige strategische Erfordernisse

Abbildung 12: Konfigurationsübergänge (II)

Die Abbildung 13 zeigt die Konfigurationsübergänge in einer graphischen Übersicht.

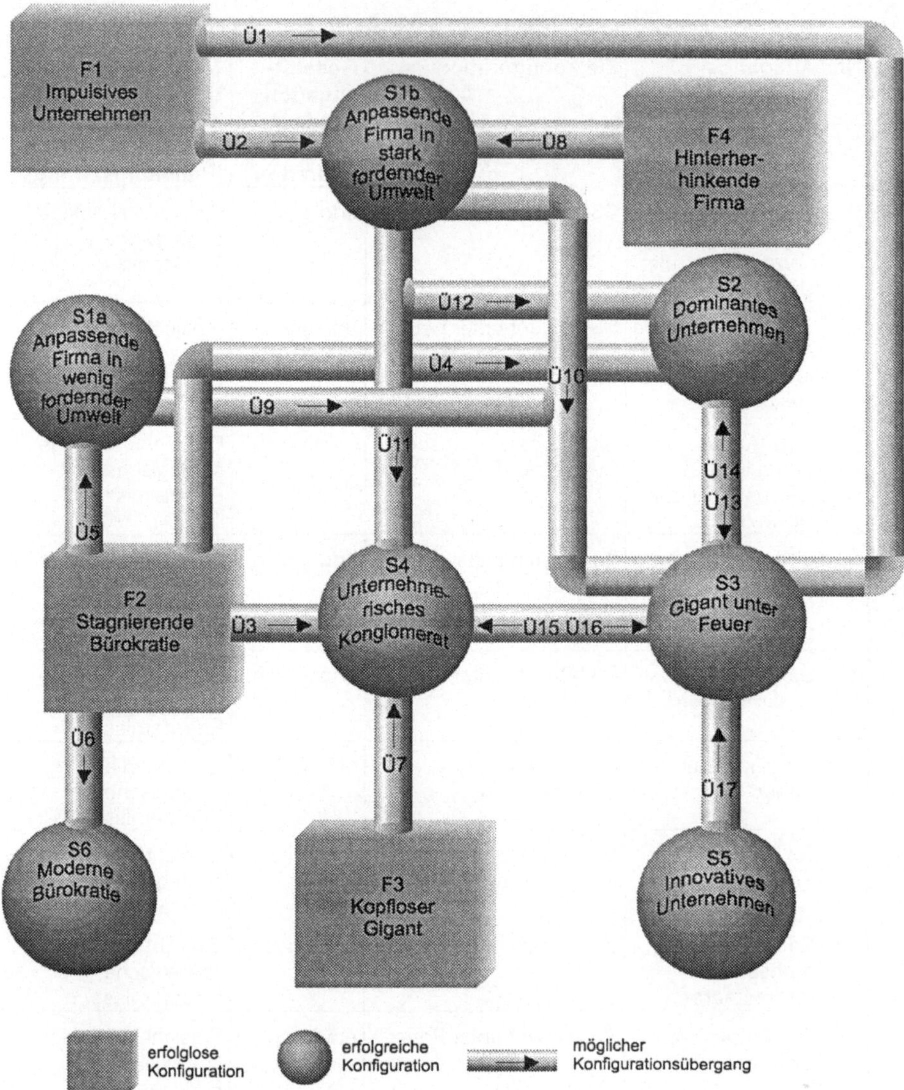

Abbildung 13: Das Konfigurationsmodell

In Anhang B sind Beispiele zur Veranschaulichung jedes Konfigurationsübergangs dargestellt. Die im Anhang genannten Beispiele können einen Konfigurationswechsel nur näherungsweise erläutern. Sie dienen dazu, eine erste Vorstellung bezüglich der

Übergänge zwischen Konfigurationen zu erhalten.

Das in diesem Kapitel definierte Modell stellt die Basis für die Erklärung möglicher Konfigurationswechsel von Dienstleistungsunternehmen durch einen geplanten organisatorischen Wandel dar.

3.3.4 Management of Change

Das Wesen des Wandels ist nach Reiß durch drei Archetypen (Grundformen) bestimmt[96]:

- Strategiewandel, z.B. Dienstleistungskonversion: vom Arzneimittelhersteller zum Gesundheitsdienstleister,

- Ressourcenwandel, z.B. durch neue I+K-Technologien: beginnender Wandel in Bibliotheken durch Online-Kundenbeziehungen und Möglichkeiten des Online-Informationszugriffs,

- Strukturwandel, z.B. Einführung einer Center-Organisation.

Beim Unternehmungswandel ist die ganze Unternehmung betroffen, z.B. durch die Einführung schlanker Strukturen auf Basis des Lean Management Ansatzes.

„Nur die "tiefgreifenden Veränderungen" definieren nach herrschender Auffassung das Betätigungsfeld von Change Managern" und „alle Prozesse der globalen Veränderung, sei es durch Revolution oder durch geplante Evolution, fallen in das Aufgabengebiet des Change Managements"[97]. Den Aspekt, daß die Gesamtorganisation vom - durch ein Management of Change angestrebten - geplanten organisatorischen Wandel betroffen ist, betont auch Staehle. Für ihn werden unter dem geplanten organisatorischen Wandel „alle Bemühungen verstanden, die .. Funktionsweise einer Gesamtorganisation oder wesentliche Teile davon mit dem Ziel der Effizienzverbesserung zu [ver]ändern"[98].

Abbildung 14 zeigt das Spektrum der Veränderungsmodelle, wobei Wandel durch Konfigurationswechsel und Wandel innerhalb der Konfiguration differenziert wird.

---

[96] vgl. Reiß, M. [1997a], S. 7 ff

[97] Reiß, M. [1997a], S. 9

[98] Staehle, W.H. [1991], S. 547

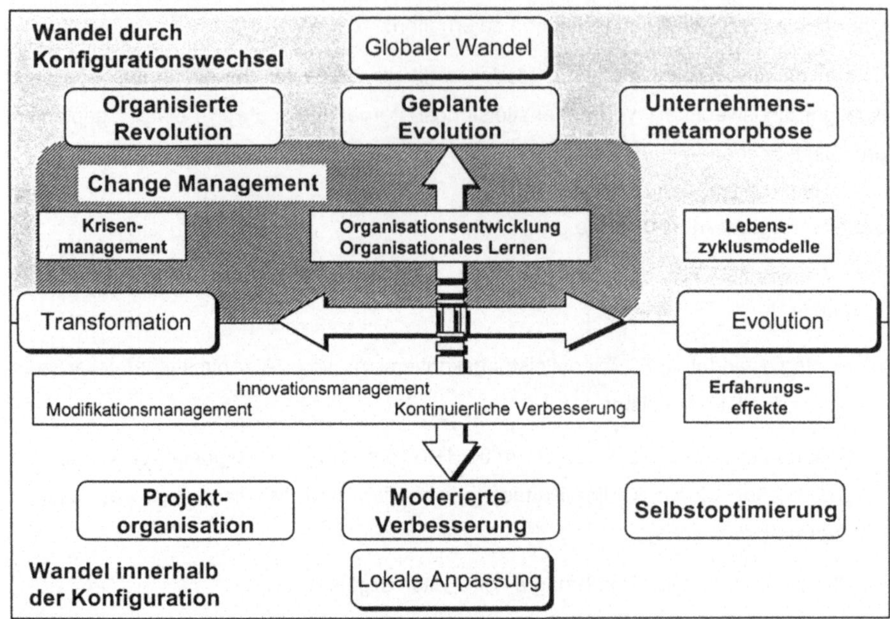

Abbildung 14: Spektrum der Veränderungsmodelle[99]

Die Aufgabe des Change Managements vollzieht sich in einem gegebenen Organisationsspielraum (siehe Abbildung 15) und beinhaltet immer das Erkennen der Notwendigkeit des Wandels, die Durchführung von Veränderungen und das anschließende Stabilisieren der Organisation.

Welchen Wandel der Prozeß der organisatorischen Gestaltung hinsichtlich seines Veränderungsanspruchs und seiner Zeitdauer erfahren hat, kann man der Veröffentlichung von Kirsch, Esser und Gabele von 1979 im Vergleich mit einer neueren Studie[100] entnehmen. In Kirsch, Esser und Gabele ist eine Befragung von 221 Unternehmen mit 100-900 Beschäftigten und 712 Unternehmen mit mehr als 1000 Beschäftigten analysiert[101]: Deutlicher Schwerpunkt bei den Reorganisationen war damals die Einführung von Geschäftsbereichen und von computergestützten Informations- und

---

[99] in Anlehnung an Reiß, M. [1997a], S. 10

[100] vgl. dazu Bullinger, H.-J.; Wiedmann, G.; Niemeier, J. [1995]

[101] vgl. Kirsch, W.; Esser, W.-H.; Gabele, E. [1979], S. 5

Planungssystemen. Der Erfolg wird als schwer meßbar beurteilt[102]. Ein wichtiger Grund ist nach Ansicht der Autoren, daß von der Initiierung bis zur Konsolidierung 3-5 Jahre vergehen, daß es keine Vergleichsorganisation gibt und klare Zielkriterien fehlen. Als wichtige Gründe für das Scheitern von Projekten sind der Widerstand der Betroffenen, mangelndes Anpassungsvermögen und unzureichende Macht der Aktoren angeführt.

Abbildung 15: Grenzen des Organisationsspielraums[103]

Hinsichtlich der Aktoren und Widerstände ist zwischen dieser Studie und der neueren Studie von Bullinger, Wiedmann und Niemeier Übereinstimmung festzustellen. Allerdings hat sich der Zeitraum, der für eine Reorganisation zur Verfügung steht, für Organisationen mit einer turbulenten Umwelt dramatisch verkürzt. Trotzdem kann der Zeitraum für den organisatorischen Wandel nicht beliebig reduziert werden. Wenn auch der Einsatz von Informationstechnik einzelne Phasen wie z.B. die Prozeßmodellierung beschleunigen kann, so lassen sich soziale Prozesse wie der Kulturwandel kaum

---

[102] vgl. Kirsch, W.; Esser, W.-H.; Gabele, E. [1979], S. 13

[103] vgl. dazu Staehle, W. H. [1991], S. 548

beschleunigen[104].

Geplanter Wandel bei öffentlichen Dienstleistern

Erste betriebswirtschaftliche Organisations- und Führungsprinzipien, z.B. von Taylor[105] oder Weber[106], waren - wie bereits erwähnt - geprägt von der Schaffung eines normativen Idealtypus. D.h. organisatorischer Wandel wurde als Wandel hin zu einem normativ beschriebenen Idealzustand verstanden.

"öffentliche Verwaltung" nach Weber	"Dienstleistungsmanagement" nach Budäus
Arbeitsteilung, die auf funktioneller Spezialisierung beruht	dezentrale Organisationsstrukturen
genau fixierte Amts- und Autoritätshierarchie (Amtsführung)	dezentrale Ressourcensteuerung
ein System von Regeln, das Rechte und Pflichten von Positionsinhabern festlegt	Aufhebung der herkömmlichen Trennung von Fach- und Ressourcenverantwortung
ein System von Verfahrensweisen zur Bewältigung von Arbeitssituationen (standardisierte Abläufe, Aktenmäßigkeit)	Verwaltung als Dienstleistungsbetrieb
Unpersönlichkeit der zwischenmenschlichen Beziehungen	Bürger- und Kundenorientierung
Beförderung und Aufstieg aufgrund von fachlicher Kompetenz; Möglichkeit einer Laufbahn, wobei das feste Gehalt von unten nach oben gestuft ist	Entscheidungen steuernde Kosten- und Leistungsrechnung (statt Kameralistik)
	Managementqualifikation des Personals

Abbildung 16: Bürokratieverständnis im Wandel

Die Arbeiten von Weber sind Basis für das Verständnis öffentlicher Dienstleistungen. Daher werden seine Grundprinzipien nachfolgend kritisch betrachtet. Max Weber hat

---

[104] vgl. Berger, R.; Schwenk, B. [1996], S. 1049

[105] vgl. Taylor, F. W. [1983], S. 1 ff

[106] zu den Thesen von Max Weber zu Beamtentum und Bürokratie siehe Käsler, D. (Hrsg.) [1972]

um 1920 - getrieben durch das Anwachsen der Bürokratien zwischen den Weltkriegen - in seiner Theorie der Bürokratie die Merkmale einer Bürokratie definiert[107] (vgl. Abbildung 16). Aktuell gefordert wird ein Wandel von öffentlichen Verwaltungen zum leistungsfähigen Management von Dienstleistungen[108].

Die Kritik an Webers Vorstellungen läßt sich in folgenden Punkten zusammenfassen:

- Motivations- und Human-Relations-Aspekte werden nicht berücksichtigt, d.h. Fragen nach der Arbeitszufriedenheit und ethisch-moralische Fragestellungen wie die der Anwendung des autoritären Herrschaftsprinzips ("Hilflosigkeit gegenüber dem Apparat") werden nicht behandelt. Auch die Beförderung durch Fachkompetenz vernachlässigt völlig die entscheidenden Managementfähigkeiten für Vorgesetzte. Motivations- und Human-Relations-Fragestellungen wurden von Maslow, Herzberg[109] u.a. aufgegriffen. Job-Enrichment, Job-Enlargement und Job-Rotation-Konzepte wurden entwickelt. Lernorganisation[110] und Vertrauensorganisation[111] sind die aktuellen unternehmensumfassenden Konzepte, mit denen Unternehmen versuchen, den Menschen mehr in den Mittelpunkt des Interesses zu stellen. Volkswagen propagiert dazu den M4-Mitarbeiter, der menschlich, mobil, mitgestaltend und multifunktional sein soll[112].

- Es gab zur Entstehungszeit des Weberschen Ansatzes keinen Einfluß der Informationstechnologie und eine relativ statische Umwelt.

- Es besteht eine latente Gefahr der Prinzipienüberbetonung: Präzision kann in Pedanterie, Stabilität in Starrheit und Dokumentation im Papierkrieg münden.

- Weber strebte nach einem allgemeingültigen Modell; diese Allgemeingültigkeit wurde zu Gunsten situationsbezogener Aussagen aufgegeben.

---

[107] vgl. Hill, W., Fehlbaum, R.; Ulrich, P. [1981], S. 415 ff

[108] vgl. Budäus, D. [1995], S. 143

[109] vgl. Hill, W., Fehlbaum, R.; Ulrich, P. [1981], S. 426 ff

[110] vgl. dazu Speck, P. [1994], S 242 ff

[111] vgl. Maaß, J. [1994], S. 155 ff

[112] vgl. dazu Hartz, P. [1994], S. 111 ff

Enabler des organisatorischen Wandels

Es ist festzustellen, welche "Enabler" einen geplanten organisatorischen Wandel möglich und notwendig machen. Allgemein läßt sich konstatieren, daß jede Art von Innovation, seien es Verfahrens-, Produkt- oder Sozialinnovationen, Enabler sein können. Vor allem bei flüchtigen Dienstleistungen existiert ein Umfeld, in dem der Informations- und Kommunikationstechnik als Enabler durch das Entstehen neuer Produkte, z.B. im Bereich des Online-Banking, besondere Bedeutung zukommt. Außerdem läßt die Informationstechnik neue Verfahren für die Gestaltung von Abläufen, auch in räumlicher Hinsicht, zu. Ein Beispiel hierfür sind Dokumentenmanagement- und Workflowsysteme, die völlig veränderte Bearbeitungs-zeiten, einen veränderten Raumbedarf, neue Formen der Funktionsintegration am Arbeitsplatz und einen Kapazitätsabgleich zwischen Teams mit gleichartigen Arbeitsinhalten ermöglichen.

Anzeichen, die für Unternehmen ein Stadium des Übergangs in eine andere Konfi-guration bedeuten müssen, können auch politische Veränderungen und gesellschaft-liche Trends sein wie der Trend zur Freizeitgesellschaft, das Ende der Planwirtschaften in Osteuropa, die Wiedervereinigung Deutschlands, die Einführung des EU-Binnen-markts, die Entstehung des Weltkapitalmarkts, ökologische Faktoren oder der Kosten-druck auf öffentliche Bereiche[113].

In der Literatur wird gefordert, ein Change-Radar zu entwickeln. Das Radar soll Struktur - Ressourcen - Strategie - Informationen aufnehmen, welche die Notwendigkeit eines Change Vorhabens signalisieren[114].

Organisatorischer Wandel vs. Krisenmanagement?

Neben den genannten Konfigurationsansätzen verdienen die Krisenmodelle und die daraus abgeleiteten Strategien wie Sanierung, "Turnaround Management", "Corporate

---

[113] vgl. Zahn, E. [1991b], S. 32
[114] vgl. Reiß, M. [1997c], S. 96

Recovery" oder Diskontinuitätenmanagement sowie die "Streßmodelle" auf der Mikroebene der Organisationsgestaltung Beachtung. Es stellt sich die Frage, ob ein Bezug zwischen Konfigurationswechseln und den Begriffen des Krisenmanagements herzustellen ist. Das Management des Wandels wird zwar in dieser Arbeit in einem neuen Kontext und mit neuen Elementen beschrieben, jedoch lassen sich durchaus Analogien zwischen dem Krisenmanagement und dem Quantum Change zwischen Konfigurationen finden:

- Präventives oder aktives Krisenmanagement bedeutet krisenhafte Entwicklungen vorwegnehmen bzw. an schwachen Signalen[115] erkennen und rechtzeitig Entwicklungen von einer "erfolgreichen Konfiguration" zu einer anderen einzuleiten, was auch eine Analogie zum Begriff des Diskontinuitätenmanagements[116] herstellt.

- Ein reaktives Krisenmanagement in Form eines Turnaround-Managements oder einer Corporate Recovery-Strategie kann mit dem Wechsel von einer erfolglosen zu einer erfolgreichen Konfiguration unter hohem Erfolgsdruck verglichen werden. In die Kategorie des reaktiven Krisenmanagements fällt auch die Sanierung, deren Kennzeichen eine für das Unternehmen bereits lebensbedrohliche Ausgangslage ist.

- Keine Entsprechung findet das liquidative Krisenmanagement, das eine gesetzeskonforme Liquidation des Unternehmens mit weitestgehender Schadensbegrenzung für die Unternehmensumwelt zum Ziel hat. Das gilt ebenso für das Katastrophenmanagement, das auf eine Wiederherstellung der Leistungsbereitschaft nach einer Katastrophe zielt.

Aktoren und Widerstände im Prozeß des geplanten Wandels

Das Management des Wandels muß auch aus Sicht der unterschiedlichen Aktoren betrachtet werden. Verschiedenste Modelle werden dazu in der Literatur vorgestellt, die sich in deskriptive (Promotorengespanne aus Macht- und Fachpromotor) und normative Aktoren (Change Agents in Form von externen Beratern oder Projektmanagern)

---

[115] vgl. Ansoff, I. H. [1976], S. 129 ff

[116] vgl. Zahn, E. [1983], S. 1 ff und Zahn, E. [1979b], S. 119 ff

gliedern lassen[117]. Diese Modelle enthalten unterschiedliche Partizipationsgrade von einem internen "social" Marketing bis zur "echten" Partizipation. Ein hoher Partizipationsgrad geht tendenziell mit langsamen Entscheidungen und mit wenig Widerstand der Organisationsmitglieder - mit Ausnahme der vom Wandlungsprozeß Enttäuschten - einher. Das andere Extrem ist der Bombenwurf[118]. Der Bombenwurf bedeutet, daß im kleinen Kreis unter Ausschluß der Betroffenen ein Grobkonzept erstellt wird. Dieses Konzept wird schlagartig und unwiderruflich in Kraft gesetzt. Die Organisationsmitglieder müssen die Lücken im Grobkonzept durch Improvisation auffüllen. Erst im Nachgang werden Detailprobleme angegangen. Damit sind schnelle Entscheidungen gewährleistet. Die Konflikte treten erst im Lauf des Veränderungsprozesses zu Tage. Der Top-Down Ansatz des Bombenwurfs hat in der Vorgehensweise durchaus Ähnlichkeit mit dem noch vorzustellenden Ansatz des Business Reengineering, während das Lean Management stark partizipative Züge trägt.

Widerstände der Aktoren treten offen oder verdeckt in Form von Wissens- und Willensbarrieren auf. Selektive Wahrnehmung, Informationsdefizite ("Unkenntnis"), Motivationsdefizite ("Schlechterstellung", "Privilegienverlust"), Organisationsdefizite ("Ohnmacht") oder Qualifikationsdefizite ("Überforderung") können zu Barrieren gegen den Wandel führen[119]. Aktoren, Widerstände, Maßnahmen gegen Widerstände, die Wahl des richtigen Zeitpunkts und die geeignete Vorgehensweise im Prozeß des organisatorischen Wandels werden in Kap. 4 ausführlich diskutiert.

Die Aspekte des kontinuierlichen und diskontinuierlichen Wandels wurden bereits wegen ihrer Bedeutung für diese Arbeit gesondert behandelt (siehe Kapitel 3.3.2). Je nach Konfigurationswechsel sind unterschiedliche Grade der Veränderung beim Wandel notwendig. Die beiden Extreme eines kontinuierlichen "Organizational Development" und einer diskontinuierlichen "Organizational Transformation" sind in nachfolgender Tabelle (Abbildung 17) dargestellt. Wichtig ist in diesem Zusammenhang, daß ständige transformierende Veränderungen, d.h. ein ständiges „auftauen, verändern, einfrieren"[120] eine Organisation überfordern können. Diese Überforderung kann auch auf-

---

[117] vgl. Kirsch, W.; Esser, W.-H.; Gabele, E. [1979], S. 279 ff; zu den soziologischen Grundlagen siehe Etzioni, A. [1978], S. 15 ff

[118] vgl. Kirsch, W. [1997], S. 513 ff

[119] vgl. Reiß, M. [1997a], S. 17

[120] Staehle, W. H. [1991], S. 864

treten, wenn eine Organisation individuelles Lernen ermöglicht sowie eine hohe Fertigkeit zum kontinuierlichen Verbessern innerhalb einer Konfiguration ausgeprägt besitzt.

Wandel 1. Ordnung	Wandel 2. Ordnung
Organizational Development	Organizational Transformation
Kontinuität	Diskontinuität
inkremental	revolutionär
ohne Paradigmenwechsel	mit Paradigmenwechsel
Betonung von Werten, Normen, Einstellungen	Betonung von Ideologie, Politik und Technik
Kontinuität mit der Vergangenheit	Beginn einer neuen Zukunft

Abbildung 17: Wandel 1. und 2. Ordnung[121]

Die Anforderungen an das Management des Wandels von Dienstleistungsunternehmen und dessen zentrale Aufgaben[122] können wie folgt zusammengefaßt werden:

- die Notwendigkeit der Veränderung erkennen,

- die Vermittlung eines klaren Bildes der zukünftigen Unternehmensstruktur, Strategie und Umweltsituation zum Zwecke der Unsicherheitsreduktion bei den Mitarbeitern,

- die Erzeugung von "Aufbruchsstimmung",

- u.U. die Provokation der Mitarbeiter und Führungskräfte, damit sich diese zum Wandel bekennen (Unterstützen Sie den organisatorischen Wandel oder sind Sie Teil unserer Probleme?),

- die Durchsetzung von Veränderungen zum richtigen Zeitpunkt,

- die Einbeziehung aller notwendigen Aktoren und Ansatzpunkte zur Reduktion von Widerständen,

- die Stabilisierung der Veränderungen im Unternehmen.

Zusammenfassend kann festgestellt werden, daß geplanter Wandel als tiefgreifender

---

[121] in Anlehnung an Staehle, W. H. [1991], S. 829 ff und S. 855

[122] vgl. Kühl, D.; Nieder, P. [1994], S. 200

Wandel in unterschiedlichen Ausprägungen beim Konfigurationswechsel von Dienst-leistungsunternehmen zu gestalten ist (abhängig von Ausgangs- und Zielkonfiguration des Dienstleistungsunternehmens). Besondere Beachtung muß den handelnden Personen geschenkt werden, um eine Unterstützung des Wandels zu ermöglichen und Widerstände gegen den Wandel zu schwächen.

3.4 Empirisch geprägte Managementansätze

In diesem Kapitel werden die empirisch geprägten Managementansätze Business Reengineering, Lean Management und Total Quality Management diskutiert. Empirische Untersuchungen zeigen[123], daß diesen Managementansätzen, und dabei vor allem dem Business Reengineering, für die Gestaltung von Organisationen erhebliche Bedeutung beigemessen wird. Diese Ansätze werden im folgenden charakterisiert und hinsichtlich ihrer Elemente und Methoden für eine Gestaltung von Dienstleistungs-unternehmen untersucht. Abschließend werden die Ansätze verglichen.

Managementforschung soll direkt anwendbare Ergebnisse bringen. Aber schon Niemeier bemerkt bei seiner Analyse der Defizite der empirischen Managementforschung: Es wird auf „...nicht-komplexe "Erfolgskonzepte" zurück[gegriffen], die seit der Managementklassik als überwunden angesehen werden" [124]. Dies gilt auch für eine Vielzahl von Veröffentlichungen zu den hier diskutierten aktuellen Managementansätzen.

Es ist daher wichtig, die wissenschaftliche Basis und fundierte praktische Erkenntnisse freizulegen, die durch eine Vielzahl von populärwissenschaftlichen Management-büchern nicht mehr klar ersichtlich sind. Die Kritik von Kieser an diesen Veröffentlichungen hinsichtlich deren Mehrdeutigkeit und dem willkürlichen Herausgreifen eines "Schlüsselfaktors" wurde bereits angeführt.

Die Auswertung der bestehenden umfangreichen Literatur gestaltet sich wegen der unscharf verwendeten Begriffe für die hier diskutierten Managementansätze nicht einfach, außerdem werden erfolgreiche Unternehmensbeispiele oft von mehreren Managementansätzen "vereinnahmt". Ein Beispiel hierfür ist die Mettler-Toledo GmbH in Albstadt, die als erfolgreiches Business Reengineering-Beispiel[125] und als erfolg-

---

[123] vgl. Bullinger, H.-J.; Wiedmann, G.; Niemeier, J. [1995], S. 12

[124] Niemeier, J. [1986], S. 16

[125] vgl. Demmer, C.; Gloger, A.; Hoerner, R. [1996], S. 183 ff

reiches fraktales Unternehmen[126] dargestellt wird.

Es besteht eine Tendenz, Managementkonzepte dadurch zu generieren, daß Vorstellungen und Konzepte von der Individual- und der Gesellschaftsebene auf die Unternehmensebene transferiert werden. Dazu gehören die Konzepte des Föderalismus[127] wie z.B. die Mehrorganisationszugehörigkeit sowie die Schaffung einer Unternehmenskultur und eines Klimas im Unternehmen analog zu den gesellschaftlichen Kultur- und Klimabegriffen (vgl. Abbildung 18). Aus der gedanklichen Bezugsebene des Individuums werden Konzepte wie Unternehmensethik[128], organisatorisches Gedächtnis und Lernorganisation entwickelt. Der Grundgedanke ist dabei, daß die Summe des Lernens, des Gedächtnisses oder der ethischen Vorstellungen der Organisationsmitglieder ungleich dem Vermögen der Gesamtorganisation in Bezug auf Lernen, Gedächtnis oder Ethik sein kann. Eine weitere Bezugsebene stellen mathematische Modelle dar. So entstand die Idee des fraktalen Unternehmens auf Basis der Chaostheorie. Auf die genannten Ansätze wird Bezug genommen, soweit sie als Bestandteil der untersuchten Managementansätze TQM, Lean Management oder Business Reengineering aufgefaßt werden.

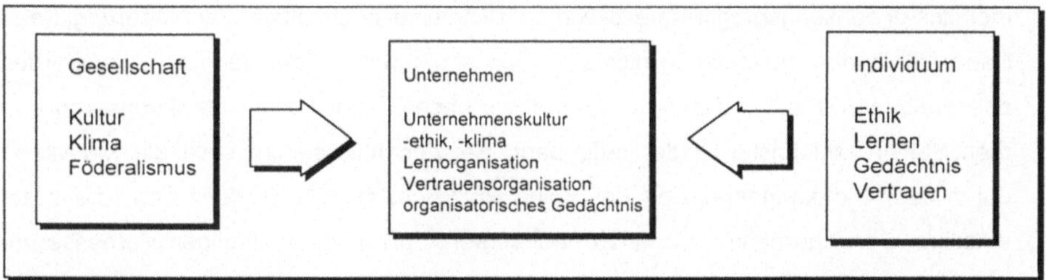

Abbildung 18: Übertragung von Vorstellungen der Individual- und Gesellschaftsebene auf die Unternehmensebene

3.4.1 Business Reengineering

Der Begriff Business Reengineering ist im Rahmen des Forschungsprogramms

---

[126] vgl. Warnecke, H.-J. [1993], S. 231 ff

[127] zum föderalen Prinzip vgl. Wildemann, H. [1996a], S. 362

[128] siehe dazu Zürn, P. [1996], S. 297 ff

"Management in the 1990s" der Sloan School of Management am Massachusetts Institute of Technology (MIT) entstanden. Business Reengineering wurde durch die Veröffentlichungen von Hammer und Champy bekannt[129]. Business Reengineering verdankt seine Entstehung weniger theoretischen Überlegungen; es ist vielmehr ganz und gar pragmatisch aus einer Vielzahl empirischer Beobachtungen und Untersuchungen hervorgegangen[130].

3.4.1.1 Der Ansatz des Business Reengineering

Hammer und Champy definieren "Business Reengineering" als das fundamentale Überdenken und radikale Redesign von Unternehmen oder wesentlichen Unternehmensprozessen. Das Resultat sind Verbesserungen um Größenordnungen in entscheidenden, heute wichtigen und meßbaren Leistungsgrößen in den Bereichen Kosten, Qualität, Service und Zeit[131]. Wegen der unscharfen Begrifflichkeit werden jedoch auch andere Maßnahmen, sogar einfache Kostensenkungsprogramme, als Business Reengineering ausgegeben[132].

Im Gegensatz zu traditionellen Gemeinkostensenkungsprogrammen (vgl. Abbildung 19) bewirkt Reengineering eine nachhaltige Veränderung von Strukturen. Traditionelle Gemeinkostensenkungsprogramme bewirken zwar eine nachhaltige Verminderung freier Kapazität, ändern aber häufig nichts an den strukturellen Ursachen von Doppelarbeit oder Reibungsverlusten. Häufig werden daher nach Gemeinkosten- Senkungsprogrammen Stellen mittelfristig wieder aufgebaut. Bei den Mitarbeitern sinkt die Motivation durch das "Gießkannenprinzip", das keine Rücksicht auf die Effizienz und Effektivität einzelner Bereiche nimmt. So ist zu beobachten, daß nach kurzfristigen Verbesserungen bei der Gemeinkostenwertanalyse die Kosten innerhalb von zwei Jahren häufig wieder auf das Ausgangsniveau steigen, mit negativen Auswirkungen auf das Betriebsklima[133].

Der Grundsatz des radikalen Redesign im Business Reengineering impliziert die Entwicklung völlig neuer Prozesse und Arbeitsstrukturen unter Mißachtung aller bestehen-

---

[129] eine der ersten Veröffentlichungen stammt von Hammer, M. [1990]

[130] vgl. Schmidt, S. L.; Treichler, C. [1996], S. 118

[131] vgl. Hammer, M.; Champy, J. [1993], S. 32

[132] vgl. MZSG (Hrsg.) [1995], S.3

[133] vgl. Sonderegger, W.; Egger, B. [1996], S. 1016

den Strukturen und Verfahrensweisen. Es soll eine totale prozeßorientierte Neugestaltung des Unternehmens, d.h. ein gedanklicher Neuanfang auf der "grünen Wiese", anstelle von inkrementalen Verbesserungen oder Modifizierungen der Prozesse wie beim Lean Management vorgenommen werden. Durch die radikale Neugestaltung der Geschäftsprozesse werden die Prozeßschritte in eine natürliche Reihenfolge gebracht[134], und die Arbeit wird dort erledigt, wo es am sinnvollsten ist[135].

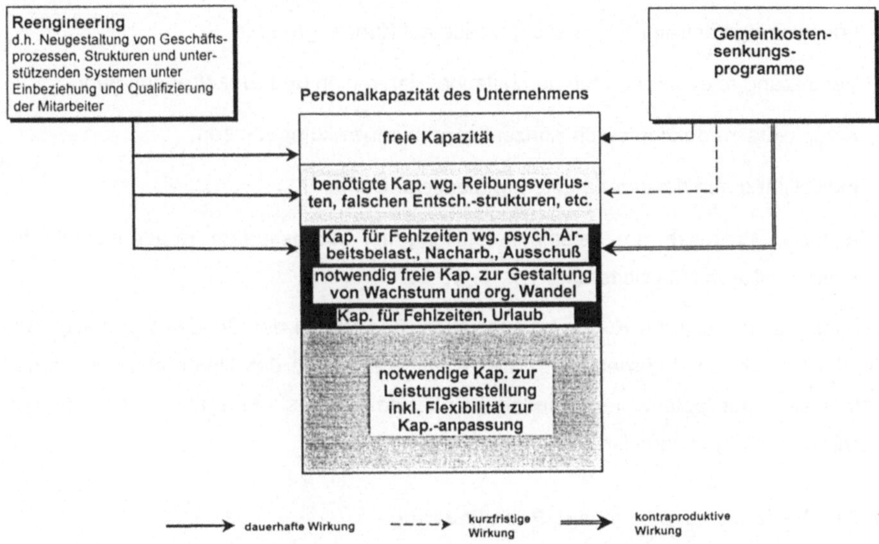

Abbildung 19: Reengineering-Auswirkungen vs. Gemeinkosten-Analyse

Die im Rahmen von Business Reengineering Projekten verfolgte radikale Neugestaltung der Geschäftsprozesse und der damit verbundenen Realisierung von prozeßorientierten Organisationsformen, prozeßorientierten Kostenrechnungs- und Informationssystemen muß sich aus der Unternehmensstrategie ableiten. Ansonsten degeneriert das unternehmensübergreifende Vorhaben zum Rationalisierungsprojekt oder zu einem Kontrollinstrument[136].

---

[134] vgl. Hammer, M.; Champy, J. [1993], S. 53 f

[135] vgl. Hammer, M.; Champy, J. [1993], S. 56

[136] vgl. Maier, F. [1994], S. 47 ff

Selbstorganisation statt Fremdorganisation ist ein weiteres wichtiges Prinzip. Überwachung und Kontrolle werden auf ein Minimum reduziert, weil sie nicht zur Wertschöpfung beitragen[137]. Die kostentreibenden Überwachungs- und Kontrollmechanismen von herkömmlichen Prozessen werden durch Konzepte, welche die Eigenverantwortung fördern, substituiert. Segmentierung und Modularisierung sind dabei die Voraussetzungen für ein strategiegerechtes Business Reengineering. Kundenorientierung wird erzielt durch

- Fokusierung zentraler Geschäftsprozesse auf Kundengruppen,

- Verkürzung relevanter Zeiten durch flache Hierarchien und Prozeßorientierung,

- Komplexitätsreduktion durch Konzentration auf Kernkompetenzen,

- Flexibilität durch dezentrale unternehmerische Center,

- einfache Prozesse der Leistungserstellung mit verbessertem Kundenkontakt für einen größeren Mitarbeiteranteil.[138]

Der interne und externe Kunde ist integrierter Bestandteil der Geschäftsprozesse des kundenorientierten Unternehmens. Die Leistungsangebote des Unternehmens werden gemeinsam mit potentiellen Kunden identifiziert. Ziel ist eine nach den Kundennutzenerwartungen optimierte Unternehmensleistung.

3.4.1.2 Varianten des Business Reengineering

Es existiert eine große Zahl von Varianten des Business Reengineering. Im folgenden wird eine notwendigerweise unvollständige Übersicht über Ansätze und Varianten des Business Reengineering gegeben, wobei eine "scharfe" Trennung der Ansätze nicht möglich ist. Gründe dafür sind:

- Der Begriff Business Reengineering ist unscharf gefaßt, in sich widersprüchlich und nicht operational formuliert[139]. Furey und Diorio untersuchten drei Firmen, die ein erfolgreiches strategisches Reengineering durchführten. Aber keine der drei untersuchten Firmen bezeichnete das Vorgehen als Reengineering[140].

---

[137] vgl. Hammer, M.; Champy, J. [1993], S. 70 ff

[138] vgl. Schnabel, U.G.; Roos, A.W. [1996], S. 64

[139] vgl. Drumm, H.-J. [1996], S. 8

[140] vgl. Furey, T. R.; Diorio, S. G. [1994], S. 7

- Es gibt keine klare Trennung zwischen der Zusammenstellung unterschiedlicher Aspekte für eine Veröffentlichung und einem eigenen wissenschaftlichen Ansatz. Außerdem werden die Begriffe Business Reengineering, Business Process Reengineering und Business Transformation (siehe dazu den Business Transformation Ansatz von Guillart/Kelly: Abbildung 20) teilweise synonym verwendet. Restrukturierungen wie in Abbildung 20 gezeigt, sind meist der erste, „häufig auch der einzige Schritt der Unternehmenstransformation"[141].

Abbildung 20: Business Transformation[142]

- Hess/Brecht[143] weisen darauf hin, daß diese Verfahren in der betrieblichen Praxis entstanden sind und sich bzgl. ihrer theoretischen Fundierung und ihrer Nachvollziehbarkeit meist einer wissenschaftlichen Diskussion entziehen, da sie als firmenspezifisches know how nicht oder nicht vollständig öffentlich verfügbar sind. Die Diffusion des Business Reengineering Konzeptes erfolgt häufig auch durch (populärwissenschaftliche) Managementliteratur. Kieser kritisiert die Darstellung von Ma-

---

[141] Zahn, E. [1997], S. 6

[142] vgl. Gouillart, F. J.; Kelly, J. N. [1995], S. 24

[143] vgl. dazu Hess, T.; Brecht, L. [1995]

nagement-Bestsellern, in denen der Autor einen Schlüsselfaktor herausgreift, einige Spitzenleistungen in der Praxis beispielhaft darstellt und durch einfache und mehrdeutige Darstellungen Umsetzbarkeit suggeriert: „Häufig jedoch lassen sich die verschiedenen Vorschläge eines neuen Konzepts nicht ohne weiteres zu einem Gesamtbild zusammenfügen (wie etwa beim Reengineering): Jedes einzelne Prinzip für sich ist klar und einfach; die Verbindungen zwischen den Prinzipien werden aber nur angedeutet. Auch das Fehlen einer präzisen Beschreibung des Umsetzungsprozesses führt zur Mehrdeutigkeit"[144]. Eine gute Übersicht über Business Reengineering Ansätze bietet die Zusammenstellung von Hess/Brecht. Abbildung 21 und Abbildung 22 zeigen verschiedene Business Reengineering Ansätze.

Es ist festzustellen, daß die Vielzahl offener Fragen auf die bislang wenig intensiven Forschungsbemühungen im Bereich des Business Reengineering hindeutet[145]. Im Rahmen seiner Betrachtungen zu Target Costing stellt Kato fest, daß Business Reengineering auch in Japan auf Interesse stößt, aber auch - unter anderem getrieben durch die positiven Erfahrungen mit Kaizen - wenig Anwender in japanischen Unternehmen findet: „... only a small number of them, around 2% actually tried to implement BPR ..."[146].

Ansatzausrichtung	Vertreter der Ansätze
Informationstechnisch orientierte Ansätze	Österle, H.[147]
	Scheer, A.-W.[148]
Aus Sicht der Beschäftigten	Cooper, R. und Markus, M.[149]
Radikalität weniger stark ausgeprägt	Davenport, T.H.[150]
Amerikanischer "Originalansatz"	Hammer, M. und Champy, J.[151]

Abbildung 21: Business Reengineering Ansätze (I)

---

[144] Kieser, A. [1995], S. 348

[145] vgl. Perlitz, M.; Bufka, J. et al. [1996b], S. 183

[146] Kato, Y. [1996], S. 222

[147] vgl. Österle, H. [1995]

[148] vgl. Scheer, A.-W. [1995]

[149] vgl. Cooper, R.; Markus, M. L. [1996]

[150] vgl. Davenport, T.H. [1993]

[151] vgl. Hammer, M.; Champy, J. [1993]

Ansatzausrichtung	Vertreter der Ansätze
Orientierung auf Qualitätsmanagement	Gaitanides, M. Scholz, R., Vrohlings, A., Raster, M.[152] Harrington
Starke "Wie"-Komponente des Ansatzes	Hammer, M. / Stanton, S.A.[153] Champy, J.[154] Gouillart, Kelly[155] Manganelli, R.L. und Klein, M.M.[156] Morris, Brandon[157] Eversheim Ferstl/Sinz Johannson Malone Perlitz et al.[158]
Für die Zielgruppe Mittelstand	Koenigsmarck, O.v. und Trenz, C.[159] Schnabel, U. und Roos, A.[160]
Verfahren von Beratungsunternehmen	Action Inc. Boston Consulting Group Diebold Deutschland IBM Unternehmensberatung Mc Kinsey Ploenzke Joassart & Goffin[161] Dr. Wieselhuber & Partner

Abbildung 22: Business Reengineering Ansätze[162] (II)

Reiß weißt darauf hin, daß alle Ansätze, Modelle und Konzepte eine "Was-" und eine "Wie-Komponente" haben. Die Modelle unterscheiden sich stark im Mischungsver-

---

[152] vgl. Gaitanides, M.; Scholz, R.; Vrohlings, A.; Raster, M. [1994]

[153] vgl. Hammer, M.; Stanton, S.A. [1995]

[154] vgl. Champy, J. [1995]

[155] vgl. Gouillart, F. J. und Kelly, J. N. [1995]

[156] vgl. Manganelli, R.L. und Klein, M.M. [1994]

[157] vgl. Morris, D.; Brandon, J. [1993]

[158] vgl. Perlitz, M.; Offinger, A., et al. [1996b], S. 341 ff

[159] vgl. Koenigsmarck, O.v.; Trenz, C. [1996]

[160] vgl. Schnabel, U.G.; Roos, A.W. [1996]

[161] vgl. Joassart & Goffin [1994]

[162] Der Stand von 15 Verfahren ist in Hess, T.; Brecht, L. [1995] detailliert analysiert; Ansätze ohne Fußnote in Abbildung 21 und Abbildung 22 finden sich in dieser Veröffentlichung systematisch zusammengestellt.

hältnis von "Was-" und "Wie-Komponente"[163].

Zum Verständnis des Business Reengineering ist es hilfreich, verschiedene Formen der Transformation von Unternehmensaktivitäten zu betrachten. Mögliche Stufen von einer niedrigen zu einer hohen Transformation von Unternehmensaktivitäten umfassen wie von Venkatraman beschrieben fünf Ebenen (siehe Abbildung 23):

- Bei der lokalen, bereichsintegrierten Technologienutzung steht der einzelne Funktionsbereich im Vordergrund.

- Die unternehmensinterne Integration hat die funktionsübergreifende Re-Integration und Automation ineffizienter Prozesse zum Ziel.

- Die Neugestaltung von Geschäftsprozessen: Durch aggressive Leistungsvorgaben des Managements ist der massive Einsatz von Informations- und Kommunikations-Technologien eine notwendige Unterstützung des umzugestaltenden Prozesses. Es darf aber kein "Überstülpen" von Informations- und Kommunikationstechnologien über bestehende Prozesse geben.

- Die Neugestaltung des Geschäftsnetzwerkes nutzt die Informations- und Kommunikationstechnologien für das virtuelle Unternehmen z.B. durch Einbeziehung von Lieferanten oder Outsourcing-Partnern.

- Die Neudefinition der Geschäftstätigkeiten kann durch das Entstehen neuer Dienstleistungen, z.B. durch neue informationstechnische Möglichkeiten, erforderlich werden.

Bei der dritten beschriebenen Stufe handelt es sich um Business Reengineering. „Mit dem Schritt zur dritten Ebene erfolgt gleichsam ein Sprung von evolutionären zu revolutionären Veränderungen"[164].

Die Weiterentwicklungen des Business Reengineering betonen die Notwendigkeit einer Wachstumsperspektive wie "Grow to be Great"[165], Champy selbst spricht von einem "Genesis-Ansatz". Andere Entwicklungsrichtungen stellen ein weiterentwickeltes Prozeßdenken vor (die Überlegungen von Ghoshal und Bartlett sind in Kap. 4 beschrieben)

---

[163] vgl. Reiß, M. [1997a], S. 22 f

[164] Zahn, E. [1997c], S. 135

[165] vgl. dazu Gertz, D.L.; Baptista, J.P.A. [1996]

oder betonen die Bedeutung mehrerer Anspruchsgruppen (z.B. shareholder value).

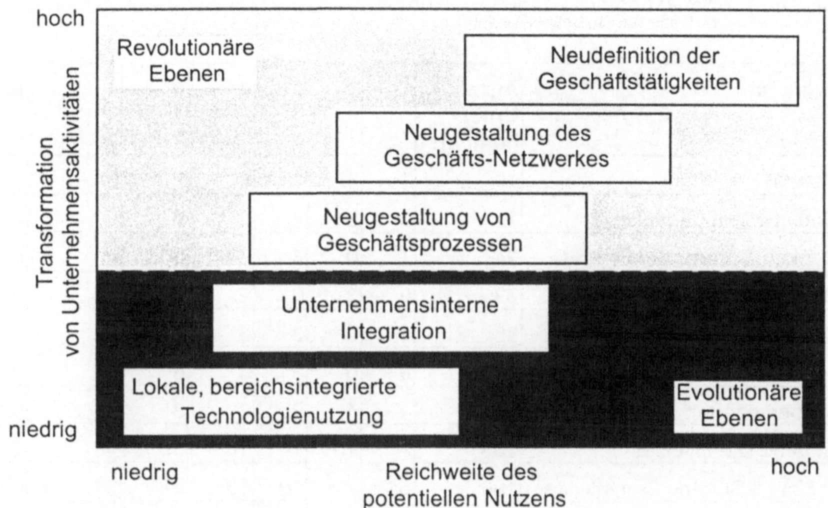

Abbildung 23: Fünf Ebenen der Transformation von Unternehmensaktivitäten unter Einsatz von Informationstechnologien[166]

3.4.1.3 Unterschiede beim Reengineering: Ein statistischer Befund

Auf Basis der Reengineering-Studie des Fraunhofer IAO bei 385 Unternehmen[167] sollen mögliche Unterschiede von Dienstleistungsunternehmen in Abgrenzung zu anderen Unternehmen in den Auffassungen über das Reengineering und den Voraussetzungen dafür aufgezeigt werden. Anhand dieser Studie können Dienstleistungsbranchen im Verhältnis zur Untersuchungsgesamtheit analysiert werden.

Das Datenmaterial läßt jedoch keine Aussagen bezüglich industrienaher Dienstleistungen zu. In den folgenden Tabellen ist die Datenbasis immer die o.g. Studie. Es bedeutet: kA = weiß nicht oder keine Angabe, 1=trifft nicht zu bzw. "gering", "unwichtig"; 6 trifft voll zu bzw. "hoch", "sehr wichtig".

---

[166] in Anlehnung an Venkatraman, N. [1994], S. 73 ff

[167] vgl. dazu Bullinger, H.-J.; Wiedmann, G.; Niemeier, J. [1995]

Abbildung 24 läßt den Schluß zu, daß sich dienstleistende Unternehmen weniger häufig als der Unternehmensdurchschnitt in einer Situation mit relativ hohem aktuellen Konkurrenzdruck befinden. Daraus läßt sich schließen, daß mit einem erhöhten Aufwand zur Schaffung des nötigen Problembewußtseins gerechnet werden muß.

Branche	Anzahl Unternehmen	1	2	3	4	5	6	kA
Handel & Verkehr	10	1	3	1	0	2	3	0
Nachrichtenübermittlung	12	0	0	2	2	0	8	0
Banken & Versicherungen	24	1	0	3	6	10	4	0
Unternehmensberatung	32	0	3	0	2	9	18	0
DV/Systemhäuser	25	1	0	3	3	9	8	1
sonstige Dienstleister	16	0	0	3	3	6	4	0
Körperschaften	16	4	4	2	2	3	1	0
Summe Dienstleister	135	7	10	14	18	39	46	1
in % von Summe Dienstleister	100	5,2	7,4	10	13	29	34	0,7
Summe untersuchte Unternehmen (Industrie & Dienstleister)	385	8	17	17	43	131	165	4
in % von Summe untersuchter Unternehmen	100	2,1	4,4	4,4	11	34	43	1

Abbildung 24: Aggregierte Darstellung der Antworten zur Frage: Wie stufen Sie die Marktsituation ihres Unternehmens bezüglich Konkurrenzdruck ein?

Bei der Frage der Befürwortung von Reengineering Projekten läßt sich eine hohe Zustimmung, aber kein signifikanter Unterschied zwischen Dienstleistungsunternehmen und der Gesamtheit der Unternehmen feststellen (Abbildung 25).

Ebenfalls keine signifikanten Unterschiede sind in der Frage der abteilungs- und bereichsübergreifenden Planung und Ausführung sowie der Einschätzung ihrer Wichtigkeit zwischen den Dienstleistungsunternehmen und der Gesamtheit der Unternehmen festzustellen. Dies gilt auch für die Auswertung der Fragen nach der Flachheit der Hierarchien, Bekanntheit der Unternehmensziele und -visionen bei den Mitarbeitern sowie der Risiko- und Veränderungsbereitschaft der Mitglieder der Organisation (vgl. Abbildung 27, Abbildung 28, Abbildung 29).

Branche	Anzahl Unternehmen	ja	nein	kA
Handel & Verkehr	10	8	1	1
Nachrichtenübermittlung	12	10	1	1
Banken & Versicherungen	24	20	1	3
Unternehmensberatung	32	23	6	3
DV/Systemhäuser	25	21	1	3
sonstige Dienstleister	16	13	3	0
Körperschaften	16	13	0	3
Summe Dienstleister	135	108	13	14
in % von Summe Dienstleister	100	80	9,6	10
Summe untersuchte Unternehmen (Industrie & Dienstleister)	385	320	25	40
in % von Summe untersuchter Unternehmen	100	83	6,5	10

Abbildung 25: Aggregierte Darstellung der Antworten auf die Frage: Würden Sie grundsätzlich ein Business Reengineering Projekt in Ihrem Unternehmen befürworten?

	Anzahl Unternehmen	Erfüllung							Wichtigkeit						
Branche		1	2	3	4	5	6	kA	1	2	3	4	5	6	kA
Handel & Verkehr	10	0	2	3	1	3	1	0	2	0	1	2	2	1	2
Nachrichtenübermittlung	12	3	1	1	1	3	3	0	0	0	0	1	3	6	2
Banken & Versicherungen	24	1	4	7	6	5	0	1	0	1	1	3	11	7	1
Unternehmensberatung	32	1	1	3	9	7	8	3	0	0	1	5	11	9	6
DV/Systemhäuser	25	4	5	1	3	6	6	0	1	0	1	8	10	1	4
sonstige Dienstleister	16	1	6	1	1	2	4	1	0	0	2	4	5	3	2
Körperschaften	16	2	1	3	3	3	3	1	0	0	1	1	7	2	5
Summe Dienstleister	135	12	20	19	24	29	25	6	3	1	7	24	49	29	22
in % von Summe Dienstleister	100	8,9	15	14	18	21	19	4,4	2,2	0,7	5,2	18	36	21	16
Summe untersuchte Unternehmen (Industrie & Dienstleister)	385	23	48	54	89	92	67	12	2	6	16	57	139	114	51
in % von Summe untersuchter Unternehmen	100	6	12	14	23	24	17	3,1	0,5	1,6	4,2	15	36	30	13

Abbildung 26: Aggregierte Darstellung der Antworten zur Frage: Inwieweit treffen die folgenden Aussagen für Ihr Unternehmen zu und wie wichtig sind sie für ihr Unternehmen? "Die Tätigkeiten werden abteilungs- und bereichsübergreifend geplant und ausgeführt".

	Anzahl Unternehmen	Erfüllung							Wichtigkeit						
Branche		1	2	3	4	5	6	kA	1	2	3	4	5	6	kA
Handel & Verkehr	10	1	0	1	2	3	2	1	0	1	0	3	1	3	2
Nachrichtenübermittlung	12	1	5	0	1	2	3	0	0	0	0	2	4	3	3
Banken & Versicherungen	24	1	4	4	4	7	4	0	0	1	3	2	10	6	2
Unternehmensberatung	32	1	0	0	0	5	24	2	1	0	0	4	8	15	4
DV/Systemhäuser	25	1	0	0	1	5	18	0	1	0	0	0	9	12	3
sonstige Dienstleister	16	0	5	1	1	3	5	1	0	0	1	3	3	5	4
Körperschaften	16	2	3	2	0	5	3	1	0	0	0	1	6	5	4
Summe Dienstleister	135	7	17	8	9	30	59	5	2	2	4	15	41	49	22
in % von Summe Dienstleister	100	5,2	13	5,9	6,7	22	44	3,7	1,5	1,5	3	11	30	36	16
Summe untersuchte Unternehmen (Industrie & Dienstleister)	385	19	37	31	50	107	135	6	3	6	15	51	125	131	54
in % von Summe untersuchter Unternehmen	100	4,9	9,6	8,1	13	28	35	1,6	0,8	1,6	3,9	13	32	34	14

Abbildung 27: Aggregierte Darstellung der Antworten zur Frage: Inwieweit treffen die folgenden Aussagen für Ihr Unternehmen zu und wie wichtig sind sie für ihr Unternehmen? "Die Organisationsstruktur gliedert sich in wenig Hierarchieebenen".

	Anzahl Unternehmen	Erfüllung							Wichtigkeit						
Branche		1	2	3	4	5	6	kA	1	2	3	4	5	6	kA
Handel & Verkehr	10	2	1	0	2	5	0	0	0	0	0	0	3	5	2
Nachrichten-übermittlung	12	4	2	2	2	0	2	0	0	0	0	1	2	7	2
Banken & Versicherungen	24	9	3	2	6	2	2	0	0	0	0	5	7	11	1
Unternehmens-beratung	32	2	2	5	7	4	9	3	0	1	0	1	7	19	4
DV/Systemhäu-ser	25	4	5	3	4	7	2	0	0	1	1	1	5	14	3
sonstige Dienstleister	16	3	1	4	3	1	3	1	0	1	0	2	2	9	2
Körperschaften	16	3	5	1	3	3	0	1	0	0	1	1	5	5	4
Summe Dienstleister	135	27	19	17	27	22	18	5	0	3	2	11	31	70	18
in % von Summe Dienstleister	100	20	14	13	20	16	13	3,7	0	2,2	1,5	8,1	23	52	13
Summe untersuchte Unternehmen (Industrie & Dienstleister)	385	83	57	56	83	64	32	10	1	4	4	33	116	180	47
in % von Summe untersuchter Unternehmen	100	22	15	15	22	17	8,3	2,6	0,3	1	1	8,6	30	47	12

Abbildung 28: Aggregierte Darstellung der Antworten zur Frage: Inwieweit treffen die folgenden Aussagen für Ihr Unternehmen zu und wie wichtig sind sie für ihr Unternehmen? "Alle Mitarbeiter kennen die Unternehmensziele und -visionen für die nächsten Jahre".

	Anzahl Unternehmen	Erfüllung							Wichtigkeit						
Branche		1	2	3	4	5	6	kA	1	2	3	4	5	6	kA
Handel & Verkehr	10	2	2	1	3	2	0	0	0	0	0	3	5	1	1
Nachrichten-übermittlung	12	4	3	1	1	2	1	0	0	0	0	0	5	5	2
Banken & Versicherungen	24	3	8	6	2	3	2	0	0	1	1	8	8	5	1
Unternehmens-beratung	32	2	3	1	7	8	9	2	1	0	1	1	8	19	2
DV/System-häuser	25	1	4	3	5	7	5	0	0	0	3	3	8	7	4
sonstige Dienstleister	16	1	4	3	2	4	1	1	0	0	1	2	7	4	2
Körperschaften	16	3	3	2	2	2	3	1	0	0	0	1	8	3	4
Summe Dienstleister	135	16	27	17	22	28	21	4	1	1	6	18	49	44	16
in % von Summe Dienstleister	100	12	20	13	16	21	16	3	0,7	0,7	4,4	13	36	33	12
Summe untersuchte Unternehmen (Industrie & Dienstleister)	385	50	75	64	82	70	34	10	4	6	9	59	141	119	47
in % von Summe untersuchter Unternehmen	100	13	19	17	21	18	8,8	2,6	1	1,6	2,3	15	37	31	12

Abbildung 29: Aggregierte Darstellung der Antworten zur Frage: Inwieweit treffen die folgenden Aussagen für Ihr Unternehmen zu und wie wichtig sind sie für ihr Unternehmen? "Die Risiko- und Veränderungsbereitschaft ist hoch".

Insgesamt zeigt diese Studie keine signifikanten dienstleistungsunternehmensspezifischen Unterscheidungsmerkmale bezüglich der Voraussetzungen für ein Reengineering und den Auffassungen der Befragten über das Reengineering. Eine Ausnahme bildet die Erkenntnis, daß der Schaffung des Problembewußtseins bei dem zu entwickelnden Verfahren zur Gestaltung von Dienstleistungsunternehmen erhöhte Aufmerksamkeit gewidmet werden muß.

Eine weitere aktuelle Studie wurde von Perlitz et al. durchgeführt. Zielsetzung dieser Studie war die Entwicklung eines theoretischen Bezugsrahmens, der eine Vergleichbarkeit durchgeführter Reengineering-Projekte zuläßt. Eine weitere Zielsetzung war das Führen eines Nachweises von "Quantensprüngen" in der Leistungssteigerung durch Business Reengineering sowie das Bestimmen von Erfolgsfaktoren in Reengineering-Projekten[168]. Ausgewertet wurde eine Befragung von 93 Groß-Unternehmen in Europa. Die Studie ergab eine signifikante Trennung von 35 erfolgreich und 58 weniger erfolgreich durchgeführten Reengineering-Projekten. Die Ergebnisse dieser Studie deuten auf die Möglichkeit zu Verbesserungen in Quantensprüngen hin[169] und befinden sich damit nicht im Einklang mit den Aussagen Kiesers, der - wie bereits erwähnt - zu dem Schluß kommt, daß keine Quantensprünge in der Leistungsfähigkeit für ein Gesamtunternehmen zu erwarten sind. Als Leistungsmerkmale wurden in der Studie die Senkung der Gemeinkosten, die Steigerung der Produktivität und Qualität sowie die Verkürzung der Auftragsbearbeitungs-, Durchlauf-, Liefer-, Produktentwicklungszeit und der Zeitspanne zwischen Produktidee und Markteinführung herangezogen.

In der Studie wurden die Initiierungsphase, die Phase der Problemanalyse, die Implementierung, die Verankerung und die Weiterentwicklung unterschieden.

Für die Initiierungsphase wurden als Erfolgsfaktoren die Unterstützung durch die Unternehmensleitung, sowie ein Verständnis von Business Reengineering als holistischer Prozeß genannt, der Kunden-, Prozeß- und Zeitorientierung, ständiges Lernen und visionäre Führung umfaßt[170]. In der Phase der Problemanalyse und des Redesign stellte sich die Orientierung an Wettbewerbsvorteilen statt an Kosten sowie ein stärker partizipativ ausgerichtetes Vorgehen als bedeutsam für den Erfolg heraus[171].

In der Phase der Implementierung waren Unternehmen mit aktiver Kommunikation

---

[168] vgl. Perlitz, M.; Bufka, J. et al. [1996a], S. 183

[169] vgl. ebenda, S. 190 ff

[170] vgl. ebenda, S. 192 ff

[171] vgl. ebenda, S. 194 ff

tendenziell erfolgreicher z.B. durch Einbindung des Betriebsrates oder durch den Einsatz von Mentoren. Außerdem war das begleitende Personalmanagement z.B. beim Auffinden neuer Anreizsysteme ein Erfolgsfaktor. In der Phase der Verankerung und Weiterentwicklung war es bei den erfolgreichen Projekten möglich, geeignete Controlling-Größen zu ermitteln und ein internes Kundenkonzept durchzusetzen[172].

Die Projektdauer ist bei der Problemanalyse in erfolgreichen Projekten kürzer (4,4 zu 6,4 Monaten), die Implementierungs- und Verankerungsphasen sind langfristiger bei erfolgreichen Projekten (13 zu 7,1 Monaten bzw. 14,9 zu 7 Monaten)[173]. Die Dauer des Transformationsprozesses liegt zwischen 3 und mehr als 4 Jahren einschließlich des Kulturwandels. Dies ist ein weiteres Indiz dafür, daß sich einzelne Phasen durch Methoden und Techniken beschleunigen lassen, aber der soziale Prozeß sich kaum beschleunigen läßt[174]. Aus dieser Untersuchung läßt sich folgern, daß das zu entwickelnde Verfahren zur Gestaltung von Dienstleistungsunternehmen so konzipiert werden muß, daß die Phase der Problemanalyse in relativ kurzer Zeit durchgeführt werden kann.

3.4.2 Lean Management

Lean Production hat seine konzeptionellen Wurzeln in Japan, und zwar im "Toyota Production System". Die MIT-Studie "Die zweite Revolution in der Autoindustrie" hat für dieses System den Begriff Lean Production geprägt[175]. Die Studie hat den Erfolg der japanischen Produktionsmethoden in Japan und den japanischen Transplants im Vergleich zu Montagewerken der Automobilindustrie in Europa und den USA untersucht. Die Untersuchung zeigt, daß japanische Unternehmen weltweit westlichen Unternehmen bzw., daß die Lean Production den Strukturen der westlichen Massenproduktion überlegen waren. Das Konzept der Lean Production wurde später ausgeweitet und mit "Lean Management" bezeichnet. Der Begriff Lean Production ist auch irreführend, da es sich um ein unternehmensumfassendes Konzept handelt, das keinesfalls nur auf die Produktion bezogen ist. Eine "Handlungsanleitung" wurde (analog zu Hammer und Champy) inzwischen von Womack und Jones unter dem Titel "Lean Thinking" bzw.

---

[172] vgl. Perlitz, M.; Bufka, J. et al. [1996a], S. 201 ff

[173] vgl. Perlitz, M.; Bufka, J. et al. [1996a], S. 197

[174] vgl. Berger, R.; Schwenker, B. [1996], S. 1049

[175] vgl. Womack, J.P.; Jones, D.T.; Roos, D. [1992], S. 247 ff

"Der Weg zum perfekten Unternehmen"[176] veröffentlicht.

Charakteristisch für den japanischen Wirtschaftserfolg ist, daß er auch ein Produkt der gesellschaftlich-sozialen, technisch-ökonomischen und kulturellen Rahmenbedingungen darstellt. Die Erfolgsfaktoren lassen sich in drei Gruppen kategorisieren: Unternehmensbezogene Faktoren sind z.B. die langfristige Unternehmensausrichtung, Kunden- und Prozeßorientierung. Mitarbeiterbezogene Faktoren sind z.B. permanente Verbesserung, Betriebsgewerkschaften, Loyalität zum Unternehmen[177] und Vorrang der Gruppe bzw. des Teams vor dem Individuum. Volkswirtschaftsbezogene Faktoren sind z.B. die Unterstützungsleistungen durch das Ministery of Trade and Industry (MITI)[178].

Doch die japanischen Transplants zeigen, daß einzelne Bausteine des Lean Management durchaus erfolgreich in andere Kulturkreise transferiert werden können[179].

3.4.2.1 Der Ansatz des Lean Management

Die "Lean-Konzepte" wie "Lean Controlling" und "Lean Production" sind Bausteine des Oberbegriffs Lean Management[180]. Lean Management läßt sich auf produzierende Unternehmen und Dienstleister anwenden[181]. Lean Management ist ein Maßnahmenbündel (vgl. Abbildung 30) zur Eliminierung von "Muda", was Verschwendung bzw. Ineffizienz bedeutet. Es hat das "schlanke Unternehmen" mit flachen Hierarchien, mit optimierten, vereinfachten, hochproduktiven und qualitätsbeherrschenden Prozessen zum Ziel. Die Mitarbeiter sollen auf allen Ebenen in Teamarbeit die Verschwendung bekämpfen und so Prozesse kontinuierlich verbessern. Dieses Verbessern und Streben nach Perfektion in kleinen Schritten durch die Mitarbeiter selbst wird als Kaizen bezeichnet.

Die Folgen der permanenten Eliminierung von Verschwendung sind die Vereinfachung

---

[176] vgl. dazu Womack, J. P.; Jones, D. T. [1997]

[177] vgl. Kappaun, B. [1991], S. 25 ff

[178] vgl. Zimmermann, A. [1992], S. 5

[179] vgl. Reiß, M. [1997b], S. 55

[180] zur kritischen Betrachtung des Lean Management Begriffs siehe Zahn, E. [1992b], S. 10 ff

[181] zur Anwendung der Lean Management Prinzpien im Dienstleistungsbereich unter der Bezeichnung "Lean Service" vgl. Biehal, F. [1993]; die Anwendung der Prinzipien des Lean Management auf Bibliotheken als Beispiel für öffentliche Dienstleistungsunternehmen ist bei Ceynowa, K. [1997] beschrieben

und Verbesserung von Prozessen, die Reduktion von Komplexität, eine hohe Produktivität und eine ausgeprägte Qualitätsorientierung. Fehler werden als Quelle einer möglichen Verbesserung betrachtet[182].

Das Prinzip der Dezentralität zeigt sich z.B. im Informationstechnikeinsatz: Die Benutzer sollen erfahren genug sein, um moderne Instrumente der Informationstechnik und Organisationsentwicklung zu nutzen und anzupassen. Die Spezialisten treten als Berater und Impulsgeber, die durch Spezialisierung auf ihrem Lernfeld einen Vorsprung behalten[183], in den Hintergrund.

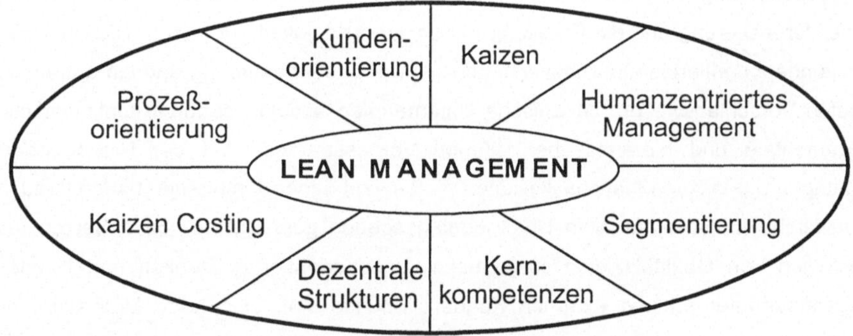

Abbildung 30: Die Komponenten des schlanken Unternehmens[184]

Der kontinuierliche Verbesserungsprozeß "Kaizen" und die Qualitätskultur, die Erweiterung des Technologiemanagements durch das Konzept der Kernkompetenzen, die strenge Prozeßorientierung japanischer Produktionssysteme (mit entsprechenden Steuerungssystemen wie Just-in-Time und Kanban), die Kundenorientierung bzw. strikte Ausrichtung an den Bedürfnissen der Kunden, die Neuorientierung der Kalkulationsmethoden durch Target Costing und die Prozeßkostenrechnung sowie die Humanzentrierung (unterschiedliche Formen der Kooperation und des Intrapreneuring) sind wichtige Komponenten des Lean Management.

Indirekte Kritik am Lean Management übt Porter[185]. Er erkennt die Notwendigkeit

---

[182] vgl. Götzer, K. G. [1994], S. 16

[183] vgl. Biehal, F. [1993b], S. 57

[184] in Anlehnung an Bullinger, H.-J. [1994], S. 28 ff

[185] vgl. Porter, M.E. [1996], S. 61 ff

operationaler Verbesserungen die durch Lean Management erreicht werden an, betont aber die Bedeutung der strategischen Positionierung: „ ...strategic positioning means performing different activities from rivals´ or performing similar activities in different ways"[186].

3.4.2.2 Kaizen

Der japanische Begriff Kaizen bedeutet kontinuierliche Verbesserung und hat eine zentrale Bedeutung für das "schlanke" Unternehmen. Europäische Unternehmen haben eigene Programme zur kontinuierlichen Verbesserung entwickelt. Diese sind z.B. unter der Bezeichnung "KVP^2" bekannt geworden[187]. Zentrale Bedeutung für die kontinuierliche Verbesserung und die Erhaltung der Leistungsfähigkeit auf hohem Niveau haben ein kundenorientiertes Qualitätsverständnis, die Prozeßorientierung und ein gut ausgebautes Vorschlagswesen. Japanische Unternehmen erzielen dadurch kontinuierliche, inkrementale und hierarchieübergreifende Verbesserungen bei der Prozeßbeherrschung und den Koordinationsaktivitäten[188]. Sie sind daher durch einen hohen Grad an Qualitätsbewußtsein auf allen Unternehmensebenen geprägt, z.B. beim Setzen und Verfolgen von Qualitätszielen sowie beim kundenorientierten Denken und Handeln gegenüber internen und externen Kunden. Ebenso sind eine hohe Motivation, ein großes Selbstvertrauen der Mitarbeiter und der konstruktive Umgang zwischen Vorgesetzten und Mitarbeitern, der Abteilungsegoismen überwindet, hervorzuheben. Der Schwerpunkt der Qualitätsverbesserung liegt auf den Prozessen. Ein hohes Niveau bei den Leistungserstellungsprozessen führt als Folge der Prozeßqualität zu guten Produkten[189].

Kaizen basiert auf prozeßorientiertem Denken. Der Schwerpunkt der Verbesserungsaktivitäten liegt auf den Unternehmensprozessen. Japan ist im Gegensatz zu den westlichen, "ergebnisorientierten" Gesellschaften eine "prozeßorientierte" Gesellschaft[190]. Die Prozeßorientierung ist auch das wichtigste Prinzip im Lean Management. Prozeßoptimierungen durch Mitarbeiter und stabile Prozesse gelten als wichtige Basis für

---

[186] Porter, M.E. [1996], S. 62

[187] vgl. Thiede, R. [1994], S. 201 ff

[188] vgl. Imai, M. [1992], S. 24 ff

[189] vgl. Womack, J.P.; Jones, D.T.; Roos, D. [1992], S. 83

[190] vgl. Imai, M. [1992], S. 39 f

Produktinnovationen. Im Bezug auf Innovationsfähigkeit zeichnet sich Kaizen durch viele kleine Verbesserungsschritte statt größerer Innovationsschübe bei Prozessen und Produkten aus, die langfristig wirken. Die Abbildung 31 zeigt einen zusammenfassenden Vergleich des evolutionsorientierten Kaizen und der tiefgreifenden Innovation, die typisch für "westliche" Unternehmen ist.

	Kaizen	Innovation
Effekt	Langfristig, undramatisch	Kurzfristig, tiefgreifend
Schrittgröße	Kleine Schritte	Große Schritte
Zeitrahmen	Inkremental, permanent	In größeren Abständen
Auslöser	Konventionelles Wissen	Erfindungen
Betroffenheit	Jeder Mitarbeiter	Geschäftsleitung, Experten
Vorgehensweise	Kollektivgeist, Gruppenarbeit, Disziplin	Individualismus
Art und Weise	Erhaltung und Verbesserung	Abbruch und radikale Neugestaltung
Aufwand	Intensive Projektpflege, finanzielle Investitionen gering	Hohe finanzielle Investitionen, geringe Projektpflege
Träger der Anstrengungen	Mitarbeiter	Technologie
Qualifikation	Generalisten	Spezialisten
Informationsaustausch	Öffentlich und gemeinsam	Geheim
Bemessungsgrundlage	Fortschritt und Bemühungen für bessere Ergebnisse	Gewinnsteigerung
Eignung	Langsam wachsende Branchen	Schnell wachsende bzw. Boom-Branchen
Feedback	Umfassend, intensiv	Eingeschränkt

Abbildung 31: Vergleich von Kaizen und Innovation[191]

Kaizen erfordert, daß die Qualifikation der Mitarbeiter im Kaizen-Unternehmen eher generalistisch angelegt ist. Die Bemessungsgrundlagen für die Entlohnung in

---

[191] vgl. Imai, M. [1992], S. 48

japanischen Unternehmen schließen Bemühungen um permanente Verbesserungen im Leistungserstellungsprozeß ein. In "westlichen" Unternehmen bezieht sich die Bemessungsgrundlage häufig nur auf das ökonomische Ergebnis.

Die organisatorische Segmentierung als ein weiterer wichtiger Gesichtspunkt im Lean Management bringt Organisationsstrukturen hervor, die

- Funktionenintegration und Selbstorganisation aufweisen,

- beherrschbar, kundenorientiert und dezentral sind,

- Mitarbeiter zu unternehmerischem Verhalten (Intrapreneuring) anspornen und

- marktwirtschaftliche Lenkung (Verrechnungspreise) dezentraler Unternehmens- bereiche unterstützen.

Die Segmentierung der Unternehmensstrukturen ist auf allen Unternehmensebenen denkbar. Die Strategie der Segmentierung strebt überschaubare, relativ autonome und autarke, kundennahe Einheiten an. Dadurch wird die Bündelung verschiedener Fähig- keiten und Technologien zu einem für den Kunden eindeutig erkennbaren Kunden- nutzen, d.h. zu für den Kunden erkennbaren "Kernkompetenzen"[192], möglich. Die Bildung von Kernkompetenzen erfolgt zwar in den Unternehmen, kann aber durch ord- nungspolitische Maßnahmen (z.B. F+E-Lenkung durch das MITI) unterstützt werden.

Auch das Kostenmanagement unterstützt die permanente Reduzierung von Prozeß- kosten und die ganzheitliche Betrachtung von Kosten bei der Kostenplanung. Das Target Costing wurde dazu in den 60er Jahren in Japan entwickelt. Die Prinzipien des Target Costing fanden von Japan aus über die USA Eingang in den deutschsprachigen Raum[193].

3.4.3 Total Quality Management

„Total Quality Management is a systematic learning process that achieves a culture of customer focus and quality through continous business improvement"[194]. Total Quality Management „soll eine unternehmensweite, einheitliche Qualitätspolitik, deren originä-

---

[192] vgl. Prahalad, C.K.; Hamel, G. [1991], S.71 ff. Zum Begriff und zur Klassifikationen von Kernkompetenzen vgl. Zahn, E. [1996d], Sp. 883 ff

[193] vgl. dazu Horváth, P. [1996], S. 518

[194] Brown, J. H.; Watts, J. [1992], S. 248

res Ziel die Kundenzufriedenheit sein muß, umsetzen"[195]. TQM wirkt sich in qualitätsfähigen und -beherrschbaren Prozessen aus. Qualitätsförderung wird als strategische Aufgabe gesehen: die Qualitätspolitik besitzt einen integrativen Charakter im Unternehmen.

3.4.3.1 Der Ansatz des Total Quality Management (TQM)

Zum Verständnis von TQM muß die Entwicklung des Qualitätswesens bezüglich des Qualitätsbegriffs und der Qualitätskonzepte (vgl. Abbildung 32) betrachtet werden.

Urheber	Konzept
Crosby	Null-Fehler-Programm
Deming	Prinzip der ständigen Verbesserung
Feigenbaum	Simultaneous Engineering Produktqualität und Prozeßbeherrschung werden bereits im Produktentwicklungsprozeß gemeinsam mit Kunden und Lieferanten sichergestellt
Ishikawa	Qualitätszirkel
Taguchi	Qualitätsverlustfunktion[196] Qualitätssichernde Maßnahmen sind wirkungsvoll und am kostengünstigsten während der Produktkonstruktion und Prozeßplanung

Abbildung 32: Die grundlegenden Qualitätskonzepte und ihre Urheber[197]

Der Qualitätsbegriff ist produktbezogen[198] und in Gesetzestexten definiert. Beispielsweise ist Servicequalität die Güte, Nutzen durch Dienstleistung beim Kunden zu stiften (Dienst-/ Werkvertrag §§ 611/631 BGB).

Der Schwerpunkt des Qualitätsbegriffs hat sich zum einen vom transzendenten und produktbezogenen Verständnis (vgl. Abbildung 33) zur Anwender- und Wertorientierung gewandelt. Zum anderen hat die Qualitätssicherung einen starken Prozeßbezug erhalten.

---

[195] Bullinger, H.-J. [1994], S. 23

[196] vgl. die Qualitätsgebote von Taguchi, G.; Clausing, D. [1990], S. 39

[197] vgl. dazu Bullinger, H.-J. [1994], S. 23

[198] vgl. DIN ISO 8402 [1995], S. 9

Qualitätsauffassung	Beschreibung
anwenderbezogen	Gebrauchsnutzen für den Anwender
produktbezogen	Produkteigenschaften
prozeßbezogen	Fehler im Prozeß nicht entstehen lassen "do it right the first time"
wertorientiert	Preis-Leistungsverhältnis
transzendent	Hochwertigkeit im Sinne von Vortrefflichkeit

Abbildung 33: Sichtweisen zum Verständnis des Qualitätsbegriffs[199]

Für die Wahrnehmung von Qualitätseigenschaften bei Dienstleistungsunternehmen wird neben der Prozeßqualität (z.B. Qualität des Diagnoseprozesses in einer Klinik) und der Ergebnisqualität (z.B. Heilungsquote) auch das Dienstleistungspotential (z.B. Größe und Ausstattung einer Klinik) herangezogen[200].

Die Entwicklung des Qualitätsbewußtseins zum TQM erfolgte historisch gesehen in mehreren Phasen von der Qualitätsprüfung über die Qualitätssicherung zum TQM[201]. In den Anfängen der Qualitätssicherung wurde der Output auf Fehler kontrolliert; fehlerhafte Produkte wurden ausgesondert. Die Einführung von Qualitätskontrollmaßnahmen mittels statistischer Methoden durch eine Qualitätskontrollabteilung führte zu einer Reduzierung des Prüfungsaufwands.

Im Rahmen der Human Relation Bewegung wurde der "Faktor Mensch" als Bestandteil des Qualitätswesens im Unternehmen erkannt. Konzepte zur Förderung der Qualität, z.B. durch Quality Circles und Lernstattkonzepte, führten zu einem erweiterten Qualitätsverständnis. Viele Unternehmen begannen, die Qualitätssicherung in die verschiedenen Funktionsbereiche zu integrieren. Unter dem Leitgedanken, daß Qualität von jedem Mitarbeiter produziert und nicht durch eine nachgelagerte Stelle "herbeikontrolliert" werden kann, wurde begonnen, auch in sehr frühen Phasen der Leistungserstellung, qualitätsbeherrschende Maßnahmen in die Prozesse zu integrieren.

Qualität wurde zunehmend auch im Sinne von kundenorientierter Entwicklung, kontinuierlicher Verbesserung und Prozeßstabilität definiert. Die aktuelle Phase in der

---

[199] vgl. Bullinger, H.-J. [1994], S. 22

[200] vgl. Pfeiffer, T.; Wunderlich, M. [1995], S. 557

[201] vgl. Pepels, W. [1996], S. 43

Entwicklung des Qualitätsverständnisses ist die des unternehmensübergreifenden Qualitätsmanagements, d.h. eines Total Quality Management (vgl. Abbildung 34). Qualität wird als ein ganzheitlicher Ansatz aufgefaßt mit der Zielsetzung, alle Aktivitäten und Abläufe eines Dienstleistungsunternehmens kundenorientiert mit einem unternehmensübergreifenden Qualitätsverständnis auszurichten und zu optimieren. TQM ist auf produktionstechnisch orientierte Unternehmen wie auf Dienstleister anwendbar[202].

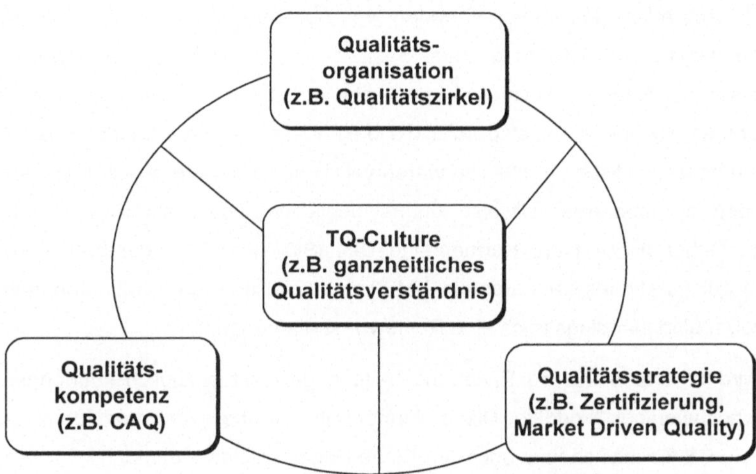

Abbildung 34: Die Bestandteile des Total Quality Management[203]

Die für das TQM typische Qualitätsorganisation ist durch die gleichzeitige Verfolgung von Qualitäts- und Produktivitätszielen gekennzeichnet. Jeder Mitarbeiter und jede organisatorische Einheit befaßt sich mit Qualität und Produktivität. Diese organisatorische Einbindung des Qualitätsmanagements ist mit dem Ansatz der prozeßorientierten Organisation und der Funktionenintegration konsistent.

Reiß beschreibt diese Entwicklung der Qualitätsorganisation mit der Tendenz zur Vereinfachung der Fremd- und zum Anreichern der Selbstorganisation (die Qualitätssicherungs-Abteilung wandelt sich zum Service-Zentrum). Die Selbstorganisation

---

[202] Ein Beispiel für die Anwendung von TQM bei einem Versicherungsunternehmen ist in Raffio, T. [1993], S. 86 ff dargestellt; weitere Beispiele für TQM bei Dienstleistungsunternehmen finden sich in Bullinger, H.-J. (Hrsg.) [1995a]

[203] vgl. dazu Reiß, M. [1997b], S. 61

entwickelt sich vom reinen Vorschlagswesen über "Near the Job"-Qualitätszentren (z.B. Q-Zirkel) hin zu "On the Job"-Qualitätszentren[204].

3.4.3.2 Zertifizierung

Total Quality Management erfordert ein Qualitätsmanagement-System. Ein Qualitäts-management-System umfaßt die Organisationsstruktur, Verantwortlichkeiten, Verfah-ren, Prozesse und erforderlichen Mittel für die Verwirklichung des Qualitätsmanage-ments[205]. Aus einer Vielzahl von Gründen (vgl. Abbildung 35) ist es für Unternehmen wünschenswert und notwendig, den Besitz eines funktionierenden QM-Systems nachweisen zu können. Dazu gab und gibt es Quality Awards und spezifische unternehmensbezogene Ansätze, z.B. die bekannten Ford-Qualitätsrichtlinien 101[206]. Unternehmensspezifische Richtlinien waren vor allem für Zulieferer problematisch, weil sich diese an mehreren teilweise unterschiedlichen Qualitätsrichtlinien orientieren mußten. Daher existiert die Normenreihe DIN ISO 9000 ff[207], die branchenneutral festlegt, welche Mindeststandards ein QM-System erfüllen muß. Die Normenreihe DIN ISO 9000 ff birgt allerdings auch eine Reihe von Gefahrenquellen:

- Es wird u.U. eine falsche Erwartungshaltung geweckt bezüglich kundengerechter oder hochwertiger Produkte. Diese Normenreihe ist aber nicht produktbezogen wie z.B. die CE-Kennzeichnung oder der "Blaue Engel" im Umweltbereich.

- Das Qualitätsmanagement muß "gelebt" werden und zu ständigen Verbesserungen führen: es darf nicht zu einem Marketinginstrument degradiert werden.

- Die benötigten Prozeßbeschreibungen, schriftlichen Qualitätsmaßstäbe und laufen-den Qualitätsdokumentationen bergen die Gefahr einer Bürokratisierung des Unter-nehmens. Dazu kommen neue Bestrebungen im Umweltschutzbereich (ISO/DIS 14001[208]), die zusätzliche Dokumentationspflichten nach sich ziehen werden. Ein Vergleich von ISO 9001 und ISO 14001 findet sich in Petrick/Eggert[209].

---

[204] vgl. Reiß, M [1997b], S. 67

[205] vgl. DIN ISO 8402 [1995], S.17

[206] vgl. dazu o.V. [1990]

[207] vgl. dazu DIN ISO 9000 [1994], DIN ISO 9001 [1994], DIN ISO 9002 [1994], DIN ISO [9003] und DIN ISO 9004 [1994]

[208] vgl. dazu ISO/DIS 14001 [1995]

[209] vgl. Petrick, K.; Eggert, R. [1995], S. 45 f

Gründe für die Zertifizierung eines Qualitätsmanagement-Systems	Bewertung "Wichtigkeit"
Verbesserung der Kundenzufriedenheit	+ + + +
Zertifizierung als Marketinginstrument	+ + + +
Erlangung von Vorteilen gegenüber der Konkurrenz	+ + + +
Zu erwartender Druck durch die Kunden	+ + + +
Internationalisierung der Märkte	+ + +
Verbesserung der Produktqualität	+ + +
Steigerung der Mitarbeitermotivation	+ + +
Vorteile im Bereich der Produkthaftung	+ + +
Reduzierung von Reklamationen	+ + +
Bereits vorliegender Druck durch Kunden	+ + +
Reduzierung von Nacharbeit	+ + +
Reduzierung/ Vermeidung von Audits durch Kunden	+ + +
Verbesserung der Termintreue	+ +
Gleichziehen mit der Konkurrenz	+ +
Antrieb durch ausländische Muttergesellschaften	+ +

Abbildung 35: Gründe und ihre Relevanz für die Zertifizierung eines Qualitätsmanagement-Systems[210]

Die Zertifizierung des QM-Systems erfolgt in Form eines Audits, dem sich das Unternehmen in regelmäßigen Abständen stellen muß. Voraussetzungen sind der vorherige Aufbau des Systems im Rahmen des TQM und normenkonformes Verhalten der Mitarbeiter. Die Normenreihe DIN ISO 9000 ff war ursprünglich nicht für Dienstleistungsunternehmen konzipiert, ist aber dennoch für diese anwendbar. Für Dienstleistungsunternehmen ist vor allem eine Zertifizierung nach ISO 9001 relevant. Die Auditierung ist in ISO 10011[211] beschrieben.

---

[210] vgl. dazu Bullinger, H.-J. [1994], S. 37 auf Basis einer Analyse von Price Waterhouse 1993
[211] vgl. dazu DIN ISO 10011 [1992]

3.4.4 Kritische Diskussion ausgewählter Managementansätze

3.4.4.1 Business Reengineering, Lean Management und TQM im Vergleich

Abbildung 36 stellt die drei Ansätze nochmals vergleichend gegenüber.

Aspekte	Lean Management	Total Quality Management	Business Reengineering
Kunden-orientierung	Interner Kunde	Interner und externer Kunde	Markt-Kunde, weniger Blindleistung
Verbesse-rungen	Inkremental, permanent, kontinuierlich	Inkremental, permanent, kontinuierlich	Quantensprung, radikale Neugestaltung
Ziel	Kundennutzen	Qualität von Prozeß und Leistungen für Kunden	Umfassende Kundenzufriedenheit
Rationa-lisierung	Produktivitätssteigerung	Produktivitätssteigerung	Unternehmens-leistung
Ausgangs-punkt der Ver-besserungs-initiative	Mitarbeiter	Unternehmens-führung und Mitarbeiter	Unternehmensführung
Umsetzung	Bottom-Up Details, Teilprozesse in einer dynamischen Organisation	Bottom-Up Teilprozesse in der bestehenden Organisation	Top-Down Radikale Neugestaltung aller Unternehmens-Kernprozesse ohne Beachtung des Status Quo
Schwerpunkte	Kundenzufriedenheit, Prozeßorientierung, Mitarbeiterdisziplin	Qualität, Prozeßkunde	Neugestaltung, Prozeßkunde
Wandel	Organisation im dynamischen Wandel, Prozeßführung, -beherrschung; "Evolution"	Qualitätsprogramme werden in der bestehenden Organisation implementiert	Neue Organisation, Geschäftsprozesse werden radikal neugestaltet; "Revolution"

Abbildung 36: Vergleich von Lean Management, TQM und Business Reengineering[212]

---

[212] vgl. Bullinger, H.-J. [1994], S. 31 f

Die drei Ansätze sind nicht trennscharf, sondern miteinander verbunden[213]. Hammer z.B. betont, daß Business Reengineering das TQM nicht ausschließt, Bösenberg und Metzen[214] stellen TQM als eine Grundstrategie des Lean Management dar.

Die Managementkonzepte Business Reengineering, Lean Management und TQM weisen gemeinsame Prinzipien auf[215]:

- die Kundenorientierung,

- das umfassende Qualitätsverständnis,

- die Prozeßorientierung,

- die Entwicklung der Human-Ressourcen,

- die Dezentralisierung von Entscheidungs- und Kommunikationsstrukturen sowie die Ergebnisverantwortung,

- der Einsatz innovativer Informationstechnologien.

3.4.4.2 Erfolge und Mißerfolge bei der Anwendung

Im folgenden werden die wesentlichen Gestaltungselemente der drei Ansätze herausgearbeitet und die Erfolge und Mißerfolge bei der Anwendung der Konzepte dargestellt. Hierbei ist wegen der hohen Erwartungshaltung besonders der Ansatz des Business Reengineering zu untersuchen.

3.4.4.2.1 Business Reengineering

Das Bild bezüglich der Erfolge und Mißerfolge beim Reengineering ist in der Literatur uneinheitlich. Vielfältige Erfolgs- und Mißerfolgsmeldungen sind zu verzeichnen[216]. Die „Darstellungen sind höchst widersprüchlich"[217]. Auch Hammer und Champy selbst

---

[213] vgl. Bullinger, H.-J.; Roos, A.; Wiedmann, G. [1994], S. 14 ff

[214] vgl. dazu Bösenberg, D.; Metzen, H. [1992], S. 153 ff

[215] vgl. Bullinger, H.-J.[1994], S. 21 und Bullinger, H.-J.; Roos, A. [1996], S. 30

[216] Erfolgreiche Reengineering-Praxis in Deutschland - eine Sammlung von Fallbeispielen findet sich bei Demmer, C.; Gloger, A.; Hoerner, R. [1996]

[217] Kieser, A. [1996], S. 180

räumen eine hohe Wahrscheinlichkeit des Scheiterns ein[218]. Kieser stellt fest: „Business Process Reengineering ist nicht radikal neu. Vielmehr ist BPR die Fortsetzung eines Trends der Organisationsgestaltung hin zu einer stärkeren Objektorientierung, der 1920 begann"[219].

Bei den erfolgskritischen Faktoren und Problemfeldern werden benannt:

- Problemadäquates Business Reengineering: Mißerfolge können aus einem nicht konsequenten oder nicht problemgerechten Business Reengineering resultieren. Daher wird empfohlen, die auftretenden Probleme bei der Umsetzung von Business Reengineering Projekten durch die Linsen Strategie - Struktur - Kultur zu betrachten und die strategische Anbindung des Business Reengineering an die Gesamtstrategie, den Weg der strukturellen Umsetzung und den Eintritt eines Kulturwandels zu hinterfragen[220]. Auch Koenigsmarck stellt fest, daß Business Reengineering Maßnahmen immer wieder an die unternehmensspezifischen Anforderungen angepaßt werden müssen, um der jeweiligen Marktstellung, Wettbewerbssituation oder Unternehmenskultur gerecht zu werden. Eine "Patentlösung" gibt es nicht[221]. Die genannten Argumente stützen die Grundthese dieser Arbeit, daß ein geplanter Wandel konfigurationsspezifisch erfolgen muß[222].

- Bedeutung der Kernkompetenzen: Der Erfolg eines Unternehmens hängt von der Attraktivität seiner Märkte, seiner Wettbewerbsposition und dem Vorhandensein von Kernkompetenzen ab[223]. Allerdings hat die Praxis gezeigt, daß die Identifikation von Kernprozessen außerordentlich schwierig sein kann[224]. Statt zu strategischer Neuerung wird das Business Reengineering häufig als Kostensenkungsprogramm mißbraucht: „Die meisten wollten die Kosten senken, in dem sie den Personalstand verkleinerten"[225]. D.h. die Bedeutung der strategischen Positionierung für das zu

---

[218] zum Scheitern siehe auch MSZG (Hrsg.) [1995], S.3 und zu offenen Fragestellungen beim Business Reengineering Koenigsmarck, O.v.; Trenz, C. [1996], S. 21 ff

[219] Kieser, A. [1996], S. 182

[220] vgl. Schmidt, S. L.; Treichler, Christoph [1996], S. 119 und MSZG (Hrsg.) [1995], S.3

[221] vgl. Koenigsmarck, O.v.; Trenz, C. [1996], S. 110

[222] vgl. Koenigsmarck, O.v.; Trenz, C. [1996], S. 110

[223] vgl. Schmidt, S. L.; Treichler, C. [1996], S. 119

[224] vgl. Schmidt, S. L.; Treichler, C. [1996], S. 120

[225] Womack, J. P. [1995], S. 15

entwickelnde Verfahren ist wichtig, und es ist eine Methodik für die Identifikation von Kernkompetenzen erforderlich.

- Aufbauorganisatorische Fragestellungen: Business Reengineering bedingt eine Strukturierung nach Prozessen, was aber nicht bedeutet, daß Strukturelemente keine Rolle mehr spielen[226]. In ähnlicher Weise äußert sich auch Burkhard. „BPR heißt zunächst nur (aber auch nicht weniger!), daß bei der organisatorischen Gestaltung dem Kriterium Objekt größeres Gewicht auf Kosten des Kriteriums Funktion (Verrichtung) zugemessen wird"[227]. „Es muß eine Dominanz der Prozesse über die Unternehmensstrukturen bestehen"[228]. Das Verfahren muß also Antworten bieten, in welcher Weise sich die Prozeßorientierung aufbauorganisatorisch niederschlagen kann.

- Kulturwandel und Human Relations Aspekte: „Die gängige Reengineering-Literatur geht auf diesen Sachverhalt so gut wie gar nicht ein. Im Gegenteil, einige Autoren plädieren ganz für einen ausgeprägten Top-Down Ansatz. Da wird dann empfohlen, das mittlere Management von vornherein auszuschalten und die Veränderungen durch eine starke Führung von oben her zu erzwingen"[229]. Dies beschäftigt auch Bleicher (vgl. Kapitel 1). Cooper stellt fest: „Menschen sträuben sich nicht gegen den Wandel an sich, sondern gegen die Art, wie sie dabei behandelt werden"[230]. Womack kritisiert vor allem Champy: „In all dem hochgestochenen Gerede über Vision und Führung mehr zu sehen als nur heiße Luft fällt schwer"[231]. Weiter führt er aus: „Tatsächlich hat Hammers Sicht eines für sich: jeder Veränderungsprozeß in einer großen Firma ist heikel; einige Manager werden nicht mitziehen und müssen gehen. Merkwürdig ist nur der anklagende Ton der Reengineering-Gurus, in dem die Mitarbeiter ebenso wie die meisten Manager als Feinde erscheinen. Das ist abstoßend und destruktiv"[232]. Die Grunderkenntnis des Reengineering, daß die meisten Firmen die Organisationsstruktur in den Vordergrund gerückt und dagegen

---

[226] vgl. Schmidt, S. L.; Treichler, C. [1996], S. 119

[227] Kieser, A. [1996], S.182

[228] MSZG (Hrsg.) [1995], S. 2

[229] Schmidt, S. L.; Treichler, C. [1996], S. 120

[230] Cooper, R.; Markus, M.L. [1996], S. 77

[231] Womack, J. P. [1995], S 16 bezieht sich auf Champy, J. [1995]

[232] Womack, J. P. [1995], S. 16

die wertsteigernden Prozesse vernachlässigt haben, hält Womack für nach wie vor gültig und äußerst nützlich. Doch kann er den Reengineering-Propheten nicht vollen Erfolg wünschen, „da sie nicht willens sind, menschliche und betriebliche Realitäten anzuerkennen"[233]. Das zu entwickelnde Verfahren zur Gestaltung von Dienstleistungsunternehmen muß daher die Aspekte des Kulturwandels, der Überwindung des Abteilungsdenkens[234] und der Widerstände im geplanten Wandel berücksichtigen.

- Personalentwicklung: Flache Hierarchien bedeuten, daß gewohnte Beförderungschancen wegfallen[235]. Für das zu entwickelnde Verfahren bedeutet dies, daß alternative Karrierewege aufzuzeigen sind.

- Fehlendes Engagement des Top-Managements: Häufig initiiert das Top-Management Business Reengineering Projekte. Danach werden aber die Projekte häufig dem mittleren Management und Beratern überlassen. Untersuchungen in den USA zeigen, daß ein ursächlicher Zusammenhang zwischen dem Engagement des Top-Managements und dem Zielerreichungsgrad in Reengineering Projekten besteht[236].

- Eine natürliche Abfolge der Tätigkeiten im Prozeß existiert nicht: Die natürliche Abfolge innerhalb der Geschäftsprozesse unterstellt, daß man Arbeitsabläufe und Tätigkeiten in eine natürliche Abfolge bringen könne[237]. Analysen von Prozessen haben jedoch gezeigt, daß sogar bei einfach strukturierten Prozessen verschiedene Analytiker zu unterschiedlichen Abfolgen und Verbesserungen kommen[238].

- Eine Strategie der Kostenführerschaft kann durch Business Reengineering weniger gut unterstützt werden als eine Strategie der Differenzierung. Business Reengineering setzt dadurch eine Wettbewerbsspirale zunehmender Differenzierung in Gang. Differenzierung ermöglicht die Kundenorientierung: Wenn für jedes Objekt soweit möglich "eigene" Funktionen zur Verfügung gestellt und so Prozeßketten gebildet werden, sind die Funktionen "optimal" auf das Objekt abgestimmt, die

---

[233] Womack, J. P. [1995], S. 17

[234] vgl. Diebold (Hrsg.) [1994], S. 49 und Bullinger, H.-J.; Wiedmann, G.; Niemeier, J. [1995], S. 21

[235] vgl. Womack, J. P. [1995], S. 15

[236] vgl. Bullinger, H.-J.; Wiedmann, G.; Niemeier, J. [1995], S. 19; siehe auch fehlendes Top-Management-Kommitment MSZG (Hrsg.) [1995], S. 3

[237] vgl. Hammer, M.; Champy, J. [1993], S. 53 f

[238] vgl. Davenport, T. H. [1995], S. 25

Durchlaufzeiten werden reduziert, die Koordination wird einfacher und der Aufwand für Informationssysteme wird geringer[239]. Für die Prozeßketten werden Prozeßteams gebildet, in denen Empowerment von Mitarbeitern möglich ist. Dadurch können Leitungsspannen größer und Hierarchien flacher werden. Für die entstandenen einfachen Geschäftsprozesse können leicht Prozeßvarianten eingeführt werden. So wird eine größere Kundenorientierung erreicht.

- Kieser stellt fest, daß BRP dazu tendiert, die Änderungskapazitäten eines Unternehmens zu überfordern[240]. Daraus folgt, daß die Belastung des Unternehmens durch Mitarbeitereinbindung (Abbau von Streß auf der Individualebene) und Nutzung von Synergien zu reduzieren ist, z.B. durch Mehrfachnutzung von Prozeßbeschreibungen für die Zertifizierung und die Neugestaltung der Prozesse.

- BPR enthält einen brauchbaren Kern und es hat eine große Anzahl von Managern durch die entsprechenden Veröffentlichungen für die Bedeutung der Organisationsgestaltung sensibilisiert. Daraus folgt, daß Business Reengineering gut als Leitbild zu nutzen ist[241], obwohl viele Manager nur eine Management-Worthülse[242] im Begriff "Business Reengineering" sehen.

- Bedingungslose Kundenorientierung: Macdonald[243] warnt vor den Gefahren einer zu weitgehenden Bindung an die industriellen Abnehmer, die zu einer vollständigen Abhängigkeit führen kann.

- Ein Erfolgsfaktor für Business Reengineering ist die Definition von Meßfaktoren, um die Leistungsfähigkeit der Geschäftsprozesse zu überprüfen[244]. Business Reengineering fordert daher Meßgrößen und Konsequenzen heraus[245].

- Ein entscheidender Faktor für erfolgreiches BPR ist, die Informationstechnik als "enabling technology" zu nutzen[246].

---

[239] vgl. Kieser, A. [1996], S.182

[240] vgl. Kieser, A. [1996], S. 184

[241] vgl. Kieser, A. [1996], S. 184

[242] vgl. Linden, F. A. [1996], S. 113

[243] vgl. Macdonald, S. [1996], S. 95 ff

[244] vgl. Koenigsmarck, O.v.; Trenz, C. [1996], S. 37

[245] vgl. MSZG (Hrsg.) [1995], S. 2

[246] vgl. MSZG (Hrsg.) [1995], S. 1

- Ein bestimmender Faktor für die Vielzahl der Mißerfolge wird auch in der Unklarheit der Umsetzung gesehen[247]. Ehrgeizige Ziele sind notwendig[248], aber: „Wie das Wunder der Quantensprünge bewirkt werden kann, ist anhand schriftlicher Unterlagen nicht bis ins letzte zu rekonstruieren"[249]. Daher muß eine präzise Beschreibung des Umsetzungsprozesses erfolgen, und die Verbindung der Stellhebel, d.h. der Gestaltungsdimensionen[250], muß transparent werden.

- Schnelle Erfolge sind wichtig für ein erfolgreiches Business Reengineering. Es muß Handlungsdruck geschaffen werden statt der bloßen "Konzentration auf Sachthemen"[251]. Aus diesem Handlungsdruck heraus müssen schnell erste Erfolge erzielt werden.

3.4.4.2.2 Lean Management

Lean Management Projekte sind im Kontext dieser Arbeit vor allem im Hinblick auf ihre Wirkung außerhalb der spezifisch japanischen Umgebung interessant. Eine Untersuchung der Unternehmensberatung The Wyatt Company GmbH und der Deutschen Bank AG bei 118 multinationalen Unternehmen zeigt, daß sich die Maßnahmen des Lean Management in "westlichen" Unternehmen aufgrund ihrer Art und Häufigkeit in drei Gruppen einteilen lassen (Abbildung 37).

Gestaltungsprinzipien	Gewichtung
Leistung und Eigenverantwortung	70%
Optimierung der Hierarchie und Kostenstruktur	47 %
Flexibilisierung des Vergütungssystems	21%

Abbildung 37: Prioritäten bei Gestaltungsprinzipien des "westlichen" Lean Management[252]

Erstrangige Zielgrößen sind die Förderung von Leistung und Eigenverantwortung, die

---

[247] vgl. Linden, F. A. [1996], S. 112 f

[248] vgl. Bullinger, H.-J.; Wiedmann, G.; Niemeier, J. [1995], S. 19

[249] Kieser, A. [1996], S.179

[250] vgl. Bullinger, H.-J.; Wiedmann, G.; Niemeier, J. [1995] S. 22 f

[251] vgl. Jaspert, T.; Müffelmann, J. [1996], S. 176

[252] vgl. Kleb, R.-H.; Svoboda, M. [1994a], S. 251 ff

Optimierung der Hierarchie, der Kostenstruktur sowie die Flexibilisierung des Vergü-tungssystems[253]. Lean Management Projekte in "westlichen" Unternehmen zeigen die Vielfalt organisatorischer Maßnahmen[254]:

- Abflachung der Hierarchien,

- betonte Delegation und dezentrale Strukturen,

- neue Führungskonzepte wie Förderung der Eigenständigkeit der Mitarbeiter und die Vertrauensorganisation[255],

- Schnittstellenmanagement u.a. mit den Konkretisierungsformen Projektorganisation, Gruppen oder Teams, horizontale Kommunikation,

- Prozeß- oder objektorientierte Segmentierung,

- Aufbau von Profit Center Strukturen,

- Entfaltung von internem Marktdruck.

Priorität haben Maßnahmen zur Steigerung der Leistung und Eigenverantwortung von Mitarbeitern. Die dazu notwendige Veränderung der Unternehmenskultur, die Verflachung der Hierarchie und Verbesserung der Kostenstruktur kann durch folgende Maßnahmen erreicht werden[256]:

- die Förderung von Leistungsorientierung und direkter Kommunikation,

- die hierarchieübergreifende Projektgruppenorientierung,

- die Dezentralisierung von Kompetenz und Verantwortung u.a. durch die Bildung von Center-Strukturen mit dem Ziel, vorhandene, kundenorientierte Prozesse zu beschleunigen,

- den (bereichsspezifischen) Abbau von Hierarchieebenen,

- den Abbau von ausschließlich ausführenden Stellen,

---

[253] vgl. Kleb, R.-H.; Svoboda, M. [1994a], S. 251

[254] vgl. Frese, E.; Werder, A.v. [1994], S. 6

[255] zur Vertrauensorganisation vgl. Bleicher, K. [1994], S. 14 ff

[256] vgl. Schnabel, U. G.; Roos, A.W. [1996], S. 37 ff

- den Einstellungsstop, die Vorruhestandsregelungen, die Feistellung von Mitarbeitern,

- die Ausdehnung ergebnisabhängiger Vergütungsanteile,

- die Ausgliederung von Dienstleistungsfunktionen,

- den Abbau von Führungspositionen und verbundenen Stabsbereichen,

- den Abbau von Hierarchieebenen und formalen Berichtswegen und

- die Bereinigung des formalen Berichtswesens.

Probleme des Lean Management in "westlichen" Unternehmen

Die Übertragbarkeit des Lean Management auf europäische Unternehmen stößt auf hinderliche Faktoren (vgl. Abbildung 38).

Merkmal	Nennung
Vorherrschendes Anspruchs- und Besitzdenken	62 %
Unzureichende Flexibilität	36 %
Unzureichendes Problemverständnis	36 %
Sozialverträglichkeit der Maßnahmen	34 %
Widerstand der Betroffenen	32 %
Unklare Zielvorgaben	21 %
Unzureichende Tiefe der Analysen	15 %
Unzureichende Konkretisierung	15 %

Abbildung 38: Probleme des Lean Management in "westlichen" Unternehmen[257]

Das Konzept Lean Management benötigt für eine erfolgreiche Umsetzung

- das Präzisions- und Qualitätsbewußtsein der Mitarbeiter,

- die Partizipation der Mitarbeiter,

- die Umsetzung des Prinzips der kontinuierlichen Verbesserung,

- eine Konsens- statt Individual-Kultur,

---

[257] vgl. Kleb; R.-H., Svoboda, M. [1994 a], S. 249 ff und Kleb, R.-H.; Svoboda, M. [1994 b], S. 299 ff

- die "Null-Fehler" Zielsetzung statt "gut genug sein",

- einen "langen Atem" bei der Umsetzung des Kaizen-Konzepts (keine schnellen Rationalisierungserfolge sind das Ziel, sondern die Prozeßbeherrschung),

- langfristige statt kurzfristige Erfolgsmessung,

- die Anwendung des Prinzips Information statt Kontrolle (das Prinzip "Mitwissen, Mitdenken, Mitentscheiden, Mitverantworten" ist eine weitverbreitete Selbstverständlichkeit in Japan[258]),

- die Vertrauensorganisation als Voraussetzung,

- die Unterstützung der kontinuierlichen Verbesserung durch geeignete Entlohnungssysteme.

Am Beispiel des letztgenannten Punktes der Entlohnungssysteme wird deutlich, daß entsprechende Entgeltsysteme und damit die Frage der wettbewerbsfähigen Unternehmensstrukturen eng mit der Frage nach einer wettbewerbsfähigen Gesellschaftsform verknüpft sind. Der Gesetzgeber, Gewerkschaften und Unternehmerverbände müssen z.B. die Rahmenbedingungen für die Einführung von Entgeltsystemen schaffen, welche die Zielsetzungen der kontinuierlichen Verbesserung unterstützen.

Zur Vertrauensorganisation als Voraussetzung für ein Lean Management ist anzumerken, daß auch Kaizen revolutionäre Veränderungen bedeuten könnte. Das Selbstbewußtsein der Mitarbeiter steigt durch die Erfolge bei der kontinuierlichen Verbesserung. Dadurch wäre die Basis für die Forderung nach grundlegend neuen Strukturen geschaffen. Diese "bottom-up"-Veränderung ist aber durch die Unternehmensleitung schwer steuerbar und wird daher i.d.R. unterdrückt.

3.4.4.2.3 TQM

Erfolgs- und Mißerfolgsfaktoren bei TQM sind schwierig zu ermitteln. Einen wichtigen Grund dafür zeigen Untersuchungen aus den USA. Es stellte sich heraus, daß Dienstleistungsunternehmen i.d.R. keine Rückmeldungen von unzufriedenen Kunden erhalten. Die Kunden erzählen aber einer relativ großen Zahl anderer (potentieller) Kunden von den Vorfällen, welche die Unzufriedenheit auslösten[259].

---

[258] vgl. Streib, F. [1992], S. 7

[259] vgl. Murphy, J. A. [1994], S. 9 ff

Für Mißerfolge von TQM-Projekten lassen sich folgende Ursachen benennen

- das Verständnis für die Bedürfnisse der Kunden ist unterentwickelt;

- die Messung der Kundenzufriedenheit ist nicht ausreichend;

- die Festlegung von Leistungsstandards ist nicht genügend erfolgt;

- die Schulung der Mitarbeiter war nicht ausreichend;

- die Informationstechnologie wurde zu wenig genutzt[260];

- die Zertifizierung führt zur Bürokratisierung.

Erfolgreiche TQM-Projekte müssen die Phase der Prozeßanalyse und -gestaltung nutzen, um

- ein prozeßorientiertes Qualitätsverständnis zu implementieren, bei dem die Qualitätssicherung in die Fachbereiche integriert ist,

- Risikopotentiale von Prozessen zu analysieren[261],

- ein personell-organisatorisches Risiko-Management zu verankern,

- die Gestaltung kundenorientierter, schneller, kostenoptimaler, aber auch qualitäts-beherrschter, risikovermindernder und umweltgerechter Geschäftsprozesse zu erreichen.

Es muß bei der organisatorischen Gestaltung beachtet werden, daß die notwendige Delegation von Verantwortung im Umweltschutz- und Qualitätsbereich organisatorische Handlungsspielräume z.B. bei Teamstrukturen einschränkt. Zu der in diesem Zusammenhang relevanten Schaffung von Betriebsbeauftragten, zur Delegation von Unternehmerpflichten und der personenbezogenen straf-, zivil- und ordnungsrechtlichen Verantwortung sowie zu Organisationspflichten (Anweisungs-, Auswahl- und Überwachungspflicht) und zur Produkt- und Anlagenhaftung siehe Petrick/Eggert[262]. Zu den Organisationspflichten gehört aus rechtlicher Sicht für die Unternehmensleitung eine ausreichende Arbeitsorganisation, so daß Dritte nicht geschädigt werden. Dazu sind

---

[260] zur Bedeutung der Informationstechnologie für das Qualitätsmanagement siehe auch Bullinger, H.-J.; Meitner, H.; Krämer, M. [1994], S. 26 ff

[261] vgl. dazu die Arbeit von Meitner, H. [1995]

[262] vgl. Petrick, K.; Eggert, R. [1995], S. 79 ff

Normalorganisation, Beauftragtenorganisation für Zusatzaufgaben und Notfallorganisation zu unterscheiden. Außerdem muß das Unternehmen in der Lage sein Betriebsstörungen zu vermeiden oder zu entdecken, bevor sie Schaden verursachen. Die Schaffung sowohl einer Aufsichtsorganisation als auch von Aufsichtsanordnungen muß berücksichtigt werden.

Die Geschäftsprozesse müssen eine Zertifizierung nach DIN/ISO 9000 bzw. nach den entstehenden Umweltrichtlinien (ISO/DIS 14001) und ein personell-organisatorisches Risikomanagement zur Minderung der Gefährdung des Unternehmens durch Produkt- und Umwelthaftungsfälle ermöglichen. Wichtig ist, daß Zertifikate z.B. nach ISO 9000 ff nicht unbedingt zur Exkulpation vor Gericht herangezogen werden können und für eine gerichtsfeste Organisation nicht ausreichend sind.

3.4.4.3 Zusammenfassende Bewertung

Es wurde dargestellt, daß Phasen kontinuierlicher Verbesserung unter Beibehaltung des "Fit" von "Strategie-Struktur-Umwelt" und Phasen des "Quantum Change" zu anderen Konfigurationen existieren. Die Analyse der empirisch geprägten Managementansätze, und hier vor allem des Business Reengineering, hat gezeigt, daß diese Konzepte häufig scheitern. Eine Vielzahl von Gründen wurde aufgezeigt, auch auf die generalisierenden, unpräzisen Vorgehensschemata von Autoren und Beratungsunternehmen wurde hingewiesen. Das zu entwickelnde Verfahren muß den spezifischen Übergang eines Unternehmens zwischen zwei Konfigurationen einbeziehen, um die Erfolgschancen des "Quantum Change" zu erhöhen. Daher greift auch die bereits erwähnte vereinfachende situative Darstellung zwischen "tayloristischen" und "prozeßorientierten" Unternehmen viel zu kurz.

Grundlage der eingesetzten Gestaltungsmittel sollen die dargestellten Gestaltungselemente der empirisch geprägten Managementansätze sein, und zwar unter Berücksichtigung des besonderen Umfelds von Dienstleistungsunternehmen. Daher werden für die einzelnen Phasen des Verfahrens konfigurationsspezifische Besonderheiten bezüglich Mitteln und Rahmenbedingungen aufgezeigt.

4 Verfahren zur Gestaltung von Dienstleistungsunternehmen

Aufbauend auf den Erkenntnissen in Kapitel 3 wird in diesem Kapitel das Verfahren zur prozeßorientierten Gestaltung eines Dienstleistungsunternehmens auf Basis der gemeinsamen Gestaltungselemente der in Kapitel 3 beschriebenen Managementansätze entwickelt. Dabei wird in den einzelnen Phasen des Verfahrens nach den in Kapitel 3 beschriebenen möglichen Konfigurationswechseln differenziert (vgl. Abbildung 39).

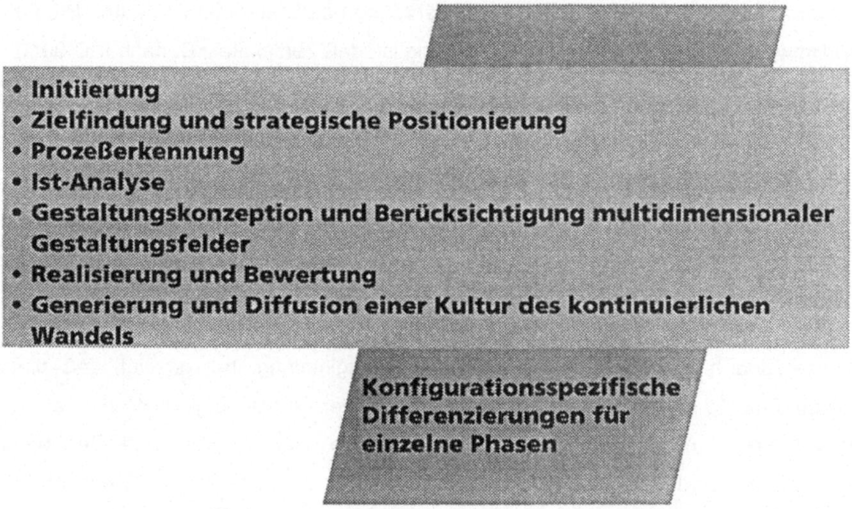

Abbildung 39: Phasen des Verfahrens zur Gestaltung von Dienstleistungsunternehmen

Zunächst müssen die Schritte des Verfahrens festgelegt werden. Reiß nimmt zur Frage Stellung, ob es einen typischen Ablauf eines Veränderungsprozesses gibt. Er stellt fest, daß - wie aus dem Projektmanagement bekannt -, es sehr schwierig ist, allgemeingültige Ablaufmodelle zu entwerfen, und daß den unterschiedlichen Managementverständnissen Rechnung getragen werden muß[263]. Das in diesem Kapitel dargestellte Verfahren zur prozeßorientierten Gestaltung eines Dienstleistungsunternehmens wird daher in den einzelnen Phasen nach den beschriebenen Konfigurationswechseln differenziert und orientiert sich in seinen Phasen, da ein weitgehend beherrschbarer geplanter Wandlungsprozeß angestrebt wird, an der Ziel-Weg-Theorie (vgl. Abbildung

---

[263] vgl. Reiß [1997a], S. 26

40). Die einzelnen Phasen sind nicht streng sequentiell zu sehen. Sie werden sich in der Realität überschneiden und es wird Rückkopplungen zwischen den einzelnen Phasen geben. Kirsch, Esser und Gabele interpretieren daher einzelne Phasen des Wandels als "Episoden"[264].

Basis	Treiber	Prozesse
Evolutionstheorie	Überlebenskampf	Variation - Selektion - Retention
Lebenszyklus-theorie	Entwicklungspro-gramm	Entstehen - Verbreiten - Reifen - Vergehen
Dialektik-Theorie	Konflikt	These - Antithese - Synthese
Ziel-Weg-Theorie	Planung	Zielbildung - Diagnose - Redesign - Implementierung

Abbildung 40: Grundlagenmodelle des Change Managements[265]

In die ersten Phasen der Initiierung, Zielfindung und strategischen Positionierung wird der Findung einer strategischen Vision, der Begegnung von Widerständen und dem richtigen Timing für den Wandlungsprozeß Bedeutung beigemessen. Diese Aspekte sind wichtig für das Gelingen des Wandels. Zahn bemerkt dazu: „Die Rolle der Unternehmensführung ähnelt .. der eines Gärtners. Ebenso wie dieser nur die Bedingungen für das Pflanzenwachstum, aber nicht das Wachstum der Pflanzen selbst gestaltet, managt die Unternehmensführung die Wandlungsfähigkeit der Unternehmung, aber nicht den Wandel direkt".[266]

In den Phasen der Prozeßerkennung und Ist-Analyse wird eine ausführliche Handlungsanleitung gegeben, da in der Literatur bislang keine detaillierten Vorgehensweisen beschrieben sind. Diese sind aber wichtig, da, wie in Kapitel 3 gezeigt, erfolgreiche Projekte des Wandels einerseits kurze Diagnosephasen haben, andererseits aber trotz des Zeitdrucks „Reorganisation leichter gemacht werden [kann], wenn sie mit einer sorgfältigen, umfassenden Problemanalyse beginnt, wenn sie einer klaren, möglichst breit mitgetragenen Vorstellung folgt und wenn schnell entschieden und konsequent gehandelt wird. Mehraufwendungen bei der Diagnose machen sich in der Therapie

---

[264] vgl. Kirsch, W.; Esser, W.-H.; Gabele, E. [1979], S. 46 f
[265] vgl. Reiß [1997a], S. 24
[266] Zahn, E. [1997], S. 12

wieder bezahlt"[267].

Die Erstellung der Gestaltungskonzeption und die anschließende Realisierung werden durch die Generierung und Diffusion einer Kultur des kontinuierlichen Wandels abgeschlossen.

4.1 Initiierung

Die Initiierung umfaßt das Verständnis dafür, welche Faktoren und Personen einen geplanten Wechsel zu einem bestimmten Zeitpunkt möglich machen bzw. behindern, d.h. ein Verständnis für die Aktoren und das Timing des geplanten Wandels. Zur Durchführung des geplanten Wandels ist ein geeignetes Projektmanagement zur Planung und Steuerung aller notwendigen Aktivitäten zu installieren.

Bei der Initiierung ist es wichtig festzustellen, ob im Dienstleistungsunternehmen eine Bereitschaft zum Wandel besteht, d.h. ein Bewußtsein für die Notwendigkeit eines Konfigurationswechsels vorhanden ist und welche notwendige Radikalität des Wandels sich aus der Ausgangssituation des Unternehmens ergibt. Dazu sind die Konfigurationsübergänge hinsichtlich der Radikalität des Wandels und der Bereitschaft zum Wandel auf Basis des in Kapitel 3.3.3 entwickelten Modells zu differenzieren (vgl. Abbildung 41, Abbildung 42, Abbildung 43). Eine erfolglose Ausgangslage zwingt zu raschem, radikalem Handeln, sofern keine stabile Umweltsituation vorliegt. Eine erfolgreiche Ausgangssituation ermöglicht einen adaptiven, relativ langsamen Wandlungsprozeß. Erfolgreiche Konfigurationen müssen u.U. erst einen Handlungsdruck erzeugen, d.h. den Mitarbeitern und den "stakeholders" muß die Notwendigkeit zum Handeln transparent gemacht werden, um durch den Wandel einen langfristigen Unternehmenserfolg zu gewährleisten. Auf diese Problemstellung wird anschließend noch detailliert eingegangen.

---

[267] Zahn, E. [1993], S. 14

Nr.	Ausgangs-konfigu-ration	Zielkonfigu-ration	Situation der Aus-gangskon-figuration	Radikalität des Wandels	Bereitschaft zum Wandel
1	F1: "Impulsives Unternehmen"	S3: "Gigant unter Feuer"	erfolglos	radikal (erfolglose Ausgangslage zwingt zum Handeln)	Flexible Mitarbeiter; Problem: impulsiver Top-Manager
2	F1: "Impulsives Unternehmen"	S1b: "Anpassende Firma in stark herausfordernder Umwelt"	erfolglos	radikal (erfolglose Ausgangslage zwingt zum Handeln)	flexible Mitarbeiter; Problem: impulsiver Top-Manager
3	F2: "Stagnierende Bürokratie"	S4: "Unternehmerisches Konglomerat"	erfolglos	radikal (erfolglose Ausgangslage zwingt zum Handeln)	wenig flexibles Personal
4	F2: "Stagnierende Bürokratie"	S2: "Dominantes Unternehmen"	erfolglos	radikal (erfolglose Ausgangslage zwingt zum Handeln)	wenig flexibles Personal
5	F2: "Stagnierende Bürokratie"	S1a: "Anpassende Firma in wenig herausfordernder Umwelt"	erfolglos	radikal (erfolglose Ausgangslage zwingt zum Handeln)	wenig flexibles Personal
6	F2: "Stagnierende Bürokratie"	S6: "Moderne Bürokratie"	erfolglos	gemäßigt (erfolglose Ausgangslage zwingt zum Handeln, aber stabile Umwelt)	Mitarbeiter und Management sind wenig flexibel
7	F3: "Kopfloser Gigant"	S4: "Unternehmerisches Konglomerat"	erfolglos	radikal (erfolglose Ausgangslage zwingt zum Handeln)	neues Management notwendig (z.B. durch externen Druck)

Abbildung 41: Charakterisierung der Konfigurationsübergänge hinsichtlich Radikalität und Bereitschaft zum Wandel (I)

Nr.	Ausgangs-konfigu-ration	Zielkonfigu-ration	Situation der Aus-gangskon-figuration	Radikalität des Wandels	Bereitschaft zum Wandel
8	F4: "Hinter-herhinkende Firma"	S1b: "An-passende Firma in stark herausfor-dernder Umwelt"	erfolglos	radikal (erfolglose Ausgangslage zwingt zum Handeln)	"Aufrütteln" der wenig flexiblen Mitarbeiter notwen-dig; Management mit wenig Firmen-kenntnissen (durch häufige Wechsel)
9	S1a: "An-passende Firma in wenig he-rausfordern-der Umwelt"	S3: "Gigant unter Feuer"	erfolgreich	langsam, adaptiv (erfolgreiche Konfiguration)	Problembewußtsein schwer herbeizu-führen; erfolgreiche Konfiguration, stabile Umwelt
10	S1b: "An-passende Firma in stark heraus-fordernder Umwelt"	S3: "Gigant unter Feuer"	erfolgreich	langsam, adaptiv (erfolgreiche Konfiguration)	Problembewußtsein schwer herbeizu-führen; erfolgreiche Konfiguration
11	S1b: "An-passende Firma in stark heraus-fordernder Umwelt"	S4: "Unter-nehmerisches Konglomerat"	erfolgreich	langsam, adaptiv (erfolgreiche Konfiguration)	Problembewußtsein schwer herbeizu-führen; erfolgreiche Konfiguration
12	S1b: "An-passende Firma in stark he-rausfordern-der Umwelt"	S2: "Domi-nantes Unter-nehmen"	erfolgreich	langsam, adaptiv (erfolgreiche Konfiguration)	Problembewußtsein schwer herbeizu-führen; erfolgreiche Konfiguration
13	S2: "Domi-nantes Un-ternehmen"	S3: "Gigant unter Feuer"	erfolgreich	langsam, adaptiv (erfolgreiche Konfiguration)	Problembewußtsein schwer herbeizu-führen; erfolgreiche Konfiguration

Abbildung 42: Charakterisierung der Konfigurationsübergänge hinsichtlich Radikalität und Bereitschaft zum Wandel (II)

Nr.	Ausgangskonfiguration	Zielkonfiguration	Situation der Ausgangskonfiguration	Radikalität des Wandels	Bereitschaft zum Wandel
14	S3: "Gigant unter Feuer"	S2: "Dominantes Unternehmen"	erfolgreich	langsam, adaptiv (erfolgreiche Konfiguration)	Problembewußtsein schwer herbeizuführen; erfolgreiche Konfiguration
15	S3: "Gigant unter Feuer"	S4: "Unternehmerisches Konglomerat"	erfolgreich	langsam, adaptiv (erfolgreiche Konfiguration)	Problembewußtsein schwer herbeizuführen; erfolgreiche Konfiguration
16	S4: "Unternehmerisches Konglomerat"	S3: "Gigant unter Feuer"	erfolgreich	langsam, adaptiv (erfolgreiche Konfiguration)	Problembewußtsein schwer herbeizuführen; erfolgreiche Konfiguration
17	S5: "Innovatives Unternehmen"	S3: "Gigant unter Feuer"	erfolgreich	langsam, adaptiv (erfolgreiche Konfiguration)	Problembewußtsein schwer herbeizuführen; erfolgreiche Konfiguration

Abbildung 43: Charakterisierung der Konfigurationsübergänge hinsichtlich Radikalität und Bereitschaft zum Wandel (III)

4.1.1 Strategische Vision

Das Bewußtwerden über die angestrebte Zielkonfiguration reicht nicht aus. Häufig werden Leitbilder entworfen, die eine Vision des Wandels und der angestrebten Konfiguration für Mitarbeiter und Kunden verständlich und deutlich machen sollen (Beispiele siehe Abbildung 44).

Unternehmensgrundsätze und Leitbilder sind Instrumente zur Formulierung der Unternehmenspolitik und Strategieausrichtung. Geteilte Normen und Werte wirken koordinierend und motivierend.

Der Koordination von Entscheidungen kommt dann besondere Bedeutung zu, wenn die Komplexität der Entscheidungssituation hoch ist[268].

Die Leitbilder des Unternehmens unterstützen das Marketing des Projektes zum

---

[268] vgl. Matje, A. [1996], S. 5

organisatorischen Wandel. Für die Akzeptanz der neuen Leitbilder ist es entscheidend, ob es gelingt, bestehende mentale Barrieren der Organisationsmitglieder durch das Beseitigen von Ängsten, das Erlernen neuer und das Verlernen konservativer Überzeugungen und Abwehrhaltungen zu überwinden[269].

Schott-Gruppe: **Total Customer Care**[270] Ein unternehmensweiter Dialog-Prozeß zur strategischen, strukturellen und operativen Neuausrichtung
ABB: **Customer Focus**[271] Ein integriertes Programm zur Neuausrichtung von Denken, Verhalten, Werten und Kultur
Siemens: **Time Optimized Processes (TOP)** Beschleunigung aller Prozesse durch Veränderung der Organisation, der persönlichen Einstellung und der Unternehmenskultur
Mettler-Toledo: **Leistungs-, Markt- und Menschenorientierung** „Das Ziel unseres Handelns ist der wirtschaftliche Erfolg heute und morgen. Der Schauplatz des Geschehens ist der Markt. Die entscheidende Ressource ... ist der Mensch"[272].

Abbildung 44: Beispiele für Leitbilder für den Wandel[273]

4.1.2 Aktoren

Es existieren zahlreiche Rollenbeschreibungen (vgl. Kapitel Management of Change) für externe (z.B. Berater) und interne Aktoren (Gegner und Befürworter des Wandels unter den Mitarbeitern und Führungskräften) beim geplanten Wandel. Prinzipiell hängen die notwendigen Aktoren von der Ausprägung der Radikalität und Geschwindigkeit des geplanten Wandels ab. Gemäßigten Formen des Wandels, die einen höheren Zeitaufwand zulassen, entsprechen Aktoren, die in einem Umfeld mit höherem Partizipationsgrad agieren können. Vor allem bei kleineren Dienstleistungsunternehmen, die mit geringen Ressourcen einen radikalen und schnellen Wandel

---

[269] vgl. Zahn, E.; Greschner, J. [1996], S. 56 ff

[270] vgl. Böhm, K. [1995], S. 83 ff

[271] vgl. Gairola, A. [1995], S. 50 ff

[272] Tikart, J. [1995], S. 37

[273] in Anlehnung an Mutius, B.v. [1995], S. 18

durchführen müssen oder bei denen nur eine geringe Einsicht des Top-Managements (z.B. F1-4) in die Notwendigkeit des Wandels vorliegt, sind externe Aktoren (vgl. auch Abbildung 46: Beraterrollen) notwendig.

Der Partizipationsgrad kann sich in folgenden Bereichen manifestieren:

- Partizipation in Bezug auf Führungsstil und Willensbildung: Es sind Ausprägungen vom autoritären Führungsstil (repressiv, manipulativ oder rationalistisch) über partizipative Führungsstile (Entscheidungsdiskussion, Meinungsbildung, Willensbildung in der Gruppe) bis zu autonomen Arbeitsgruppen möglich;

- Partizipation am Erfolg und Vermögen;

- Partizipation in Bezug auf Themengebiete, z.B. Personalfragen und Arbeitsgestaltung (diese Form der Partizipation ist in Deutschland teilweise gesetzlich geregelt durch das Mitbestimmungsgesetz und Betriebsverfassungsgesetz), Kosten- und Erfolgsverantwortung etc.

Bei einem eher radikalen Wandel im Sinne des "Business Reengineering" oder des "Bombenwurf-Konzepts" agieren Aktoren, die als "Leader"[274] oder Machtpromotoren bezeichnet werden und meistens Mitglieder des Top-Managements im Unternehmen sind. Promotoren können jedoch auch Mitglieder von Anspruchsgruppen des Unternehmens sein, z.B. Anteilseigner im Aufsichtsrat oder Beiratsmitglieder. Sie stellen gegebenenfalls in den ersten Phasen des geplanten Wandels für das Projektmanagement ein Projektteam zusammen. Dieses Team kann sich zum einen aus Spezialisten für Organisation, strategische Planung und Personalmanagement, zum anderen aus externen Beratern und Managern aus Fachbereichen, die für Neuerungen aufgeschlossenen sind, zusammensetzen. Eine besondere Gefahr für dieses Team, vor allem in der Phase der strategischen Positionierung, geht von sogenannten Groupthink-Effekten aus: „Treffen Managementteams, die dauerhaft in derselben Besetzung zusammenarbeiten, Entscheidungen von längerfristiger Reichweite, ist das von Psychologen und Soziologen entdeckte Phänomen des Groupthink zu beobachten. Hierunter versteht man ein nicht beabsichtigtes stark uniformes Gruppendenken, welches mit großen Risiken behaftete Entscheidungen zur Folge haben kann. Groupthink ist eine gefährliche Form der Einstimmigkeit, die in einer unvernünftigen

---

[274] vgl. Demmer, C.; Gloger, A.; Hoerner, R. [1996], S. 15

Entscheidung mündet, die ein objektiver und kritischer Einzelverstand so nicht gefällt hätte"[275]. Gegen Groupthink-Effekte empfiehlt sich die Besprechung mit Außenstehenden, die Aufforderung zu Kritik durch den Projektleiter, und die Bildung parallel arbeitender Teilgruppen sowie die "Agent-provocateur" Technik[276]. Die Manager in diesem Projektteam müssen mit einer großen Machtbefugnis ausgestattet sein und eine hohe Konfliktfähigkeit aufweisen. Das Projektteam stützt sich bei seinen Untersuchungen und Analysen auf die Pioniere und Katalysatoren des Wandels im Unternehmen. Pioniere sind Mitarbeiter, die frühzeitig die Notwendigkeit für den grundlegenden Wandel erkennen und die Notwendigkeit des Wandels, z.B. durch langjährige intensive Marktbeobachtung, ahnen. Sie stellen die treibenden Kräfte im organisatorischen Wandel dar. Die Katalysatoren sind die Außenseiter, die keine Anteile am herrschenden Paradigma besitzen, z.B. "Newcomer" oder Quereinsteiger.

Am Ende der Gestaltungsphase und bei der Realisierung werden eventuell Führungspersonen für neu geschaffene dezentrale und modulare Bereiche eingesetzt. Außerdem werden Prozeßverantwortliche etabliert. Die Prozeßverantwortlichen bilden gemeinsam mit dem Top-Management einen Lenkungsausschuß, um ein koordiniertes Vorgehen und einen Erfahrungsaustausch zu gewährleisten. In dieser Phase ist ein besonders heftiger Widerstand potentieller "Verlierer" zu erwarten. Das begleitende Projektmarketing, die Maßnahmen für einen begleitenden Kulturwandel und klare Regelungen für den Umgang mit Betroffenen (die zu Beteiligten gemacht werden sollen) sind dann für den Erfolg des Projektes entscheidend. In der Realisierungsphase werden Teams für Teilprojekte durch die Prozeßverantwortlichen gebildet.

Für das Verstehen der Aktoren und des Widerstands in einer Organisation können psychologische und motivationstheoretische Erkenntnisse herangezogen werden: Es existieren verschiedenartige Persönlichkeitstheorien[277], die aber nur einen bedingten Erklärungswert für das Verhalten von Individuen besitzen. Entscheidend ist die Erkenntnis, daß für Menschen nicht die objektive, sondern die subjektiv wahrgenommene Situation unmittelbar handlungsrelevant ist[278] und daß Verzerrungen in der Wahrnehmung, z.B. durch Stereotypenbildung, auftreten. Wird eine Situation also

---

[275] Walz, H.; Bertels, T. [1995], S. 219

[276] vgl. Walz, H.; Bertels, T. [1995], S. 219

[277] vgl. Rosenstiel, L. v. [1987], S. 126 ff

[278] vgl. Staehle, W. H. [1991], S. 179

subjektiv negativ wahrgenommen, z.B. durch den Wegfall alter Beförderungsmechanis-
men, so kann dies zu Phänomenen wie Frustrationen, kognitive Dissonanz oder Streß
führen. Streß zeigt Auswirkungen auf verschiedenen Ebenen[279]:

• personale Ebene, z.B. in Form von Erschöpfung oder Angst,

• Verhaltensebene, etwa in Form häufiger Fehler oder sozialer Isolierung,

• kognitive Ebene, z.B. in Form von Konzentrationsmängeln oder Vergeßlichkeit,

• physiologische Ebene, z.B. in Form von Erkrankungen,

• organisatorische Ebene, z.B. in Form von Absentismus, Fluktuation und
mangelndem Engagement.

Bei Konfigurationswechseln, die stärker partizipative Modelle zulassen, sind ähnliche
Aktoren zu finden, aber das Projektteam bindet (meist kaskadenförmig) alle oder
zumindest die Mehrzahl der Organisationsteilnehmer und Stakeholder in die Entschei-
dungsfindungsprozesse ein. Stakeholder (vgl. auch Abbildung 59) sind Personen oder
Personengruppen, die den Wandel beeinflussen oder beeinflussen können. Diese
müssen über das Projekt informiert werden.

Die Mitglieder des Projektteams müssen hohe Kompetenzen bezüglich der Herbeifüh-
rung einer Entscheidungs- und Konsensfindung im Team vorweisen. Im Gegenstrom-
verfahren kann in iterativen Prozessen "Top-Down" und "Bottom-Up" der organisatorische Wandel vollzogen werden. Es besteht aber die Gefahr, daß solche Aktivitäten
"versanden", vor allem durch die im Regelfall erfolgreiche Ausgangskonfiguration. Die
Aktoren müssen erst den notwendigen Handlungsdruck schaffen. Dies gilt auch für
bürokratische Organisationen mit einem häufig sehr ausgeprägten Gremiendenken.
Dadurch, daß von Beginn an alle Betroffenen zu Beteiligten bzw. zu Mitwissern, Mitden-
kern, Mitentscheidern und Mitverantwortern gemacht werden, ist die Akzeptanz für den
Wandel relativ hoch. Anreize für die Unterstützung müssen aufgebaut werden: die
verschiedenen Stakeholders müssen in die Projektarbeit einbezogen und überzeugt
sowie hinsichtlich ihrer eventuell bestehenden Befürchtungen beruhigt werden. Die
Steuerbarkeit durch das Top-Management ist aber reduziert. Der Projektleiter muß
daher eine unternehmensweite Informationsbasis aufbauen, um einen stabilen Transformationsprozeß zu erreichen.

---

[279] vgl. Staehle, W. H. [1991], S. 233

Externe Berater als Dienstleister im Prozeß des Wandels

Staehle unterscheidet bei den Aktoren des Wandels[280] zwischen Berater- und Klientsystem. Er identifiziert vier Typen von Klientsystemen (vgl. Abbildung 45) und acht Formen der Beratung (vgl. Abbildung 46).

Vorherrschend bei den Beraterrollen ist der Problemlöser, und zwar unabhängig vom Kliententyp; die Durchsetzungs- und Realisationsverantwortung liegt beim Kunden. Der Berater erarbeitet Konzepte und formuliert Empfehlungen. Nur der Imagepfleger bevorzugt den Informationslieferanten.

Merz nennt als Beraterrollen den "Feuerwehrmann" zur kurzfristigen Lösung akuter Probleme, z.B. bei einem Kapazitätsengpaß, den Arzt (d.h. den Berater in einer Alibifunktion), den Promotor (als Förderer durch Einfluß oder spezielle Fachkenntnisse), den Prozeßberater (als Coach, um Lernprozesse zu fördern, um Hilfe zur Selbsthilfe zu leisten, zum gemeinsamen Problemerkennen, als Gestaltungsspezialist), den neutralen Dritten (als Konfliktlöser) und den Sparringspartner (als "Freund des Hauses")[281].

Typ	Problemdruck	Bereitschaft zu Lernen und Wandel
Getriebener	hoch	gering
Krisenbewältiger	hoch	hoch
Kooperativer Problemlöser	gering	hoch
Imagepfleger	gering	gering

Abbildung 45: Typen von Klientsystemen[282]

Die Vorteile externer Berater bestehen darin, daß sie frei von Betriebsblindheit sind, einen breiten Erfahrungsschatz aus verschiedenen Organisationen besitzen und außerdem durch eine hohe Akzeptanz beim Top-Management Mut zum Vorschlagen einschneidender Maßnahmen haben.

Für interne "Change Agents" spricht die bessere Vertrautheit mit der eigenen Organi-

---

[280] vgl. Staehle, W. H. [1991], S. 894 ff

[281] vgl. Merz, E. [1996], S. 1080 f

[282] Staehle, W. H. [1991], S. 895

sation und eine leichtere Anerkennung auf unteren Mitarbeiterebenen[283]. Diese Vorzüge sprechen allgemein eher für den Einsatz bei einem evolutionären Vorgehen.

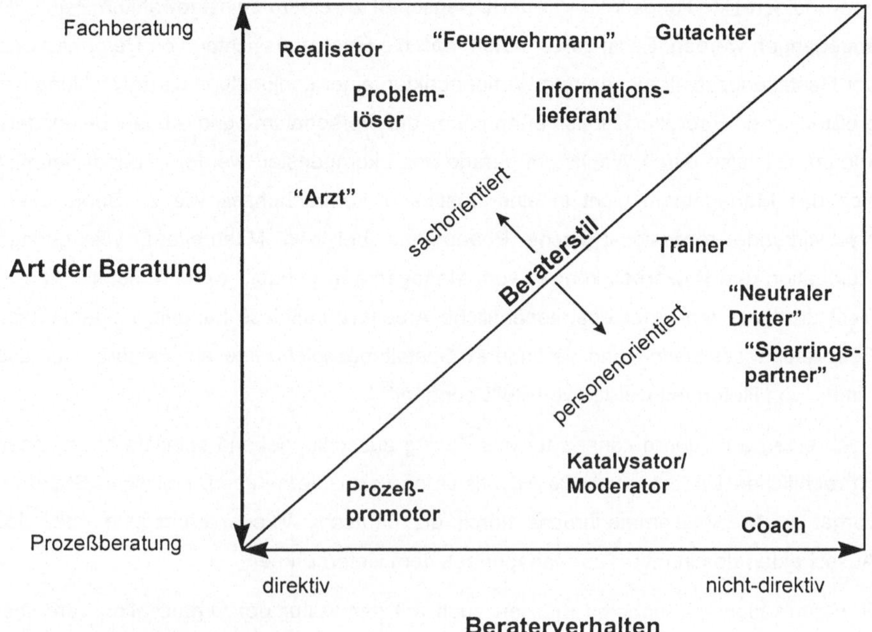

Abbildung 46: Beraterrollen[284]

4.1.3 Timing und Widerstände

Das Timing für den Beginn des organisatorischen Wandels ist von mehreren Faktoren abhängig. Allgemein gilt, daß der "misfit" in der bestehenden Strategie-Struktur-Umwelt Konfiguration zu groß geworden ist und daher gehandelt werden muß. In einer erfolglosen Konfiguration zwingen z.B. mangelnder finanzwirtschaftlicher Erfolg, sinkende Marktanteile oder Aktienkurse zum Handeln. Der Handlungsdruck ist für jedermann offensichtlich, allerdings besteht die Gefahr eines überstürzten sofortigen Handelns.

Es ist zu beachten, daß der Belastbarkeit der Organisation beim organisatorischen

[283] vgl. Staehle, W. H. [1991], S. 897
[284] vgl. Staehle, W. H. [1991], S. 896 und Merz, E. [1996], S. 1080 f

Wandel[285] Grenzen gesetzt sind. Ist die Ausgangskonfiguration des Dienstleistungs-unternehmens günstig, so kann der organisatorische Wandel nach dem Aufbau des notwendigen Handlungsdrucks in der Belegschaft zu einem selbstgewählten Zeitpunkt angegangen werden. Es ist zu vermuten, daß die Erfolgsaussichten von Reformen und der Gestaltungsspielraum an den Wendepunkten einer konjunkturellen Entwicklung am größten sind. Reorganisationsmaßnahmen, die Personalum- und Abbau beinhalten, können teilweise durch Wachstum gerade noch kompensiert werden. Zudem befindet sich das Management nicht in einer rastlosen Aufbruchphase wie zu Boomzeiten. Nachwirkende rezessionstypische Phänomene bei den Mitarbeitern, wie geringe Fluktuation und Kurzarbeit können vom Management "genutzt" werden, sofern es sich nicht um Beamten- oder beamtenähnliche Arbeitsverhältnisse handelt. Leidensdruck, Beschäftigungssituation und veränderte Gestaltungsspielräume als Faktoren für das Timing von Reformen werden von Reiß benannt[286].

Auch externe Faktoren können für das Timing ausschlaggebend sein: Veränderungen im rechtlichen Umfeld durch die Privatisierung von Unternehmen, politische Standort-vorgaben, Marktzusammenbrüche durch die deutsche Wiedervereinigung oder das Ausscheiden dominanter Top-Manager aus dem Unternehmen.

Reorganisationsmaßnahmen müssen auch mit der Kultur der Organisation vereinbar sein. Revolutionäre Quantensprünge werden dann erleichtert, wenn personelle Veränderungen im Top-Management (Top-Manager scheiden aus Altersgründen oder durch externen Druck aus dem Unternehmen aus) oder Unternehmensaufkäufe (take-over) oder Ausgründungen auf der "grünen Wiese" anstehen. Ebenso kommen poli-tisch-gesellschaftlicher Druck, vor allem bei öffentlichen Unternehmen, die Konjunk-turlage, Marktzwänge, finanzielle Zwänge oder die Einsicht in strategische Erforder-nisse in Frage. Wichtig ist, daß Unternehmen in der Lage sind, die "weak signals"[287] zu erfassen, die auf den erforderlichen Wandel hindeuten, wie z.B. Veränderungen in der Fluktuationsrate der Mitarbeiter[288].

Das Timing wird außerdem von der Vorhersehbarkeit der Zukunft beeinflußt, da bei

---

[285] vgl. Kieser, A. [1996], S. 184

[286] vgl. Reiß, M. [1993], S. 554

[287] vgl. Ansoff, I. H. [1976], S. 129 ff

[288] zu Frühwarnsystemen vgl. Horváth, P. [1996], S. 380 ff

einer turbulenten, schwer prognostizierbaren Umweltkonstellation schnelle Reaktionen erforderlich sind.

Widerstände

Allgemein gilt, daß in einer erfolgreichen Konfiguration mit Wachstumsperspektiven, in der die Entwicklungsperspektiven für Mitarbeiter kein Null-Summen-Spiel darstellen, in Bezug auf interne Widerstände eine bessere Ausgangslage gegeben ist. Widerstände gegen Veränderungsprozesse[289] resultieren aus der Persönlichkeit und Situations-einschätzung des Individuums, zum Beispiel der Einschätzung, daß ein möglicher Verlust des Arbeitsplatzes oder von Statussymbolen droht.

Auf der Individualebene ist davon auszugehen, daß das Top-Management nur Ver-änderungsprozesse fördern wird, die ihm persönlich Vorteile bringen werden. Auf der Ebene der Mitarbeiter zeigt sich besonders starker Widerstand, wenn Mitarbeiter sich primär auf eigene (negative) Erfahrungen aus der Vergangenheit berufen, Arbeitsplatzverluste befürchten, eine geringe Risikoneigung aufweisen und geringe Bildung besitzen. Solche Faktoren erklären die häufig starken Widerstände gegen den Wandel bei Mitarbeitern öffentlicher Dienstleister. Die Risikoneigung ist gering, das Erfahrungswissen verliert in einer turbulenten Umwelt an Wert, die Möglichkeit einer Überforderung durch eine turbulente Umweltsituation erscheint neben einem möglichen Privilegienverlust als Bedrohung. Auf Gruppenebene ist vor allem Widerstand zu erwarten, wenn eine andere Gruppe nach dem Wandel als Überlegen angesehen wird wird, der Führer der Gruppe den Wandel als negativ empfindet oder eine hohe Zusammengehörigkeit besteht, deren Verlust durch den Wandel befürchtet wird[290].

Auf der organisatorischen Ebene hängen Widerstände von der Einbeziehung der ver-schiedenen Anspruchsgruppen wie z.B. Betriebsrat bzw. Personalrat ab. Abbildung 47 zeigt mögliche Maßnahmen gegen Widerstände.

---

[289] vgl. Litke, H.-D. [1995], S. 242 ff

[290] zu Widerständen auf Individual- und Gruppenebene vgl. Staehle, W. H. [1991], S. 900 ff

Maßnahme	Situation
Information	Widerstand basiert auf Gerüchten und Fehleinschätzungen
Partizipation	Change Agents fehlen wichtige Informationen
Unterstützung/Hilfe	Widerstand basiert auf Anpassungsproblemen
Verhandlung	Gewinn-Verlust-Situation, mächtige Interessengruppen
Kooptation/Manipulation	Andere Maßnahmen sind zu aufwendig
Zwang	Zeit ist knapp, mächtiges Management

Abbildung 47: Maßnahmen beim Widerstand gegen den Wandel[291]

Reiß hat die Möglichkeiten der Änderungsakzeptanz und damit die Chancen zur Reduktion von Widerständen hinsichtlich Änderungsfähigkeit und Änderungsbereitschaft charakterisiert (vgl. Abbildung 48).

Faktor		Förderung durch z.B.
Änderungsfähigkeit	Kennen	Mitarbeiterzeitschrift
	Können	Verbesserung der Fachkompetenz
Änderungsbereitschaft	Wollen	finanzielle Anreize
	Sollen	Einführung einer Projektorganisation

Abbildung 48: Faktoren der Änderungsakzeptanz[292]

Die Standardinstrumente zur Reduzierung von Widerständen sind die Bereitstellung von Informationen für Mitarbeiter über die Neuerungen, Auftakt-Veranstaltungen, Einbeziehung des Betriebsrates, Moderatorentraining, Betriebsvereinbarungen, gegebenenfalls Sozialpläne und Zusagen der Unternehmensführung. Doch der Wechsel zu neuen Verhaltensmustern erfordert große mentale Kräfte von den Mitarbeitern, wie die beispielhafte Gegenüberstellung "alter" und "neuer" Paradigmen in nachfolgender Abbildung zeigt. Das Management muß auch lernen mit Verlierern und Gewinnern im Reorganisationsprozeß umzugehen. Ängste und Widerstände von Mitarbeitern treten in

---

[291] vgl. dazu Staehle, W. H. [1991], S. 905
[292] vgl. Reiß, M. [1997c], S. 93

den unterschiedlichsten Erscheinungsformen auf und werden häufig nicht offen geäußert; dies kann z.B. zu innerer Kündigung führen[293].

"Verlierer" werden mit Entschädigungen, wie z.B. mit Abfindungen, zufriedengestellt. "Gewinner" sind gewöhnlich schon über Formen der intrinsischen Motivation belohnt. Schließlich ist die Marketingkompetenz beim Auslösen von geplantem Wandel wichtig, da die Reorganisation in der Einführungsphase wie ein neues Produkt an die Betroffenen "verkauft" werden muß[294]. Es ist zu berücksichtigen, daß der Glaube an den Erfolg in der Belegschaft bei erfolglosen Konfigurationen i.d.R. gering ist.

In Projekten zum geplanten Wandels sind prinzipiell verschiedene Phasen zu unterscheiden:

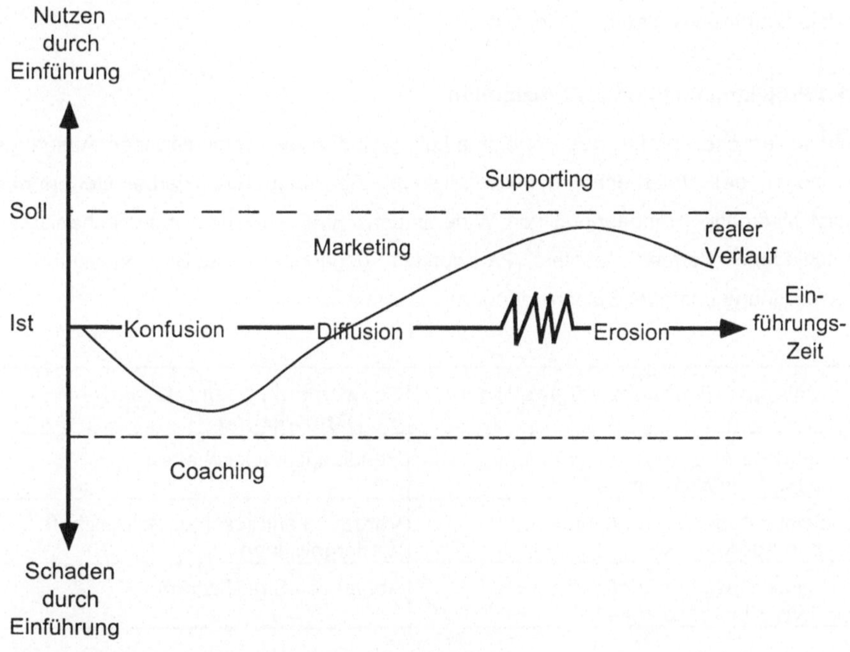

Abbildung 49: Kosten-Nutzenlinie der Einführung[295]

---

[293] vgl. Krystek, U. [1995], S. 46 ff

[294] vgl. Reiß, M. [1993], S. 552 ff

[295] vgl. dazu Reiß, M. [1997a], S. 28

Im Stadium der Konfusion (siehe Abbildung 49) verursachen Umstrukturierungen zunächst Kosten, wie hohe Projektkosten und Kosten in Form von Reibungsverlusten bei organisatorischen Veränderungen. Diese Kosten äußern sich auf der Individualebene in den bereits beschriebenen Formen, z.B. in Form von Entscheidungsschwäche und Verunsicherung. Die erhofften Verbesserungen können sich in der Einführungsphase ins Gegenteil verkehren. Bei stark diskontinuierlichen, ohne große Partizipation "top-down" getriebenen Veränderungen können diese Reaktionen besonders heftig sein. Dieses Verhalten verstärkt sich, wenn die Ausgangskonfiguration durch langanhaltende Erfolglosigkeit geprägt ist (Konfiguration F4 "Hinterherhinkende Firma").

Die Herausforderungen in der Diffusionsphase bestehen in einer integrierten Planung der notwendigen Aktivitäten. Hier können sich Portfoliotechniken, z.B. mit den Dimensionen Nutzen und Realisierbarkeit, als hilfreich erweisen. In der Erosionsphase ist eine flexible Einführungsstrategie gefordert.

4.1.4 Projektmarketing vs. Partizipation

Unterschiedliche Formen des Projektmarketing sind in den verschiedenen Ausgangssituationen des Unternehmens notwendig (vgl. Abbildung 50). Hierbei stehen dem social Marketing (Handhabung von Widerspruchs- und Abwanderungsmechanismen) verschiedene Formen "echter" Partizipation gegenüber[296] (z.B. Beteiligung an Willensbildung und/oder Entscheidungen).

Übergänge zwischen Konfigurationen	Schwerpunkt beim internen Projektmarketing
erfolgreiche Ausgangskonfigurationen Nr. 9 bis 17 in Abbildung 41	Handlungsdruck schaffen
erfolglose Ausgangskonfiguration Nr. 8 in Abbildung 41	Vertrauen enttäuschter Belegschaft wiedergewinnen
erfolglose Ausgangskonfigurationen Nr. 1 bis 7 in Abbildung 41	Abbau von Streßfaktoren

Abbildung 50: Konfigurationsspezifische Schwerpunkte beim internen Projektmarketing

Das begleitende Projektmarketing ist entscheidend für das Gelingen des organisa-

---

[296] vgl. Kirsch, W.; Esser, W.-H.; Gabele, E. [1979], S. 298 ff

torischen Wandels, um nicht durch interne Widerstände in der Organisation "ausge-bremst" zu werden. Die erste Aufgabe des Kernteams, das den Wandel initiiert, ist daher, Mitglieder des Top-Managements für die Aufgabe des Wandels zu begeistern. Innovative Führungskräfte sind auszuwählen, die schnell erste Erfolge bei der Umsetzung mit ihren Mitarbeitern realisieren. Den anderen Führungskräften muß signalisiert werden, daß neue Positionen entstehen, daß sie die Chance auf neue Aufgaben haben und daß ihnen die Möglichkeit gegeben wird, das "Gesicht zu wahren", wenn sie die Veränderungen unterstützen. Die Innovatoren haben dabei Vorbildcharakter und wirken als Katalysatoren. Dieses Vorgehen ist vor allem in Bezug auf erfolgreiche Konfigurationen möglich. Denkbarrieren auf dem Weg zu einer neuen Struktur müssen dabei überwunden werden. In Abbildung 51 sind solche Denkbarrieren als altes Paradigma gekennzeichnet. Es manifestieren sich z.B. funktionsorientierte Trennungen im Sprachgebrauch, wie der Abteilungsbegriff (abgeleitet von "abteilen") zeigt.

Altes Paradigma	Neues Paradigma
Hierarchien	Teams
"Kästchen-Denken"	Kooperationen
"Haupt-Abschnitts-Leiter"	Prozeßverantwortlicher
"Abteilung Vertrieb"	Kundenkommunikationsprozeß
Betroffene	Beteiligte
Schnittstellen	Nahtstellen
"Andere Stelle, anderer Parkplatz"	Trennung von Statussysmbolen
Geschäftsverteilungspläne	Prozeßbeschreibungen
Gremien	Projektteams mit Kunden
Reibungsverluste zwischen Abteilungen	interne Kundenverträge
Beförderung nach Betriebszugehörigkeit	situationsgerechtes Loben
Berichte	ad hoc Gespräche
Dienstwege	hierarchielose Kommunikation
"Geheimdienstprinzip"	Kundenanbindung an Informationssystem
Strikte Prozeduren	Flexibles Zugehen auf Kunden

Abbildung 51: Denkbarrieren überwinden - ein Beispiel für den Ausdruck eines kulturellen Paradigmenwechsels

Wichtig in Bezug auf das Projektmarketing sind auch die Motivationsaspekte, die allgemein für langfristige, komplexe Projekte gelten: Zu Beginn stehen sich die leicht zu begeisternden Innovatoren und die zur Beharrung neigenden Opponenten und Skeptiker gegenüber. Nach dem Projektanfang können sich Ernüchterung und ein Realitätsschock bei den Innovatoren einstellen. Erwartete Ergebnisse stellen sich nur unzureichend ein. Die Begründung liegt in den erst teilweisen Realisierungen und z.B. der Komplexitätserhöhung durch das Aufeinandertreffen von "Neu" und "Alt". Außerdem stehen die Mitarbeiter in der Lernkurve bei der Durchführung der neuen Prozesse ganz am Anfang, die Fehleranfälligkeit ist noch relativ hoch. Wenn sich Erfolge einstellen und die erste Begeisterung einer realistischen Einschätzung weicht, ist das "Motivationsloch" durchschritten. Mit den Erfolgen werden sich auch die Skeptiker hinter den organisatorischen Wandel stellen.

4.1.5 Personalmanagement

Als wichtige Aktoren bei der organisatorischen Gestaltung sind gewöhnlich zum einen der Betriebsrat, z.B. im Rahmen gesetzlicher Regelungen bei der Arbeitsplatzgestaltung, und zum anderen Personalmanager als Beteiligte in Projektteams einbezogen. Eine wichtige Anforderung an die Geschäftsprozeßgestaltung ist, daß diese frei von "historisch gewachsenen" Ansprüchen sein sollen und die Gestaltung daher nicht personenbezogen vorzunehmen ist. Die Gestaltung ist jedoch von der Firmenhistorie nicht abzukoppeln, und rechtliche Aspekte in Bezug auf Personalbeschaffung und Personalfreistellung sind zu beachten. Zu den Aufgaben des Personalmanagements gehören

- die Unterstützung des Kulturwandels,

- die Reduktion von Widerständen,

- die Weiterqualifizierung im Hinblick auf Konfliktfähigkeit und eigenverantwortliches Handeln für die Arbeit in modularen Strukturen,

- die Sicherung des betrieblichen Humankapitals,

- das interkulturelle Management in internationalen Firmen,

- das Personalmarketing, d.h. vor allem die Beschaffung geeigneten Personals (z.B. geeignete Prozeß-Owner finden),

- das Ersetzen von Statussymbolen durch neue Karrierewege und

- gegebenenfalls die Personalfreistellung.

Das Personalmanagement muß außerdem Bindungs- und Trennungsenergien im Beschäftigungsverhältnis einschätzen. Bindungsenergien ergeben sich u.a. aus dem Beschäftigungsverhältnis (materielle und ideelle Faktoren), aus den persönlichen Umständen und aus dem sozio-kulturellen Umfeld, Trennungsenergien z.B. aus dem Arbeitsmarktverhältnis und der persönlichen Flexibilität[297]. Der organisatorische Wandel ist dabei an eine Vielzahl rechtlicher Einschränkungen gebunden. So sind bei der Personalfreistellung[298] das BetrVG, das Arbeitsförderungsgesetz (AFG), das Kündigungsschutzgesetz (KSchG) und tarifvertragliche Regelungen zu berücksichtigen, wodurch betriebsbedingte Kündigungen z.B. nur möglich sind, wenn soziale Aspekte berücksichtigt werden. Bei geringerem oder verändertem Personalbedarf sind Freistellungen daher nur bedingt möglich. Ein homogener Altersaufbau der Belegschaft (z.B. für Mentoring), die Nutzung von Erfahrungen und eine heterogene Zusammensetzung von Teams mit unterschiedlichen Menschentypen sind erstrebenswert.

Bei öffentlichen Dienstleistungs-Betrieben kommt häufig eine vorgeschriebene starre Kopplung von Aufgaben und Entlohnung hinzu. Die daraus resultierenden Widerstände lassen nur eine eingeschränkte Re-Integration von Tätigkeiten zu.

Im Bereich arbeitsintensiver und flüchtiger Dienstleistungen kommt der Flexibilität beim Personaleinsatz, dem dazu notwendigen flexiblen Arbeitszeitmodell und den Entlohnungsformen hohe Bedeutung zu. Dies gilt generell für Konfigurationen mit turbulenten, schwer prognostizierbaren Umweltzuständen.

Auch bei der Gestaltung des Arbeitszeitmodells sind vielfältige gesetzliche Regelungen zu beachten, die eine freie Gestaltung "auf der grünen Wiese" unrealistisch machen. Gesetzliche Regelungen sind im Beschäftigungsförderungsgesetz (BeschFG), Jugendschutz, Bundesurlaubsgesetz (BUrlG), Arbeitsplatzschutzgesetz (ArbPlSchuG), Arbeitszeitgesetz (AZG), Arbeitszeitordnung (AZO), Heimarbeitsgesetz (HAG) und im Ladenschlußgesetz verankert. Dabei sind die einzelvertragliche, betriebsverfassungsrechtliche, tarifvertragliche (Tarifvertragsgesetz (TVG)) und die gesetzliche Regelungsebene zu unterscheiden[299].

---

[297] vgl. Hartz, P. [1994], S. 53

[298] vgl. Hentze, J. [1991], Bd. 2, S. 258 ff

[299] vgl. Kilz, G.; Reh, D.A. [1996], S. 111

Flexibilität hinsichtlich der Arbeitszeit kann dabei in Bezug auf verschiedene Größen erreicht werden:

- das Arbeitszeitvolumen, das sich in Wochen-, Jahres-, Lebensarbeitszeit, Teilzeitarbeit, Job-Sharing, Kurzarbeit, Überstunden, Schichtarbeit und Leiharbeit manifestiert;

- die Arbeitszeitlage, die sich in Gleitzeit, der möglichen Höhe von Zeitguthaben, Ausgleichszeitraum und -Modus (z.B. Ausgleich nach Auftragslage), selbstbestimmter Arbeitszeit bei Trennung von Betriebs- und Arbeitszeitlage (z.B. Telearbeit) ausdrückt;

- die Reduzierung der benötigten Kapazität durch Vergabe an Dritte oder abhängige Firmen im In- oder Ausland.

Bei Formen der kapazitätsorientierten variablen Arbeitszeit kann der Arbeitgeber die Arbeitsleistung entsprechend dem Bedarf abrufen.

Neue, "flache" organisatorische Strukturen erfordern neue Mitarbeiterqualifikationen im Hinblick z.B. auf Konfliktfähigkeit und Entscheidungsfähigkeit, um Selbstorganisation und Entscheidungsdelegation, aber auch um Maßnahmen zur kontinuierlichen Verbesserung umsetzen zu können. Qualifizierungsmaßnahmen wie z.B. Lernstattkonzepte können diesen Wandlungsprozeß unterstützen, aber von den Mitarbeitern wird eine erhebliche Umstellung verlangt (siehe Abbildung 52).

Neben monetären Anreizen als Entlohnung sind Interdependenzen zwischen organisatorischer Gestaltung und nicht-monetärer Entlohnung von Bedeutung: So besteht z.B. gestützt auf den gesellschaftlichen Wertewandel das Bedürfnis der Mitarbeiter nach mehr individueller Zeitsouveränität und Gruppenmitgliedschaft.

Auch die Führungsprinzipien müssen dem organisatorischen Wandel angepaßt werden. So ist die Theorie Z von Ouchi[300] auf Konsensbildung bei Entscheidungen ausgerichtet, strebt kollektive Entscheidungsfindung, Personenorientierung bei Gestaltung organisatorischer Strukturen, eine gering ausgeprägte Trennung von Führungs- und Handlungsverantwortung und hohe Leistung aus dem Gefühl der Sicherheit bei Beschäftigten an[301]. Die Theorie Z ist dadurch eher dem japanisch geprägten Lean

---

[300] zur Stellung Ouchis in der kulturvergleichenden Managementforschung in Weiterführung der Arbeiten von McGregor über Theorie X und Y vgl. Staehle, W. H. [1991], S. 472 f

[301] vgl. Hentze, J. [1991], Bd.2, S. 209 ff

Management zuzuordnen als etwa ein Management by Objectives.

Phase 1: Ausgangslage	Phase 2: Umsetzung des organisatorischen Wandels	Phase 3: Ziel
"geringe" Qualifikation bzgl. Ausbildung, Konfliktfähigkeit, Selbstorganisation, Entscheidungsfähigkeit	Weiterqualifizierung	**"höhere" Qualifikation** bzgl. Ausbildung, Konfliktfähigkeit, Selbstorganisation, Entscheidungsfähigkeit
+ niedriges Lohnniveau - viele Maßnahmen zur Qualitätssicherung erforderlich (geringe Verantwortungsbereitschaft) - Delegation von Verantwortung nicht sinnvoll - der geringe Anteil "guter" Mitarbeiter fühlt sich in den Strukturen mit hoher Arbeitsteiligkeit und geringen Entscheidungsfreiräumen unterfordert (Fluktuation)	- bisherige Mitarbeiter fühlen sich oft überfordert	+ Delegation von Entscheidungen an Mitarbeiter leichter möglich + höhere Eigeninitiative + Mitarbeiter sind geeignet zur Prozeßverbesserung (KVP-Teams etc.) - höhere Lohnkosten

Abbildung 52: Wandel in der Qualifikation

4.1.6 Projektplan

Abbildung 53 zeigt ein Beispiel für einen Projektplan zum organisatorischen Wandel.

Der geplante Wandel von Dienstleistungsunternehmen ist i.d.R. in Form eines Multi-Projekt-Managements zu planen mit den notwendigen zeitlichen, kapazitiven und personellen Voraussetzungen und Zielsetzungen.

Zur Steuerung des Projekts ist ein Change-Controlling hilfreich, wobei zu beachten ist, daß es vor allem bei der Steuerung von Kosten gilt, Informationen ohne Anspruch auf Exaktheit zu akzeptieren. Die Projektleitung muß sich auch darüber im Klaren sein, daß "Eisbergphänomene" die Meßbarkeit beeinträchtigen, d.h. daß nur ein Teil der Kosten (analog zu dem sehr kleinen Anteil des Eisbergs, der aus dem Wasser ragt) festgestellt und gemessen werden kann[302]. Bei der Planung der Personalkapazität muß berücksichtigt werden, daß Führungskräfte in Linienaufgaben und in Teilprojekte des Wandels eingebunden sind. Außerdem ist bei der Einrichtung von Teams zu berücksichtigen, daß diese nach ihrer Einführung nicht sofort voll leistungsfähig sind (vgl. Kapitel Teams).

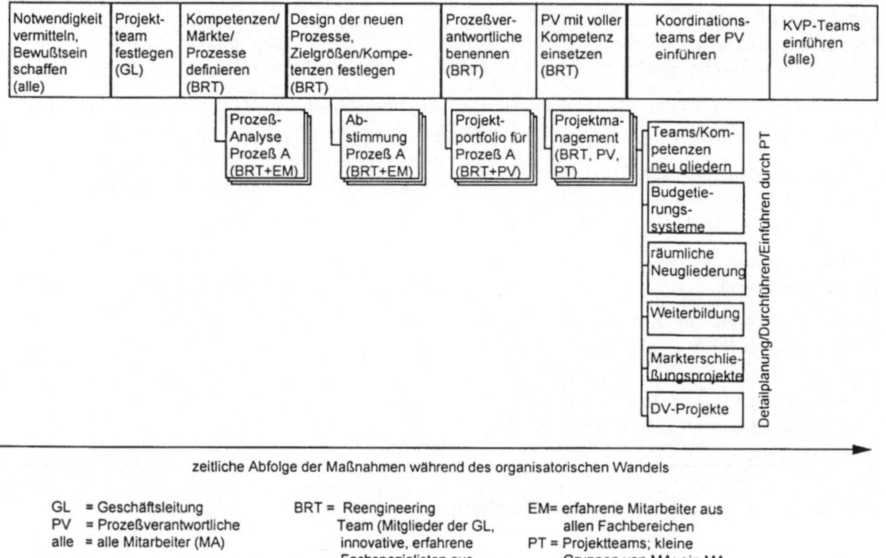

Abbildung 53: Beispiel für einen Projektplan zum organisatorischen Wandel

4.2 Zielfindung und strategische Positionierung

Zielfindung und strategische Positionierung stellen die Basis für einen erfolgreichen Konfigurationswechsel dar. Erfolglose Ausgangskonfigurationen oder ein schwaches Management (Konfigurationen F1-F4) erfordern, daß der Phase der Zielfindung und der strategischen Positionierung besondere Bedeutung zugemessen wird, da zu untersuchen ist, in wie weit strategische Fehlentscheidungen in der Vergangenheit, z.B. in bezug auf die Geschäftsfelder, die Erfolglosigkeit des Unternehmens bedingen. Bei Kon-

---

[302] vgl. Grimmeisen, M. [1997], S. 156 ff

figurationen mit einem schwachen Management ist außerdem zu vermuten, daß strategische Entscheidungen in der Vergangenheit ohne ausreichende Fundierung und Nachvollziehbarkeit gefallen sind.

Außerdem ist die strategische Planung und Positionierung beeinflußt durch die Umweltdynamik und die Art des Wandels. Eine ruhige Umwelt bzw. abschätzbare Veränderungen bilden die Rahmenbedingungen für einen sicheren oder abschätzbaren Wandel. Treten vollkommen neuartige Umweltsituationen auf, deren Konsequenzen für das Unternehmensgeschäft nicht prognostizierbar sind (z.B. durch technologische Umbrüche), so besteht die Situation eines offenen, d.h. in seinen Konsequenzen für das Unternehmen nicht absehbaren Wandels. Ein offener Wandel erfordert die kontinuierliche Entwicklung von Kernkompetenzen; die Planung wird zum permanenten Lernprozeß[303]. Ein Konfigurationswechsel bedeutet also für das Unternehmen, daß es seine Wissenskategorien und sein Antwortverhalten ändern muß, wie in Abbildung 54 dargestellt ist.

Art des Wandels	Umweltdynamik	Antwortver-halten	Wissens-kategorien
sicherer Wandel	ruhige Umwelt (Konfiguration F2 " Stagnierende Bürokratie")	reaktiv	Faktenwissen
abschätzbarer Wandel	veränderliche Umwelt (Konfiguration S1a "Anpassende Firma in wenig herausfordernder Umwelt", S2 "Dominantes Unternehmen", S6 "Moderne Bürokratie")	proaktiv	Verhaltens-wissen
offener Wandel	turbulente Umwelt (Konfiguration F1 "Impulsives Unternehmen", F3 "Kopfloser Gigant", F4 "Hinterherhinkende Firma", S1b "Anpassende Firma in stark herausfordernder Umwelt", S3 "Gigant unter Feuer", S4 "Unternehmerisches Konglomerat", S5 "Innovatives Unternehmen")	kreativ	Strukturwissen

Abbildung 54: Antwortverhalten und Wissenskategorien für die Planung in Abhängigkeit von der Art des Wandels[304]

---

[303] vgl. dazu Zahn, E.; Dillerup, R. [1995], S. 41

[304] vgl. dazu Zahn, E.; Dillerup, R. [1995], S. 38 und Zahn, E. [1997b], S. 81

Der Bezugsrahmen bei der strategischen Positionierung bezieht sich auf Strukturen, Produkte und Prozesse. Hierbei ist zu beachten, daß bei der Betrachtung der organisatorischen Gestaltung nicht Dienstleistungsprodukte im Vordergrund stehen, sondern Prozesse; d.h. das kundenkonforme Produkt muß durch geeignete Prozesse wie Entwicklung und Marktbeobachtung erreicht werden. Ein entscheidender Faktor für die Kundenorientierung ist die Möglichkeit, eine "Mass Customization" bei Dienstleistungsprodukten zu erzielen, z.B. bei Multimediaprodukten wie dem "interactive TV". Das Angebot besteht aus Medien, die zu einem beliebigen (vom Anwender gewählten) Zeitpunkt genutzt werden und dazu mit einem direkten oder indirekten Rückkanal zum Verteiler bzw. Sender ausgestattet sind. Dadurch werden diese Dienstleistungsprodukte individualisiert.

4.2.1 Rahmenbedingungen

Für die Erstellung eines Zielrahmens in Form alternativer strategischer Szenarien mit unterschiedlichen Rahmenbedingungen können folgende Informationen herangezogen werden

- die externe Kundensicht auf Produkte / Serviceleistungen: bei Dienstleistungen werden teilweise auch Emotionen, Wünsche, Bedürfnisse oder der "Ausdruck einer bestimmten Lebenshaltung" verkauft (Abbildung 55);

Bewußtsein des Kunden, daß eine Dienstleistung in Anspruch genommen wurde	hoch	**Frustration** nicht zugestellte Postsendung	**Freude** gelungene Theaterinszenierung
	niedrig	**Ignorieren oder Ärgernis** unpünktliche Zusendung eines Bescheids	**Selbstverständlichkeit** störungsfreie Telefonverbindung
		schlecht	gut
		Qualität der Leistungserbringung	

Abbildung 55: Reaktionen auf Dienstleistungen aus Kundensicht[305]

- die interne Sicht auf Produkte / Serviceleistungen;

---

[305] vgl. Biehal, F. [1993b], S. 52

- die Kenntnis der Corporate Identity, Leitbilder, etc.;

- neue organisatorische, technische, personelle Möglichkeiten: z.B. tarifliche Rahmenbedingungen, elektronisches Dokumentenmanagement und neue organisatorische Konzepte wie KVP;

- Veränderungen in den rechtliche Rahmenbedingungen;

- Vorgaben aus der strategischen Planung, z.B. notwendige Rentabilität, geplantes Wachstum und neue Geschäftsfelder.

Es ist zu vermuten, daß die strategische Wahrnehmung des Bezugs- und Gestaltungsrahmens von gesellschaftlichen Einflüssen und individuellen Erfahrungen des Top-Managements abhängt.

4.2.2 Zielfindung

Rahmenbedingungen bilden die Basis für die Ermittlung von Zielen. Der Zielfindungsphase folgt die strategische Positionierung des Unternehmens. Zur Erreichung der Ziele sind bestimmte Kernkompetenzen notwendig. Der Aufbau bestimmter Kernkompetenzen kann wiederum unterstützt werden durch eine Modularisierung des Unternehmens und den Aufbau der dafür notwendigen Geschäftsprozesse. Auf diese Weise bilden die Zielfindung und die strategische Positionierung die Basis für die Prozeßorientierung.

Formalziele wie Gewinn oder Einhaltung des gesetzlichen Auftrags stehen bei der Zielfindung nicht zur Disposition[306]. Innerhalb dieses Rahmens sind Sachziele zu definieren. Diese werden mit methodischer Unterstützung[307] strukturiert, zum Beispiel durch Ishikawa-Diagramme, die eine mehrstufige Zielhierarchisierung ermöglichen, wie in Abbildung 56 an einem Beispiel dargestellt ist. Die Abhängigkeiten zwischen Zielen müssen aufgezeigt werden, z.B. durch Kausaldiagramme, die einen Erkenntnisprozeß hinsichtlich der komplexen Wechselbeziehungen zwischen Zielen ermöglichen, wie Abbildung 57 an einem Beispiel zeigt. Die Ziele müssen gewichtet werden, z.B. über eine Zielmatrix (vgl. Abbildung 58). Bei der Zielmatrix werden Ziele paarweise durch Führungskräfte verglichen und anschließend in eine Gesamtreihenfolge gebracht.

---

[306] vgl. Staehle, W. H. [1991], S. 406 f; Formalziele sind teilweise gesetzlich definiert, z.B. BetrVG § 111 ff

[307] vgl. dazu Tiemeyer, E. [1995], S 316 ff

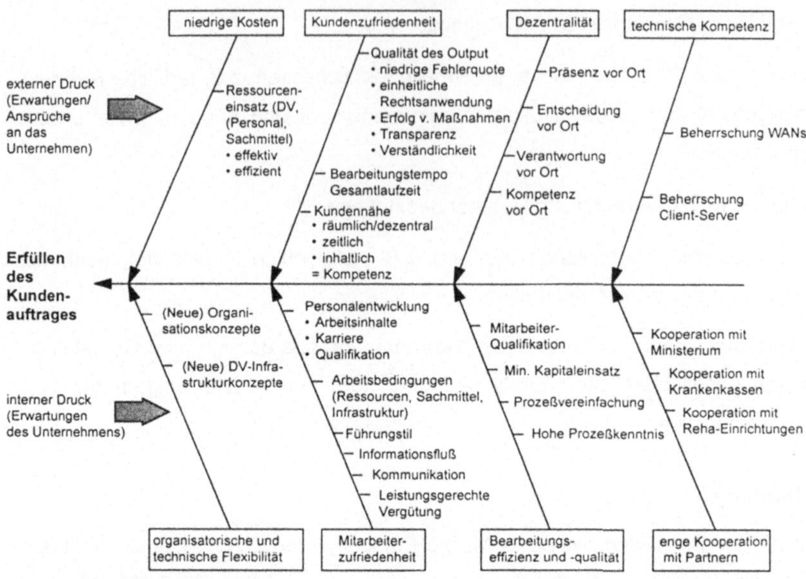

Abbildung 56: Zielhierarchisierung - ein Beispiel

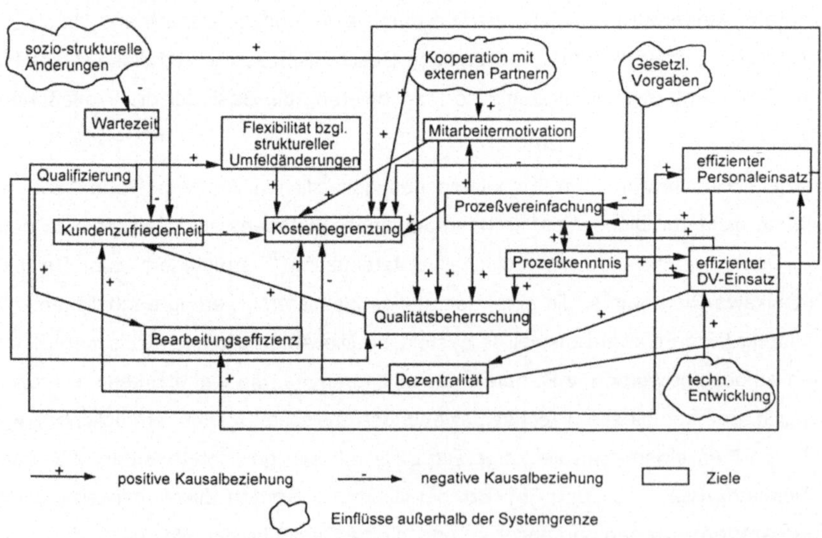

Abbildung 57: Abhängigkeiten zwischen Zielen aufzeigen - ein Beispiel aus einer öffentlichen Verwaltung

Zielsetzungen der Restrukturierung	1	2	3	4	5	6	7	8	9	10	S	Rang
1 Kosteneffizienz (niedrige Kosten)	A / B	0	0	1	1	0					2	5.
2 Kundenzufriedenheit	2		2	2	1	1					8	1.
3 Mitarbeiterzufriedenheit	2	0		2	1	1					6	2.
4 Flexibilität (Org. & DV-Innovation)	1	0	0		2	2					5	3.
5 Bearbeitungseffizienz (Zeit & Q.)	1	1	1	0		1					4	4.
6 Dezentralität	2	1	1	0	1						5	3.
7												
8												
9												
10												

2 ... Ziel A ist wichtiger als Ziel B
1 ... Ziel A und B sind gleich wichtig
0 ... Ziel B ist wichtiger als Ziel A

Abbildung 58: Zielpriorisierung - ein Beispiel

Ein Problemfeld ist, die Übereinstimmung zwischen Individualzielen (Motiven) und Zielen der Organisation zu finden. Prinzipiell ist zu fordern, daß Ziele operational, konsistent, auf weitgehende Freiheit von Zielkonflikten geprüft, autorisiert und bekannt gemacht sein müssen.

Bei der Zielbildung ist zu berücksichtigen, daß auf die Unternehmung eine Vielzahl von Interessengruppen Einfluß nehmen (Abbildung 59), die auch als Influencers bezeichnet werden[308]. Diese haben aus formalen, ökonomischen oder politischen Gründen Interesse an einem Unternehmen. Zwischen diesen können sich Koalitionen bilden: Je nach Situation des Unternehmens wird diesen Interessengruppen mit unterschiedlichen Strategien begegnet. Solche Strategien sind z.B. Kooptation (d.h. Aufnahme neuer Mitglieder aus einem Umweltbereich, der für die Existenz der Organisation bedrohlich ist), Lobbyismus oder Öffentlichkeitsarbeit[309].

---

[308] vgl. Staehle, W. H. [1991], S. 395 ff

[309] zu Beispielen für Anreize und Beiträge verschiedener Interessengruppen vgl. Staehle, W. H. [1991], S. 400; zu Interessengruppen und Zieldimensionen vgl. Wieselhuber, N. [1996], S. 338

Abbildung 59: Anspruchsgruppen

4.2.3 Strategische Positionierung

Als hilfreiche Methoden für die strategische Positionierung haben sich Befragungen, Dokumentenanalysen und Portfolioanalysen erwiesen. Die Ergebnisdarstellung kann mit Hilfe von Netzdiagrammen bzw. Kiviatgraphen erfolgen (Abbildung 60).

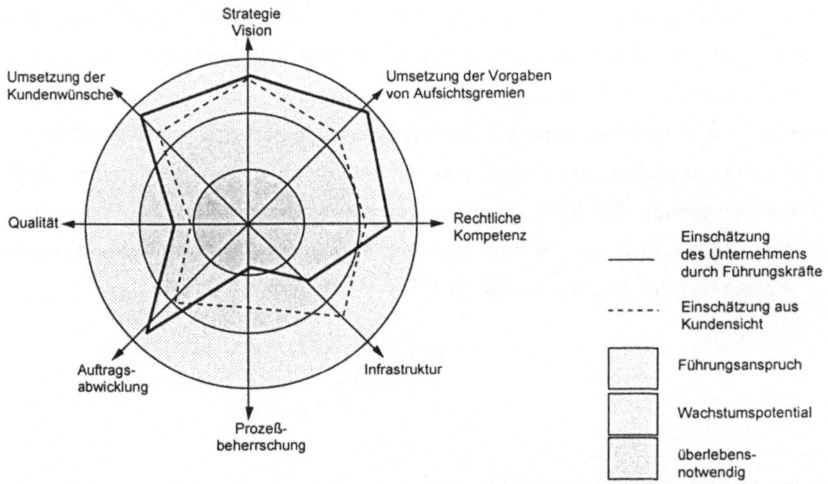

Abbildung 60: Ergebnisdarstellung mit einem Netzdiagramm für eine Renten-versicherung

Diese ermöglichen die vergleichende graphische Darstellung von Stärken und Schwächen aus Kundensicht, interner Sicht und Konkurrenzsicht. Die Achsen des Netzdiagramms und ihre Bewertung sind dabei unternehmensspezifisch anzupassen. Die notwendigen Informationen werden durch Kundenbefragungen, Konkurrenzeinschätzungen und interne Befragungen von Mitarbeitern und Managern gewonnen.

Bei der Positionierung ist auch das notwendige Maß an Unternehmensflexibilität (d.h. Anpassungsfähigkeit an sich verändernde Umweltbedingungen) festzulegen, das je nach Konfiguration unterschiedlich ist. Vor allem bei der Produktion von flüchtigen oder im Absatz stark schwankenden Dienstleistungen ist die zeitgerechte Erstellung notwendig und damit ein hoher Flexibilitätsbedarf bei der Personalkapazität gefordert. Es ist also eine anpassungsfähige Organisation notwendig, die von der Kosten- und Personalstruktur her in der Lage ist, trotz hoher Auslastungsschwankungen befriedigende Ergebnisse zu erzielen (Abbildung 61). Dies wird durch flexiblen Personaleinsatz mit Mehrfachqualifikation, durch flexible Arbeitszeitmodelle und durch geringe Fixkostenblöcke, z.B. durch enge Zusammenarbeit mit Zulieferern, erzielt. Als Flexibilitätspotentiale stehen zur Verfügung: die Flexibilisierung

- der technischen Kapazitäten (Überkapazität, Outsourcing, einfache Planungssysteme),

- bei der Produktgestaltung ("Baukasten"),

- bei der Beschaffung (kooperative Zusammenarbeit mit Lieferanten),

- bei der Personalkapazität (Überstunden, flexible Arbeitszeiten, Mehrfachqualifikation, Fremdarbeiter),

- bei der Organisation (Fähigkeit zum Projektmanagement, flexible Arbeitszeitregelungen).

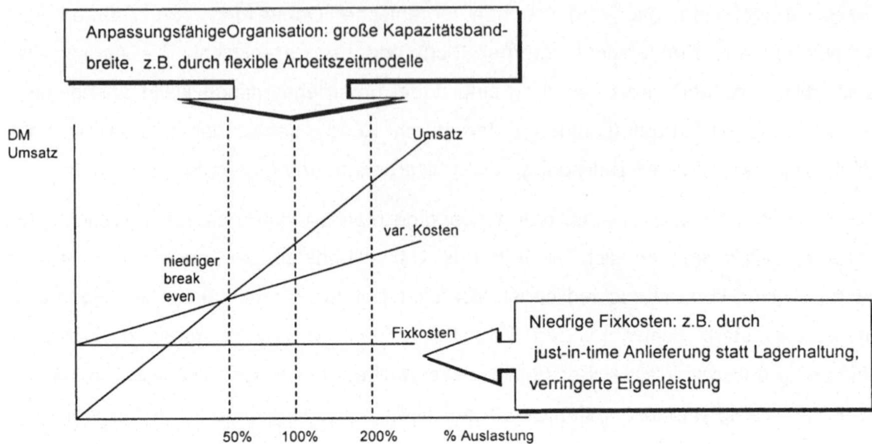

Abbildung 61: Anpassungsfähige Organisation

Die genannten Maßnahmen ermöglichen, daß eine anpassungsfähige, flexible Organisation entsteht, die sich durch einen niedrigen break even Punkt bei gleichzeitiger Fähigkeit zu hoher Outputsteigerung bedarfsgerecht an schwankende Nachfrageverhältnisse und Marktveränderungen anpassen kann.

4.2.4 Kernkompetenzen

Die strategische Positionierung zeigt Handlungsfelder für Dienstleistungsunternehmen auf, um durch das Erschließen von Märkten und das Bestehen in Märkten die geplanten Unternehmensziele zu erreichen. Dazu benötigt das Unternehmen bestimmte Kernkompetenzen. Kernkompetenzen sind im Unternehmen allerdings oft nicht ausreichend transparent und dem Management nicht immer bewußt. Deshalb müssen diese eindeutig identifiziert und organisatorisch verankert werden.

Das Konzept der Kernkompetenz (oft synonym mit Kernfähigkeit verwendet) stellt die Bündelung verschiedener Fähigkeiten und Technologien zu einem für den Kunden eindeutig erkennbaren Kundennutzen dar. Diese Kernkompetenzen oder Schlüsselfähigkeiten können in der Forschung und Entwicklung, in der Produktion oder im Erbringen von Dienstleistungen angesiedelt sein[310]. Ein Vergleich der zwei Konzepte "Strategische Geschäftseinheit" (SGE) und "Kernkompetenz" macht die Neuartigkeit des Kon-

---

[310] vgl. Prahalad, C.K.; Hamel, G. [1991], S. 71

zepts deutlich (Abbildung 62).

Bei den Kernkompetenzen können unterschieden werden[311]: Die Basiskompetenzen (leicht imitierbar, nicht ausreichend zur Markterschließung), die Schlüsselkompetenzen (Befähigung zur Markterschließung, aber leicht kopierbar) und die für die strategische Ausrichtung entscheidenden Schrittmacherkompetenzen, d.h. die Kernkompetenzen, die zur Markterschließung befähigen, aber von den Wettbewerbern nicht leicht kopierbar sind. Unternehmen müssen sich auf die Schrittmacherkompetenzen konzentrieren. Kirsch schlägt dazu die Einordnung der Kernfähigkeiten in ein Portfolio mit den Dimensionen hohe oder geringe relative Einzigartigkeit der Kernfähigkeit und hohe oder geringe Attraktivität der Kernfähigkeit vor[312]. Das Management muß sich im Reorganisationsprojekt von den Gelegenheitsprozessen (vgl. Kapitel 3.1.1) trennen, die nicht an der eigentlichen Stärke des Unternehmens orientiert sind.

Kernkompetenz bedeutet nicht, daß ein Unternehmen einen hohen Marktanteil bei allen Endprodukten/End-Dienstleistungen anstrebt, die mit dieser Kernkompetenz verbunden sind. Prahalad und Hamel sprechen daher von Kernprodukten/Kerndienstleistungen, die einem Unternehmen Einzigartigkeit und Attraktivität verleihen[313]. Diese Kernprodukte und Kerndienstleistungen ermöglichen wiederum unterschiedliche Endprodukte/End-Dienstleistungen. Ein Beispiel ist ein Dienstleister, dessen Kernkompetenz in der Abrechnung von Finanztransaktionen liegt. Die Kern-Dienstleistung kann die Abrechnung von Kreditkartentransaktionen sein, eine von mehreren End-Dienstleistungen die Ausgabe eigener Karten, wobei das Unternehmen hierbei nur einen kleinen Marktanteil besitzt.

Das Konzept der Kernkompetenzen läßt sich auch auf staatliche Leistungen übertragen: „Es gilt zu prüfen, für welche Dienstleistungen eine Privatisierung sinnvoll und notwendig ist, welche als öffentliche Aufgaben erhalten werden müssen und welche neuen Aufgaben der Staat zusätzlich übernehmen muß"[314].

---

[311] vgl. Wildemann, H. [1996d], S. 34

[312] vgl. Kirsch, W. [1997], S. 358

[313] vgl. dazu Prahalad, C.K.; Hamel, G. [1991], S. 68 ff

[314] Bullinger, H.-J. [1995], S. 76

Kriterium	Strategische Geschäftseinheit	Kernkompetenz
Konkurrenz-grundlage	Wettbewerbsfähigkeit der gegenwärtigen Produkte	Unternehmensinterner Wettbewerb zum Aufbau von Kompetenzen
Unternehmens-struktur	Portfolio von Geschäftseinheiten aufgrund von Produkt-Markt Beziehungen	Portfolio von Kernkompe-tenzen, Kernprodukten und Geschäftseinheiten
Stellung der Geschäftseinheit	Unantastbar, autonom; der SGE gehören sämtliche Ressourcen, liquide Mittel ausgenommen	Die SGE als potentieller Speicher von Kernkompe-tenzen
Mittelzuweisung	Jede SGE ist Gegenstand einer gesonderten Analyse: Investitionsmittel werden jeder SGE gesondert zugeteilt	Gegenstand der Analyse sind Geschäftseinheiten und Kern-kompetenzen: die Unterneh-mensspitze teilt Investitions-mittel und Personal zu
Wertstiftender Beitrag des Top-Managements	Optimieren der Geschäftserträge durch abwägende Mittelverteilung auf einzelne Geschäftseinheiten	Formulieren eines strate-gischen Gesamtkonzepts und Aufbau von Kernkompetenzen zur Sicherung der Zukunft

Abbildung 62: Vergleich "strategische Geschäftseinheit" und "Kernkompetenz"[315]

Die Kernkompetenzen ermöglichen bestimmte Kerngeschäftsprozesse; diese wiederum stellen die Basis für Wissenstransfer zwischen Unternehmen und Kunde dar. Die Geschäftsprozesse können organisatorisch verbunden werden, um durch Kompetenz-zentren oder organisatorische Netzwerke das Wissen im Bereich einer bestimmten Kernkompetenz zu bündeln. Boos und Jarmai[316] weisen darauf hin, daß die Dezen-tralisierung von Unternehmen das Risiko birgt, daß Kompetenzen zersplittert und dadurch strategisch relevantes Wissen örtlich und organisatorisch getrennt wird, wenn organisatorische Maßnahmen wie z.B. Kompetenzzentren das Wissen im Unternehmen nicht bündeln.

Kernkompetenz bedeutet im Wortsinn, daß Kompetenz, d.h. Wissen auf bestimmten Feldern erworben und genutzt wird[317]. Sie verweisen darauf, daß Wissen immer weniger in Form von Wissen einzelner Experten zur Verfügung steht, da viele Produkte

---

[315] vgl. dazu Prahalad, C.K.; Hamel, G. [1991], S.74

[316] vgl. Boos, F.; Jarmai, H. [1994], S. 21

[317] vgl. Boos, F.; Jarmai, H. [1994], S. 21

und Dienstleistungen sehr komplexes Wissen und ein Management dieses Wissens voraussetzen.

Geschäftsprozesse und Center können daher das Bindeglied zwischen den Kundenerwartungen und den Kompetenzen eines Unternehmens darstellen. Die Prozesse müssen Wissen und Kundenwünsche aufnehmen. Die Dienstleistungen, welche durch die Kompetenz eines Unternehmens entstehen, müssen durch die Prozesse erstellt, an Kunden kommuniziert und abgegeben werden.

Die Kernkompetenzen werden ausgehend von den strategischen Zielsetzungen mittels folgender Maßnahmen identifiziert und strukturiert. Die Aktivitäten des Unternehmens und die Fähigkeiten der Schlüsselpersonen und -bereiche werden dazu auf Basis der strategischen Positionierung analysiert. Ein Benchmarking mit Spitzenunternehmen ist durchzuführen[318], wobei vor allem die Formen eines Prozeß-Benchmarking[319] zur Anwendung kommen. Die strategische Ausrichtung der Kernkompetenzen muß auf ein Weglassen oder Reduzieren bei Übererfüllung, ein Beibehalten oder Verbessern der Kernleistungen (wobei die Kernleistung die Sachleistung, die Dienstleistung der Zusatznutzen oder umgekehrt sein kann) und ein Abbauen von Defiziten ausgerichtet sein[320].

Abbildung 63 zeigt ein Beispiel für eine Plausibilitätsprüfung für die Dimensionierung der Geschäftsfelder eines mittelständischen Unternehmens. Die Geschäftsfelder spiegeln die Kernkompetenzen des Unternehmens wieder.

Die mittelfristigen Zielsetzungen für die Kerngeschäftsfelder und die Stimmigkeit der strategischen Konzeption hinsichtlich Markt, notwendigem Umsatz und Personal müssen - auch bei hohem Realisierungsdruck und kleinen Unternehmen mit geringen Ressourcen - einer Plausibilitätsprüfung, wie in Abbildung 63 gezeigt, unterzogen werden. Dazu wird der Ist-Zustand der Geschäftsfelder mit den Planungen abgeglichen. Es wird überprüft, ob der angestrebte Umsatz mit den geplanten Maßnahmen, den unternehmensinternen Limitierungen und den Marktpotentialen in Übereinstimmung zu bringen ist.

---

[318] zum Benchmarking vgl. Camp, R. C. [1994], S. 3 ff

[319] vgl. dazu Wildemann, H. [1996c], S. 27

[320] vgl. Biehal, F. [1993b], S. 33 ff

Zeile	Beschreibung	Geschäfts-bereich 1	Geschäfts-bereich 2	Geschäfts-bereich 3	Sum-me
1	Anzahl MA	30	15	20	65
2	Umsatz ist (Plan in Mio DM)	8,82	1,95	4,64	15,41
3	Umsatz/MA (Ist in TDM)	294	130	232	
4	Marktseitige Begrenzungen	Potentiale vorhanden; Druck auf Deckungsbeitrag durch Zukaufteile	schwierige Preissituation	teilweise abhängig von Bereich 1	
5	Interne Begrenzungen	-	nur 2 Spezialisten verfügbar	-	
6	Mittelfristig angestrebter Umsatz/MA (TDM) Begründung: branchenübliche Werte bzw. Notwendigkeit zur Steigerung wegen sinkender Deckungsbeiträge	350	250	300	
7	angestrebter Umsatz in Mio DM (Zeile6 x Zeile1)	350 x 30 = 10,5	250 x 15 = 3,75	350 x 20 = 7	21,25
8	Maßnahmen	Personalabbau und Umstrukturierung im Vertrieb	Geschäft mit Wartungsverträgen ausbauen; neues Marktsegment angehen	Zulieferung an andere Bereiche; Steigerungen dort führen zu Zuwächsen bei Bereich 3	

Abbildung 63: Plausibilitätsprüfung für die Dimensionierung der Geschäftsfelder am Beispiel eines mittelständischen Unternehmens

4.2.5 Strategiefindung durch ein neues Prozeßverständnis

Eine Möglichkeit der Strategiefindung über ein neues Prozeßverständnis zeigen Ghoshal und Bartlett. Sie untersuchen Organisationen, die nahe an den Anforderungen zu einer virtuellen Organisation sind (vgl. Kapitel 3.3.3). Am Beispiel von Asea Brown Boveri (ABB) stellen sie Überlegungen an über Unternehmen, die, wie von Percy Barnevik, dem Chief Executive Officer von ABB formuliert, gleichzeitig global und lokal, groß und klein, zentralisiert und dezentralisiert sein müssen[321]. Ghoshals und Bartletts Vorstellung von Organisation ist daher die einer Organisation als einem Portfolio von dynamischen Prozessen. Sie propagieren ein strategisches Management, dessen Fokus über die Geschäftsprozeßorientierung für Leistungserstellungsprozesse hinausgeht. Ihre Kernprozesse für das strategische Management sind der "Entrepreneural Process", d.h. die Erzeugung von Kreativität und Unternehmertum bei den "Vor-Ort" Managern, den "Competence-Building" Prozeß und den "Continous Renewal" Prozeß für Strategien und Geschäftsideen.

Ghoshal und Bartlett gehen davon aus, daß die Vielzahl der Managementansätze, die auf Unternehmen einströmen, für viele Unternehmen nicht sinnvoll zu verarbeiten sind. Ihr Ansatz geht daher davon aus, daß die Leistungsfähigkeit eines Unternehmens von der Stärke einzelner Einheiten und der Effektivität ihrer Integration abhängig ist. Dies gilt für verschiedene Konfigurationen, da die Einheiten funktionale lokale Einheiten oder Business Units in einem globalen Umfeld sein können. Das Ziel ist, alle Einheiten in den Quadranten 4 des Portfolios zu bringen (vgl. Abbildung 64) und die Leistungsfähigkeit der Einheiten in diesem Quadranten zu erhalten. Die Vorgehensweise geht über die Erneuerung durch "Simplification", d.h. die Vereinfachung durch strikt getrennte Einheiten mit stark marktorientierter Kontrolle und ausbalanciertem Verhältnis zwischen Kompetenzen und Verantwortung für die Manager, zu sehr leistungsfähigen einzelnen Einheiten. Diese Einheiten müssen zusammenarbeiten, um neue Wachstumsfelder als "ein Unternehmen" erschließen zu können. Diese Phase wird als "Integration" bezeichnet.

Danach muß das Unternehmen verhindern, daß die Einheiten in alte Verhaltensmuster zurückfallen; dies geschieht durch organisationales Lernen in Form des Ausbaus und der Vertiefung spontaner Kooperationen[322].

---

[321] vgl. Ghoshal, S.; Bartlett, C. A. [1995a], S. 86

[322] vgl. Ghoshal, S.; Bartlett, C. A. [1996], S. 23 ff

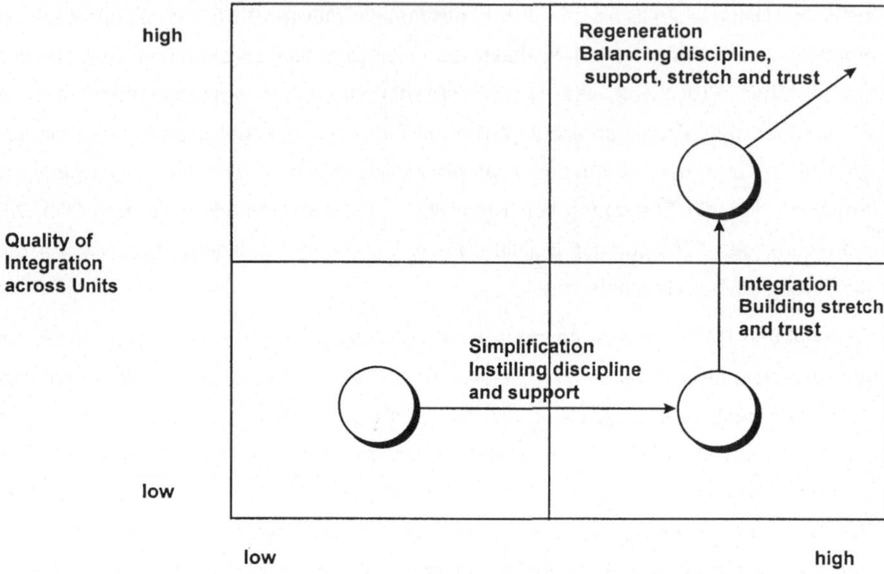

Abbildung 64: Prozeßphasen des Corporate Renewal[323]

Basis dafür ist, daß ein Verhalten und eine Kultur geschaffen wird, die von „discipline, support, trust and stretch"[324] geprägt ist. Disziplin bedeutet vor allem Leistungsstandards und konsistente Sanktionen; Vertrauen bedeutet Partizipation und Gleichbehandlung; Unterstützung heißt Vergabe von Ressourcen, Anleitungen und Kompetenzen an autonome Einheiten; "stretch" ist im Sinne eines gemeinsamen Zielverständnisses mit gemeinsamen Ambitionen zu verstehen. Diese Form der Organisation kann durch ein verändertes Management-Verständnis unterstützt werden:

- Der Schwerpunkt der Top-Management Aktivitäten kann sich vom Unternehmer, Ressoucenverteiler und Konfliktlöser zum Visionär und Kritiker wandeln.

- Das Mittel-Management versteht sich nicht als Informationsdrehscheibe, sondern als horizontaler Informationsverteiler und Fähigkeitenintegrator.

- Das Frontlinien-Management kann verstärkt eigenständig und unternehmerisch

---

[323] in Anlehnung an Ghoshal, S.; Bartlett, C. A. [1996], S. 24

[324] Ghoshal, S.; Bartlett, C. A. [1995b], S. 11 ff

handeln[325].

4.3 Prozeßerkennung

Es werden die "Top-Level" Prozesse, d.h. die Geschäftsprozesse auf höchstem Aggregationsniveau, im Unternehmen identifiziert. Diese Prozesse werden unabhängig von der existierenden Organisationsform ermittelt. Sie sind eine Soll-Vorstellung, die sich an den Kernkompetenzen (vgl. Kapitel Zielfindung und strategische Positionierung) des Unternehmens orientieren. Abbildung 65 zeigt ein Beispiel für Top-Level Prozesse eines Dienstleistungsunternehmens.

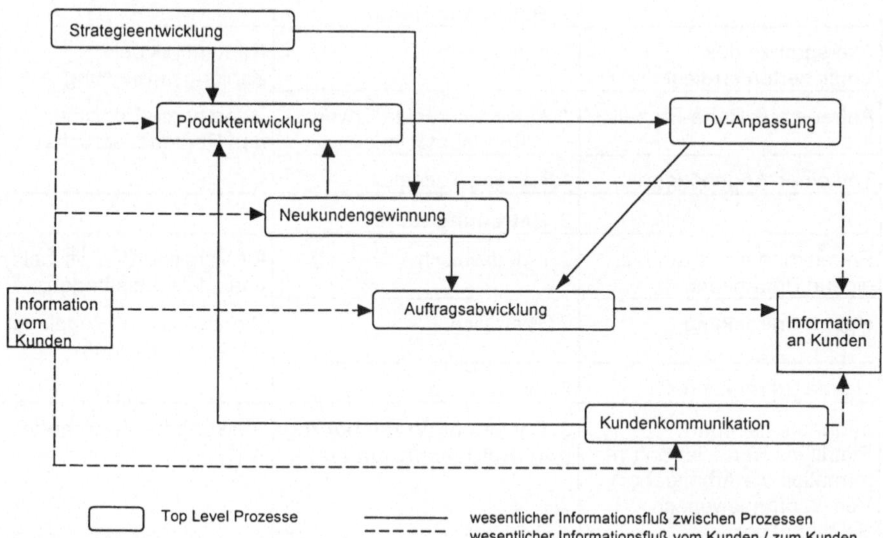

Abbildung 65: Top-Level Prozesse eines Dienstleistungsunternehmens

Beispiele für die Prozeßidentifikation durch den Entwurf von Prozessen in Tabellenform sind in Abbildung 66 bzw. Abbildung 67 dargestellt. Auf Basis der notwendigen Kernkompetenzen und der zu erfüllenden Kernaufgaben können alternative Geschäftsprozeß-Modelle entworfen werden, von denen das Plausibelste für die Ist-Analyse weiterverfolgt wird. Die Prozeßidentifikation ist bei stark funktional orientierten Dienstleistern

---

[325] vgl. dazu auch Zahn, E. [1996c], S. 292 ff

sehr zeitaufwendig, da in diesen Unternehmen das Denken in Geschäftsprozessen schwach ausgeprägt ist. Die Schwierigkeit besteht darin, daß Prozesse häufig fragmentiert, unsichtbar und namenlos sind, nicht gesteuert werden und daher schwer zu erkennen sind.

Es sind einerseits originäre Prozesse der Leistungserstellung mit externen Kunden und andererseits sekundäre Prozesse (vgl. Prozeßdefinition), die zuliefernde Funktion für einen oder mehrere Kernprozesse und damit primär interne Kunden haben, zu unterscheiden.

Ereignis	Prozeß	Output
	1. Betreuung Rente	
Altersgrenze des Versicherten erreicht	1.1 altershalber	Rentenbescheid; Zahlungsanweisung
Anfrage aus Reha-Prozeß	1.2 eingeschränkte Erwerbs-/Berufsunfähigkeit	(Stop durch Erlöschen des Rentenanspruchs)
Tod eines Angehörigen	1.3 wegen Todesfall	
	2. Betreuung Reha	
Erkrankung eines Kindes; eigene Erkrankung	2.1 medizinisch	für Versicherte: Bescheid; finanzielle Leistungen;
eigene Erkrankung	2.2 beruflich	Dienstleistung (Regelung der Unterbringung)
eigene Erkrankung	2.3 ergänzend	
Informationsbedarf; Eintritt ins Berufsleben (Information via Arbeitgeber); Versicherungswunsch Selbständiger	**3. Betreuung Versicherung (und Betriebsprüfungen)**	Auskunft für Versicherte

Abbildung 66: Prozeßidentifikation: ein Beispiel für einen Rentenversicherer

Folgende Fragen helfen bei der Identifikation und Abgrenzung der Prozesse:

- Was braucht man als Prozeßverantwortlicher, um die identifizierten Kernaufgaben erfolgreich zu erfüllen?

- Was kann man als Prozeßverantwortlicher an Kompetenzen bzw. Zuständigkeitsbereichen abgeben, ohne daß der Erfolg gefährdet wird?

- Welche Prozesse muß man aus Kundensicht und bei der internen Abwicklung unterscheiden?

Auslöser	Prozeß	Prozeßoutput
Strategische Vorgabe für Kundengruppe	Akquisition eines Partners für Vermietung (auch Unfallersatzgeschäft)	Vertragsabschluß
Kundenkontakt mit strategischem Partner	Vertragsabschluß mit Referenzpartner durch Dritte	Voucher
Anregung der Geschäftsleitung, Produktidee von MA	Produktentwicklung	Neues Produkt
Vertragsbedingungen, Alter des Fahrzeugs	Fahrzeugverkauf	Fahrzeug verläßt Unternehmensbestand
aktive und passive Partnersuche	Akquisition von Lizenznehmern	Vertrag mit Lizenznehmer
Monatliche Planung der Vermietungsnachfrage	Fahrzeugbeschaffung	Fahrzeug steht vermietfertig im Carpool
täglich	Feindisposition	Fahrzeug steht zum richtigen Zeitpunkt vermietfertig an der Station
Kunde tritt mit Station, Lizenznehmer oder Agentur in Verbindung	Fahrzeugausgabe und Rücknahme (contracted business)	Kunde erhält Fahrzeug und Vertrag bzw. gibt Fahrzeug zurück
Vertragslaufzeit, drohender Weggang	Akquisition von Neu- und Bestandskunden (contracted business)	Abschlüsse mit Großkunden und Mittelstand
Kunde tritt mit Station, Lizenznehmer oder Agentur in Verbindung	Akquisition, Fahrzeugausgabe und Rücknahme (non-contracted business)	Kunde erhält Fahrzeug und Vertrag bzw. gibt Fahrzeug zurück

Abbildung 67: Ein Prozeßidentifikations-Entwurf für einen Mobilitätsdienstleister

Am Ende dieser Phase der Prozeßerkennung müssen für jeden Top-Level Soll-Prozeß folgende Fragen beantwortet werden können:

- Wie heißt der Prozeß und was sind seine wesentlichen Teilschritte?

- Wer sind die wesentlichen Beteiligten?

- Was sind die wesentlichen Systeme / Anlagen, die im Prozeß verwendet werden?

- Was ist der Input / Output des Prozesses?

- Wer ist verantwortlich für den Prozeß (bzw. könnte Prozeßverantwortlicher sein)?

- Was ist der direkte Wertschöpfungsbeitrag?

- Was gehört zu dem Prozeß, um erfolgreich zu sein?

- Wo liegen natürliche Schnittstellen?

- Welche kritischen Erfolgsgrößen müssen im Teilprozeß kontrolliert werden?

- Wer sind die (internen, externen) Kunden des Prozesses?

Für die Prozesse müssen Erfolgsmaßstäbe definiert werden, in denen sich die strategischen Zielsetzungen widerspiegeln. Prozeß-Indikatoren (vgl. Abbildung 68) messen die Ausprägung prozeßrelevanter Erfolgsfaktoren.

Indikator	Definition
Mittlere Durchlaufzeit eines Vorfalls	Durchschnittliche Zeit zwischen Prozeßauslösung durch den Kunden und Lieferung der Leistung an den Kunden
Termineinhaltungsquote	Anteil der termingerecht gelieferten Leistungen an der Gesamtzahl der Leistungen
Fehlerquote	Anteil der fehlerhaften Leistungen bezogen auf die Gesamtzahl der Leistungen des Unternehmens
Reklamationsquote	%-Satz der vom Kunden beanstandeten Leistungen
Qualitätskosten in % der Gesamtkosten	Anteil bestimmter Qualitätskostenarten (Fehler- und Prüfkosten) an den Gesamtkosten
Kostenarten pro Vorfall	Direkte Kosten, z.B. Personal-, oder Informationskosten, die bei der Behandlung eines einzelnen Vorfalls, z.B. eines Auftrags oder einer Anfrage, entstehen
Mitarbeiterproduktivität	Deckungsbeitrag, den ein Mitarbeiter erwirtschaftet, Anzahl der Vorfälle, die er behandelt
Prozeßvolumen	Anzahl der behandelten Vorfälle
Sortimentsstruktur	Anteil der verschiedenen Leistungsarten an der Gesamtzahl der Leistungen (A, B, C-Artikel, verschiedene Distributionskanäle, Regionen, Produktgruppen)

Abbildung 68: Beispiele für Prozeß-Indikatoren[326]

Indikatoren stellen eine prozeßbezogene Meßgröße u.a. aus den Bereichen Durch-

---

[326] vgl. Schnabel, U.G.; Roos, A. W. [1996], S. 193

laufzeit, Fehlerfreiheit, Ablaufsicherheit, Kundennähe, Kapazität, Informationsfluß, Prozeßbeherrschung, Prozeßeffizienz, Know-how, Informationssysteme, Motivation und Innovationsfähigkeit dar. Bei den Meßgrößen für die Bewertung der Prozesse ist auf Praktikabilität und kostengünstige Messung Wert zu legen. Durch den Prozeßverantwortlichen sind beeinflußbare und nicht beeinflußbare Größen zu unterscheiden (Abbildung 69). Ein reales Beispiel für Indikatoren ist in Abbildung 70 und Abbildung 71 für ein gesamtes Unternehmen dargestellt.

Indikatoren - "Abrechnungsprozeß"		
Beeinflußbarkeit	Priorisierte Indikatoren	Maßeinheit
beeinflußbar	Pünktlicher Tagesabschluß	%-Satz der Tage, an denen der Abschluß nach 17.00 Uhr erfolgte
nicht beeinflußbar	Anzahl der Datenübermittlungsfehler	%-satz der Fehler: Fehlerhafte Datensätze zur Gesamtzahl der Datensätze je Woche

Abbildung 69: Indikatoren am Beispiel eines Abrechnungsprozesses

Prozeß	Maßstäbe
Rente	Bearbeitungsfrist max. 6 Wochen
	Fehlerfreiheit (Revisionsberichte)
	Widerspruchs-/Klagezahlen
	Kosten pro Antrag
Reha	Heilerfolg
	Wartezeit auf Behandlungsmaßnahmen
	Bearbeitungsfrist max. 6 Wochen
	Fehlerfreiheit (Revisionsberichte)
Versicherung	zeitnah geführtes Versicherungskonto (vollständig, richtig)
	schnelle, vollständige Auskunftsbereitschaft
	Anzahl freiwillig Versicherter
	Vollständiger und richtiger Einzug der Beiträge

Abbildung 70: Erfolgsmaßstäbe - ein Beispiel aus der Projektarbeit (I)

Prozeß	Maßstäbe
Grundsatzreferate	Verständlichkeit der Ausführungen
Medizinischer Dienst	Anzahl Gutachten
	Kosten pro Gutachten
	Anzahl divergierender Gutachten
	Wartezeit bis zur Erstellung
Revision	Anzahl untersuchter Fälle
	Qualität und Quantität aufgezeigter Fehler
Personalentwicklung	Anzahl besetzter Stellen mit definierter Qualifikation
	Existenz von Karriereplänen
	Anzahl Schulungen und Teilnehmer
	Fluktuation
DV/Org	Anzahl Systemausfälle
	Budgeteinhaltung
	Nutzerzufriedenheit
	Zufriedenheit des internen Auftraggebers
	Existenz von Methodenkenntnissen
	Vorhandensein von DV/Org-Konzepten
	Zielerreichungsgrad bei Investitionen und Projekten
Allg. Versorgung	Kosten
	Flexible Reaktion auf Bedarf
Finanzierung	Zinsgewinne
	Zahlungen und Zahlungseingänge zur richtigen Zeit und in richtiger Höhe
	Abweichungen beim Finanzplan

Abbildung 71: Erfolgsmaßstäbe - ein Beispiel aus der Projektarbeit (II)

4.4 Ist-Analyse

In diesem Kapitel werden zuerst die wesentlichen Begriffe und Elemente der geschäftsprozeßorientierten Modellierung der Organisation des Unternehmens definiert. Die Modellierung hat zentrale Bedeutung für die Darstellungs- und Analysemöglichkeiten bei der Reorganisation. Sie ist entscheidend für das Verständnis der Prozeßorientierung und für den richtigen Werkzeugeinsatz. Anschließend werden die Werkzeuge zur rechnergestützten Modellierung analysiert: Das Unterstützungspotential dieser Werkzeuge ist je nach Größe der Ausgangskonfiguration differenziert einzuschätzen (Abbildung 72). Darauf aufbauend wird das Vorgehen bei der Ist-Analyse beschrieben.

Übergänge zwischen Konfigurationen	computergestützte Analysewerkzeuge	Simulationswerkzeuge
Basis sind eher kleine Organisationen	Kleine Unternehmen haben wenig Organisationsfachspezialisten, d.h. einfache Software-Werkzeuge sind notwendig; die Prozesse sind überschaubar	eher geringer Nutzen
Basis sind eher große Organisationen	komplexe Prozesse, viele Organisationsspezialisten sind an der Analyse beteiligt; komplexe Organisationswerkzeuge sind sinnvoll einsetzbar	hoher Nutzen, da komplexe und interdependente Prozesse

Abbildung 72: Konfigurationsspezifische Nutzung von Analysewerkzeugen

4.4.1 Begriffe bei der Modellierung

Die nachfolgend erläuterten Begriffe sind von zentraler Bedeutung, da die den Werkzeugen zugrunde liegenden Modelle die Einsatzmöglichkeiten eines Modellierungswerkzeugs entscheidend determinieren.

Das Modell kann durch verschiedene Attribute bezüglich Abbildungsgenauigkeit (isomorph vs. homomorph), Zustandsänderung (kontinuierlich vs. diskret), Abbildungsform (gegenständlich vs. symbolisch) und Zweck (Erklärungs-, Prognose-, Beschreibungsmodell) charakterisiert werden.

Ein Modell ist die Grundlage für die spezifische Erfassung der Wirklichkeit. Es besteht aus Modellelementen, strukturellen Modellrelationen sowie zeitlichen und kausalen Beziehungen. Modellelemente können über die Attribute (Merkmale) der Elemente näher bezeichnet werden.

Für die Simulation müssen konkrete Ausprägungen (Instanzen) von Modellen gebildet werden. Ein Beispiel ist der Subprozeß "Geschäftsbrief erstellen". Bezogen auf dieses Beispiel ist die Instanz von "Geschäftsbrief erstellen", der "Brief, der am 12.12.97 17.00 Uhr" erstellt wird.

Es existieren verschiedene Strukturierungshilfen für Modelle:

- Modellsichten: Auf Modelle können verschieden Sichten existieren, die jeweils nur einen Ausschnitt eines Modells zeigen.

- Hierarchisierung ist die Möglichkeit, Modelle zu verfeinern (Prozeß - Subprozeß). Eine Reduktion der Komplexität wird durch verschiedene Modellebenen erreicht. Elemente tiefer liegender Ebenen werden auf der nächst höheren Ebene zu einem Element zusammengefaßt; d.h. es entsteht kein Informationsverlust. Eine Verringerung des Modellierungsaufwands kann durch Hierarchisierung ermöglicht werden; das einmalige Modellieren des Sub-Prozesses "Auftragspapiere erstellen" genügt, um von anderen Prozessen aus darauf zu verweisen. Auch eine schrittweise flexible Verfeinerung des Modells wird ermöglicht.

- Die Konzepte Klassifikation, Taxonomiebildung, Spezialisierung und Aggregation ermöglichen eine bessere Übersichtlichkeit durch Strukturierung. Ein Beispiel für das Konzept der Spezialisierung ist "Der PS/2-60 ist ein PS/2 Computer" ("ist ein" Beziehung). Ein Beispiel für das Konzept der Aggregation ist: "Ein PS/2 beinhaltet ein Plattenlaufwerk und einen Prozessor" ("teil von" Beziehung).

Beispiele für Modellbildungen sind:

- Entity-Relationship-Modelle für Informationssystemaspekte, z.B. für Schlüsselbeziehungen zwischen Dateien.

- System Dynamics Modelle, z.B. für die Darstellung kausaler Abhängigkeiten.

Der Flexibilität des Modells kommt in Bezug auf die Abstraktion von Konzepten und Eigenschaften von Realsystemen hohe Bedeutung zu, ebenso wie der Erfahrung des Modellierers. Durch erfahrene Modellierer und flexible Modelle läßt sich vermeiden, daß für die Aufgabenstellung nicht notwendige Teile des Realsystems modelliert werden, oder daß relevante Teile des Realsystems nicht wahrgenommen werden. Außerdem kann sichergestellt werden, daß relevante wahrgenommene Eigenschaften des Realsystems auch modellierbar sind. Dies wird in Abbildung 73 deutlich. Inhaltlich bedeuten die Schnittmengen in dieser Abbildung.:

1=modellierbar, wahrgenommen, aber für die Aufgabenstellung irrelevant,

2=modellierbar, aber nicht wahrgenommen,

3=wahrgenommen, aber nicht modellierbar, d.h. ein Flexibilitätsmangel des Modells liegt vor.

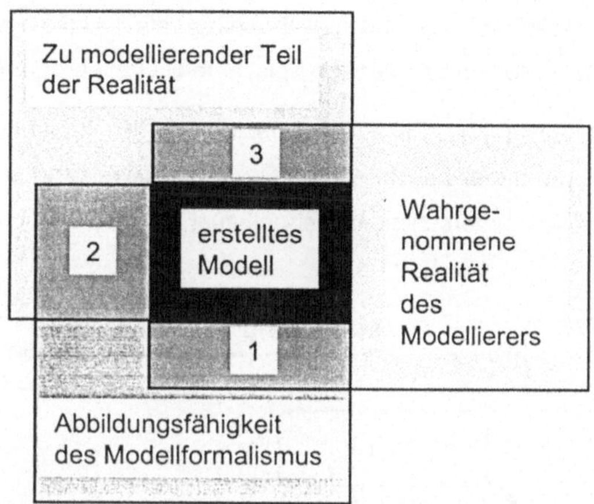

Abbildung 73: Abhängigkeiten zwischen Sichtweisen auf das Realsystem

Ein Modell muß auch zur simultanen Betrachtung multidimensionaler Gestaltungsfelder geeignet sein. D.h. das Modell eines Organisationswerkzeugs determiniert entscheidend die Sichtweise auf die organisatorischen Gestaltungsfelder und auf deren Verknüpfung.

Dies wird an folgendem Modell deutlich, das zur organisatorischen Gestaltung von Aufbauorganisation und Ablauforganisation sowie zur Ermittlung von Anforderungen an ein verteiltes Informationssystem dient (vgl. Abbildung 74). Die organisatorische Modellierung von Dienstleistungsunternehmen erfordert i.d.R. die Darstellung von Aufbau- und Ablauforganisation sowie informations- und kommunikationstechnischen Strukturen im Modell, aber keine Darstellung von Lagerhaltung und maschinellen Kapazitäten, da Dienstleistungen häufig nicht an ein physisches Produkt gebunden sind. Die Beschreibung des Flusses der Tätigkeiten als Aktivitäten und Prozesse ist ein wesentlicher Teil des Modells. Aktivitäten werden von Stellen ausgeführt. Im weiteren sind zum Verständnis des Modells wichtige Elemente (Entities und Relationships) aufgeführt:

- Aktivitäten sind atomare Aufgaben, die von einer Stelle ohne Unterbrechung erledigt werden können;

- Prozesse sind Abläufe, die aus einer Vielzahl von Aktivitäten oder (Unter-) Prozessen bestehen und jeweils eine eindeutige Aktivität als Start- und Endpunkt haben;

- Stellen sind die einzigen organisatorischen Einheiten, die Tätigkeiten verrichten können; sie bestehen aus Menschen, Mensch-Maschine-Einheiten oder Maschinen;

- Zwischen Entities bestehen zeitkausale Beziehungen (Relationships), die wie Entities durch Attribute näher beschrieben sind; beispielsweise führen unterschiedliche Stellen eine Aktivität unterschiedlich schnell aus.

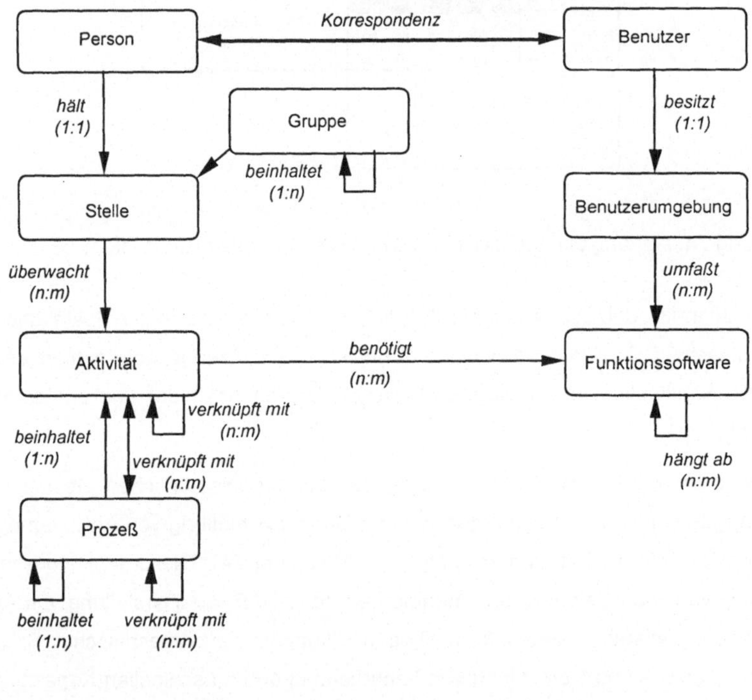

Abbildung 74: Modellelemente zur Beschreibung von Büroabläufen und von Anforderungen an das verteilte Informationssystem[327]

---

[327] vgl. Reim, F. [1992], S. 64; die Basis des Modells findet sich bei Hofstetter, I.; Kerber, G. et al. [1990], S.16 ff

Korrektheitsprüfung bei rechnergestützten Modellen

In der Phase der Modellierung kann das Organisationsanalysewerkzeug durch Korrektheitsprüfungen Unterstützung bieten. Korrektheitsprüfungen können auf verschiedenen Ebenen vorgenommen werden:

- Syntaktische Übereinstimmung mit der Modellierungssprache: Die Übereinstimmung kann bei graphisch-interaktiver Modellerstellung erzwungen werden. Es werden nur bestimmte graphische Elemente und Relationen für den Modellierer zugelassen.

- Semantische Korrektheit: Darunter sind Prüfungen zu verstehen wie z.B. "hat jeder Subprozeß genau eine Anfangs- und eine Endaktivität?".

- Vollständigkeit des Modells: Während der Modellerstellung muß auch ein unvollständiges Modell zugelassen werden. Daher sollte die Vollständigkeitsprüfung und die Prüfung der semantischen Korrektheit von einem Programm-Modul explizit durch den Benutzer aufgerufen und am Ende der Modellerstellung durchgeführt werden. Konsistenzfragen sind vor allem beim Löschen einzelner Elemente interessant: Das Löschen muß sich z.B. nicht nur auf das Modellelement, sondern auf alle zugehörigen Relationen beziehen, um ein in sich schlüssiges Modell nach dem Löschen zu erreichen.

- Zielkonformität: Diese kann nur vom Modellersteller selbst beurteilt werden.

4.4.2 Klassifikation der Werkzeuge zur Geschäftsprozeßanalyse und -gestaltung

Für die Geschäftsprozeßanalyse können rechnergestützte Werkzeuge genutzt werden. Der Einsatz rechnergestützter Werkzeuge ermöglicht bei der Aufnahme von Prozessen und beim Prozeß-Design je nach Werkzeug

- die Dokumentation von Ist- und Soll-Prozessen sowie die Analyse von Stärken und Schwächen, z.B. hinsichtlich Zeiten und Kosten,
- das Vorhalten großer und konsistenter Datenbestände,
- eine leichte Adaption der Modelle bei veränderten Umgebungsbedingungen (die Prozeßabläufe "veralten" in der Realität sehr schnell),
- die Verwaltung von Prozeßmodellen in verschiedenen Versionen und auf verschiedenen Aggregationsniveaus,
- die Beurteilung durch statische und dynamische Auswertungen und die Betrachtung

aus verschiedenen Sichtweisen, auch bei komplexen Prozessen und Abhängigkeiten,

- die Ableitung des Prozeß-Layouts, der zugehörigen Aufbaustrukturen, der Anforderungen an Benutzerumgebungen und an das verteilte Informationssystem sowie die
Ableitung der Kommunikations- und räumlichen Beziehungen sowie der Kosten,

- die Dokumentation der Prozesse z.B. auch für Zertifizierungsvorhaben,

- u.U. die Nutzung der Modellinformationen zur Codegenerierung für Workflowsysteme,

- eine einheitliche und formalisierte Dokumentation unterschiedlicher Sichten mit
Korrektheitsprüfung,

- einen systematischen, zielgerichteten Modellierungsprozeß, der sich aus der häufig
vorstrukturierten Vorgehensweise ergibt,

- die Berücksichtigung unterschiedlicher Aspekte (organisatorische, strategische,
personelle, informationstechnische),

- die Vergleichbarkeit und Wiederverwendbarkeit von Prozeßmodellen

- die graphische Darstellung der Prozesse,

- die Weiterverarbeitung von Daten und Analyseergebnissen.

Diesen Vorteilen der rechnergestützten Werkzeuge stehen auch Schwächen gegenüber. Diese Schwächen sind

- ein hoher zeitlicher, finanzieller und personeller Aufwand bei der Erstanwendung
(Schulungsbedarf),

- die Schwierigkeit, qualitative Aspekte zu integrieren,

- die Abhängigkeit von der eventuell starr implementierten Vorgehensmethodik des
Software-Anbieters,

- die Gefahr, daß eine Simulation mit ungenauen Eingangswerten zu Fehlinterpretationen (Scheingenauigkeit) führt,

- die Datenbeschaffung für eine Simulation ist sehr aufwendig,

- die Notwendigkeit einer guten Druckfunktionalität des Werkzeugs, da die Informa-
tionserfassung und die Diskussion neuer Abläufe am besten auf dem Papier
geschieht,

- die Schwierigkeit, Prozeßinformationen aktuell zu halten (Intranet-Lösungen mit der
Möglichkeit dezentraler Wartung von Prozeßdaten sind hier ein möglicher Lösungs-

ansatz),

- die Gefahr der Bürokratisierung bei der Organisationsgestaltung, der Erstellung von Zahlenfriedhöfen und der Verdrängung weicher Fakten,

- eine Verlangsamung des Organisationsprozesses durch die Generierung zu vieler Alternativen und ein zu hohes Anspruchsniveau bei der Gestaltung von Auswertungen (darüber hinaus kann der DV-Einsatz zwar zur Beschleunigung der Prozeßanalyse dienen, aber sozio-kulturelle Veränderungen sind ein langsamer, schwer beschleunigbarer Prozeß).

Die genannten Stärken der Software-Werkzeuge lassen trotz der vorhandenen Schwächen den Schluß zu, daß der Einsatz von Software-Werkzeugen zur Analyse der Geschäftsprozesse sinnvoll und auch erforderlich ist.

Werkzeuge zur computergestützten Geschäftsprozeßmodellierung und -gestaltung

Strukturierte Übersichten der am Markt befindlichen Software-Werkzeuge finden sich bei Tiemeyer[328] und Hilgenfeldt[329]. Diese Übersichten weisen unterschiedliche Gliederungsschemata auf. Es lassen sich bei den Werkzeugen zur Geschäftsprozeßmodellierung und -gestaltung jedoch mindestens vier Hauptgruppen unterscheiden:

- Die sogenannten "Flowcharter" wie z.B. ABC-Flowcharter (Micrografx), Visio (Shapeware) oder McFlow (Synergistic Applications). Diese Werkzeuge sind im wesentlichen Zeichenwerkzeuge, die den Benutzer bei der graphischen Darstellung durch Symbolbibliotheken (z.B. zur Darstellung von Symbolen nach REFA[330]) und die einfache Gestaltung graphischer Verbindungen unterstützen. Diese Werkzeuge speichern lediglich graphische Informationen, verfügen also über kein eingebautes Datenhaltungssystem, in dem ein Modell repräsentiert ist. Dadurch sind auch keine werkzeuggestützten Analysen möglich. Die Vorteile dieser Werkzeuge liegen hauptsächlich darin, daß sie preiswert, flexibel und in der Bedienung sehr schnell zu erlernen sind.

- Werkzeuge mit Analysemöglichkeiten auf Datenbankbasis und/oder Simulations-

---

[328] vgl. Chrobok, R.; Tiemeyer, E. [1996], S. 170 ff

[329] vgl. Hilgenfeldt, J. [1994], S.18 ff

[330] vgl. dazu REFA [1992], S. 14 ff

möglichkeiten und/oder dedizierten Fähigkeiten zur Verwaltung einer hohen Modell-
vielfalt wie z.B. Bonapart (UBIS), Aeneis (IPRO), ARIS (IDS Prof. Scheer), Mosaik
(Siemens). Diese Werkzeuge besitzen unterschiedliche Stärken und Schwächen,
verfügen aber alle über ausgeprägte Analysemöglichkeiten. Die Schwerpunkte liegen
teilweise auf der Simulation (z.B. Bonapart), auf der Verwaltung großer Modelldaten-
bestände oder auf der Analyse von Kommunikationsbeziehungen.

- Die Organisationsmodellierungskomponenten von CASE-Tools, z.B. Objectory[331].
CASE-Tools verfügen teilweise über Modellierungskomponenten für organisatorische
Konstrukte, aus denen über mehrere Ableitungsstufen im Fall von Objectory z.B.
Code-Elemente in Form von C++-Headers für eine objektorientierte Programmierung
gewonnen werden können. Allerdings zeigen praktische Erfahrungen, daß für die
Gestaltung komplexer Geschäftsprozesse das zur Verfügung stehende Instrumen-
tarium dieser Werkzeuge nicht ausreicht.

- Die Modellierungskomponenten von Work Flow Tools wie z.B. FlowMark (IBM) und
Workparty (Siemens). Diese Werkzeuge, die Bestandteil von Workflow-Systemen
sind, sind auf die Generierung von Programmcode für Work Flow Prozedur-
beschreibungssprachen ausgerichtet. Daher sind diese Komponenten durch die den
Werkzeugen zu Grunde liegende Beschreibungssprache limitiert.

Auswahlkriterien

Es existiert also eine Vielzahl von Werkzeugen, die unterschiedliche Anforderungen
unterstützen und von unterschiedlicher Herkunft (Work Flow, CASE, etc.) sind.

Wesentliche Kriterien zur Auswahl eines Werkzeugs sind

- die den Zielsetzungen entsprechende erforderliche Komplexität des organisatorischen Modells,

- die Flexibilität hinsichtlich der organisatorischen Vorgehensweise,

- die notwendigen Analysemöglichkeiten (keine, statische, dynamische),

- die Möglichkeit zu Konsistenz- und Plausibilitätsprüfungen,

---

[331] Eine Beschreibung von Objectory ist in o.V. [1993] enthalten

- die Möglichkeiten der Benutzung im Netzwerk sowie die Einrichtung von Nutzern (Zugriffsschutz) und die Verwaltung unterschiedlicher Versionen von Prozessen,

- der Preis der Software,

- Zukunftssicherheit und Referenzen des Anbieters,

- die Qualität der Handbücher und der Hotline,

- Schnittstellen zur Datenaufnahme und -übergabe und

- der Einlernaufwand, in dem sich auch die Qualität der Benutzeroberfläche widerspiegelt.

4.4.3 Vorgehen

Die mehrstufige Ist-Analyse erfolgt gemäß den Ist-Strukturen und Prozessen, aber die Erfassung folgt den in der Prozeßerkennung definierten Prozeßgrenzen, nicht den organisatorisch bestehenden Grenzen, um vor allem Schnittstellenprobleme besser erkennen zu können. Dadurch wird auf historisch gewachsene Strukturen keine Rücksicht genommen. Eine Handlungsanleitung für die Aktoren wird nachfolgend beschrieben, ebenso die zu dokumentierenden Daten, die notwendigen Disaggregierungsstufen bei der Analyse und die Prozeßanalyseabbruch-Kriterien. Für die Ist-Analyse ist die 80/20 Regel relevant[332]: mit 20% Aufwand bei Interviews und Modellierungstiefe erreicht man bereits 80% der Schwachstellen. Die Ist-Analyse soll Basis für eine Neugestaltung der Prozesse sein. D.h. der Aufwand für die Ist-Analyse muß in Grenzen gehalten werden: Es ist auch zu berücksichtigen, daß eine detaillierte Ist-Analyse die Übernahme festgefahrener Abläufe und Strukturen fördert. Andererseits hat sich ein Vorgehen, das auf einer reinen Modellierung von Soll-Abläufen aufbaut (wie von vielen Reengineering-Autoren propagiert), nicht bewährt, da eine fundierte gemeinsame Basis über den organisatorischen Status unerläßlich ist. Diese gemeinsame Basis ist z.B. als Diskussionsgrundlage zwischen externen Beratern und internen Mitwirkenden am Veränderungsprozeß erforderlich.

---

[332] vgl. Krallmann, H. [1995], S. 360

Vorgehensschritte

Das Vorgehen bei der Ist-Analyse umfaßt die nachfolgend aufgeführten Schritte. Es wird von Mitgliedern des Projektteams durchgeführt und von externen Beratern oder Mitgliedern der Organisationsabteilung unterstützt. Der für die manuelle Aufnahme notwendige Formularsatz befindet sich in Anhang A.

1. Schritt: Ausgehend vom Soll-Top-Level-Prozeßbild werden für jeden Prozeß Schritt 2 und 3 durchgeführt. Dabei werden die Subprozesse solange weiter verfeinert bis eines der Prozeßanalyseabbruch-Kriterien erreicht ist. Solche Kriterien sind ein DV-Verfahren oder eine manuelle Detail-Verfahrensbeschreibung (Arbeitsanweisungen). Die Verfeinerungen erfolgen typischerweise in drei Disaggregierungsstufen. Ausgehend von den Soll-Top-Level-Prozessen ("für welche Kunden") erfolgt die erste Verfeinerung ("Was wollen die Kunden?"). Die nächste Verfeinerungsebene faßt die einzelnen Aktivitäten der letzten Verfeinerungsebene (i.d.R. sachlogisch oder nach gesetzlichen Vorgaben) zusammen.

2. Schritt: Das erste Gespräch mit den Anwendern dient zur Erfassung der Prozesse, Aufbauorganisation, Sachmittel etc. unter Verwendung des entsprechenden Formularsatzes zur Prozeßanalyse. Abbildung 75 und Abbildung 76 zeigen Beispiele für Blatt 1 und 3 des formulargestützten Entwurfs einer Prozeßbeschreibung. Wichtig ist, die einzelnen Ebenen der Prozeßbeschreibung auf einem ungefähr einheitlichen Aggregationsniveau zu halten. Die Bezeichnung für Prozeßschritte muß aus Sicht des Prozeßkunden Sinn machen (nicht: "Rechnungen bezahlen", sondern "Zulieferer für erbrachte Leistungen bezahlen").

3. Schritt: Ein zweites Gespräch zur Klärung offener Fragen ist durchzuführen.

4. Schritt: Die Prozeßdiagramme werden im Geschäftsprozeßanalyse-Werkzeug erfaßt und ein Handbuch mit Prozeßdiagrammen und Informationen aus den Formularsätzen erstellt.

Für die Durchführung der Prozeßerfassungsgespräche ist folgender Gesprächsleitfaden sinnvoll:

1. Vorab den Gesprächspartnern die Ziele der Analyse bekanntgeben.

2. Zwei Personen aus dem Projektteam reden immer mit 1-2 Personen aus dem

Fachbereich. Die Auswahl der Ansprechpartner erfolgt je nach Aggregationsebene, Vorgesetzte sind zur Auswahl heranzuziehen, evtl. werden spätere "Prozeßverantwortliche" beteiligt. Weitere Gesprächspartner ergeben sich meist aus dem Gespräch ("die Unterlagen gebe ich meistens an Mitarbeiter X weiter").

3. Das Gespräch sollte sich an den Themenstellungen des Formularsatzes orientieren. Es ist notwendig, am Prozeß festzuhalten und keine Arbeitsplatzbeschreibung zu erstellen.

4. Maximal drei Gespräche pro Tag führen, ein weiterer Arbeitstag ist zur Aufbereitung notwendig.

5. Für jeden betrachteten Prozeßabschnitt sind zwei Gespräche notwendig: Beim zweiten Gespräch ist auf Grund der im ersten Gespräch ausgefüllten Formulare bei unklaren Punkten nachzufragen.

6. Probleme aufnehmen, aber niemals personenbezogen darstellen.

Prozeßname: "Vaterprozeß": Rentenbearbeitung Prozeßverantwortliche(r): HA 8 (nach bestehender Org.)	Datum: 12.12.96	Blatt1 Prozeßgesamtdarstellung
Beginn des Prozesses:	- Antragseingang in Folge eines Ereignisses (Tod eines Angehörigen, Altersgrenze, verminderte Erwerbsfähigkeit) - Eingang eines Widerspruchs - Veränderungsaufforderung - Eintreten eines Prüftermins	
Ende des Prozesses:	- Rentenbescheid / Zahlungsanweisung - Änderung der Zahlungsanweisung - Stop der Zahlungsanweisung - Ablehnung / Stattgeben des Widerspruchs	
Haupttätigkeiten	Widerspruchsbehandlung Rentenermittlung (Alter, Erwerbsunfähigkeit/Berufsunfähigkeit, Hinterbliebene) Rentenanpassung Prüfung der Ansprüche	

Lieferanten	Kennzahlen	Kunden
Arbeitsamt RZL Soz.-Med. Betreuung Behörde (Gesetzesänderung) Antragsteller Widerspruch-Einreichender VDR Versicherungsämter	Bearbeitungsfrist Warteschlangen ("1:1") Fehlerfreiheit Kosten / Antrag	Rentenempfänger Kläger Krankenkassen (Versicherte) Antragsteller Zahlungen über Postrentendienst

Abbildung 75: Beispiel für formulargestützte Prozeßbeschreibung

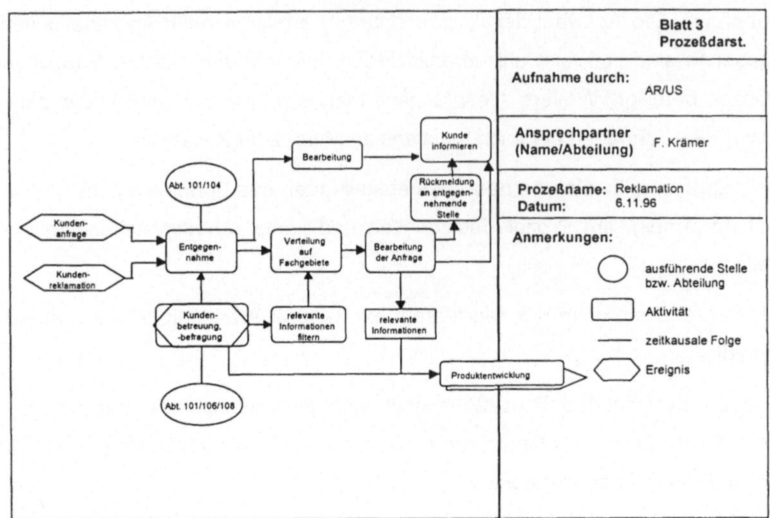

Abbildung 76: Ein Beispiel für den Entwurf einer Prozeßbeschreibung (Kunden-kommunikationsprozeß)

Folgende Probleme und Fragen treten bei der Modellierung typischerweise auf:

- Was sind Ereignisse, die eine Aktivität auslösen? Anders formuliert: Was veranlaßt den Mitarbeiter bzw. den Rechner zu handeln? Die Beschreibung wird durch folgende Beispiele erleichtert

  - Antragsmeldung ist eingegangen am <Datum> im <Ort>,

  - Datenmeldung ist eingegangen,

  - Statusmeldung ist verfügbar,

  - Daten sind verfügbar,

  - Vorliegen der Unterschrift/Erlaubnis/Entscheidung,

  - Eintritt von...in Folge von...,

  - Veränderungsmeldung (Archiv ist voll, Programm ist abgestürzt),

  - Auftragserteilung,

  - Negatives Ereignis (Datenübertragung hat nicht termingerecht stattgefunden).

- Das Aggregationsniveau wird bei der Erfassung uneinheitlich. Die Gesprächsteilnehmer müssen bei der Erfassung darauf achten, ein einheitliches Aggregationsniveau beizubehalten.

- Häufig besteht ein unklares Prozeßverständnis. Deshalb ist vor Gesprächsbeginn der Prozeßbegriff zu erklären. Die Abgrenzung z.B. zum Geschäftsverteilungsplan in öffentlichen Verwaltungen muß deutlich werden.

- Die Möglichkeit der Parallelisierung von Abläufen wird oft nicht modelliert. Bei den Erfassungsgesprächen ist darauf zu achten, daß die unterschiedlichen Formen der Parallelität modelliert werden (die Bearbeitung "muß" bzw. "kann" parallel erfolgen).

- Die Datenerhebung für das Mengengerüst ist teilweise schwierig. Rationalisierungvorteile sind aber abhängig vom Mengenvolumen; eine wenigstens annähernde Erfassung des Mengengerüsts ist daher absolut notwendig.

- Die logische Trennung von Projekt und Prozeß muß eingehalten werden. Hier ist die logische Trennung z.B. in das Entwicklungsprojekt und den daraus entstehenden laufenden Prozeß sowie die prozessuale Beschreibung der Projektabwicklung hilfreich.

Ein weiteres Problemfeld ist die Verwendung der Begriffe der Durchlaufzeit und der Kapazität: Die Durchlaufzeit (DLZ) ist eine wichtige Zielgröße. Die Durchlaufzeit kann die Ausführungs- und (geistige) Rüstzeit, die Übergangszeit (Liege- und Transportzeit) und Pufferzeiten umfassen. Daher muß klargestellt werden, welche Zeiten für die Durchführung eines Ablaufs zu veranschlagen sind; dabei sind folgende Möglichkeiten gegeben:

- DLZ = Zeit für Ausführung der Aufgabe zuzüglich eines empirisch ermittelten Prozentsatzes für Wartezeiten,

- DLZ = Gesamtzeit bis zur Erledigung des Vorgangs,

- DLZ = Zeit für Ausführung der Aufgabe zuzüglich einer simulativ ermittelten Wartezeit.

Für die beiden ersten Möglichkeiten gilt: Die DLZ ist einfach zu ermitteln; Synchronisationsprobleme und Auswirkungen alternativer Aufgabenzuordnungen lassen sich aber nicht erfassen. Dies ist nur bei der dritten Alternative möglich. Unter der "Zeit für die Ausführung einer Aufgabe" ist daher sinnvollerweise die reine Ausführungszeit zu verstehen.

Unter der Kapazität ist die personelle und (informations)technische Kapazität zu verstehen, und zwar unter Berücksichtigung des Leistungsgrades und unter Abzug der Verlustzeiten. In Bezug auf die organisatorische Gestaltung sind die langfristige Kapazitätsauslastung und -anpassung relevant. Dispositive Verfahren zur Kapazitäts- und Terminplanung aus dem Fertigungssteuerungsbereich, wie die Vorwärtsterminierung und Rückwärtsterminierung mit oder ohne Kapazitätsgrenzen (Durchlaufterminierung) und Verfahren zur separaten oder simultanen Einplanung, sind daher für Fragestellungen der organisatorischen Gestaltung nur bedingt hilfreich. Bei der Terminplanung mit Kapazitätsgrenzen können durch Kapazitätsbelastungsrechnungen Aufgaben auf die Kapazitätseinheiten eingeplant werden. Entscheidungen über verschobene Aufträge durch Kapazitätsengpässe können nach verschiedenen Regeln gefällt werden (z.B. First come, First served). Ziel bei der organisatorischen Gestaltung ist, über das Verständnis für die DLZ, das Warteschlangenverhalten und die Auslastung ein Systemverständnis zu erreichen[333]. Die oben genannten Verfahren haben aber eine eher dispositive Zielsetzung.

Netzplanverfahren wie Ereignis-Knoten-, Vorgangsknoten- und Vorgangspfeilnetze[334] zeichnen sich zum einen durch ihre unterschiedlichen Sichten auf Vorgänge (d.h. zeiterfordernde Geschehnisse mit definiertem Anfang und Ende), zum anderen durch deren unterschiedliche Betrachtung bzgl. Anfangs-, End- und Ausführungszeiten aus. Die darauf basierenden Netzplanmethoden wie Critical Path Method (CPM), Program Evaluation and Review Technique (PERT) und Metra Potential Method (MPM) sind für die organisatorische Analyse nur bedingt einsetzbar[335]. Sie können eine dynamische Analyse durch Simulationswerkzeuge nicht ersetzen und decken die Modellierungsanforderungen der verschiedenen Gestaltungsfelder nicht hinreichend ab.

4.5 Gestaltungskonzeption

4.5.1 Vorgehen unter simultaner Betrachtung der Gestaltungsfelder

Unter Berücksichtigung von alternativen Zielvorgaben und Randbedingungen sowie der verschiedenen Gestaltungsfelder werden alternative organisatorische Modelle von Pro-

---

[333] zur Durchlaufzeit bei der Büroarbeit vgl. auch Zangl, H. [1987], S. 49 ff

[334] vgl. DIN 69900 [1987], S. 1

[335] vgl. Grochla, E. [1982], S. 346 ff

zessen gestaltet. Die Gestaltungsalternativen für die verschiedenen Handlungsfelder werden in den nachfolgenden Kapiteln ausführlich erörtert. Zur Gestaltung wird ein Brainstorming mit Teilnehmern aus dem Projektteam, verschiedenen Fachabteilungen sowie dem Organisations- und DV-Bereich durchgeführt. Das Brainstorming kann durch verschiedene Formen der Erschließung von Kreativitätspotentialen unterstützt werden:

- durch weitgreifende, aggressive Zielsetzungen, die zu großen Veränderungen zwingen (im Sinne von Hammer),

- durch Personalentwicklungsmaßnahmen[336], welche die Kreativität von Mitarbeitern fördern,

- durch Benchmarking (doch Benchmarking bewirkt tendenziell, den Besten zu folgen und nicht besser zu sein als diese; ein Nachteil, den kontinuierliche Verbesserungsprozesse nicht aufweisen),

- durch systematische Soll-Ist-Soll-Analyse (siehe Kapitel 4.4.3), die Schnittstellen aufzeigt,

- durch den Einsatz von Kreativitätstechniken,

- durch den "grüne Wiese" Ansatz, d.h. die Ablehnung bestehender Verhaltensmuster,

- durch Analyse der Problemfelder, die im Formularsatz der Ist-Analyse aufgenommen wurden,

- durch rechnerunterstützte Bewertungsverfahren wie statische Analysen, Simulation und Referenzmodelle (z.B. können Auswirkungen von Mengenschwankungen oder von geplantem Mengenwachstum untersucht werden).

Die auf Basis der Handlungsoptionen (vgl. 4.5.2) entstehenden unterschiedlichen Versionen der Modelle werden werkzeuggestützt verwaltet. Anschließend erfolgt eine Durchsprache mit den Endanwendern, um notwendige Veränderungen aus deren Sicht zu übernehmen. Abschließend erfolgt die Auswahl einer Gestaltungsalternative durch Bewertung anhand der strategischen Vorgaben und der möglichen Zielerreichung. Um eine geringe Belastung der Organisation zu erzielen, ist bei der Umsetzung auf Synergieeffekte zu achten. Daher müssen kausale Abhängigkeiten und zeitliche Reihenfolgen für die Umsetzung geplant werden.

---

[336] zum Lernunternehmen siehe Speck, P. [1994], zur Vertrauensorganisation siehe Maaß, J. [1994]

Verwendung von Referenzmodellen für die Gestaltungskonzeption

Referenzmodelle sind formale oder halbformale Beschreibungen von Geschäftsprozessen (Aufbauorganisation, Abläufe, Software-Unterstützungspotentiale). Es sind Branchen- und softwarespezifische Referenzmodelle zu unterscheiden. Referenzmodelle kommen in Prozeß-Modellierungswerkzeugen zum Einsatz[337]. Für die Prozeßgestaltung sind Referenzmodelle in verschiedenster Weise ein Potential:

- Referenzmodelle dienen der Dokumentation von Branchen-know-how.

- Der Abgleich Ist-Zustand und Referenzmodell unterstützt die durchgängige Geschäftsprozeßoptimierung.

- Referenzmodelle können zur schnellen Entwicklung von Workflow-Prozedurbeschreibungen und zur Steuerung von Workflow-Systemen zur Unterstützung neu gestalteter Prozesse eingesetzt werden.

- Die Einführung großer Standardsoftwarepakete zur Unterstützung neuer Prozesse wird durch die Ableitung von Konfigurationsanforderungen durch Referenzmodelle und das Aufzeigen von Machbarkeitsanforderungen in Geschäftsprozeßmodellierungswerkzeugen gesenkt. Dies zeigt auch der Erfolg des ARIS-Tools-Einsatzes von der IDS-Prof. Scheer (bzw. des R/3-Analyzer) im SAP-Umfeld.

- Problematisch ist, daß Referenzmodelle häufig sehr allgemein gehalten sind. Referenzmodelle der "besten" Unternehmen mit hohem Detaillierungsniveau würden die Kernkompetenzen dieser Unternehmen preisgeben und sind damit schwer am Markt erhältlich.

4.5.2 Handlungsoptionen für die Gestaltungsfelder

4.5.2.1 Aufbauorganisation

4.5.2.1.1 Zum Begriff der prozeßorientierten Organisation

Wie in Kapitel 3 gezeigt, ist die Prozeßorientierung einer der Schlüsselbegriffe der untersuchten Managementansätze. Der Begriff der prozeßorientierten Organisation

---

[337] vgl. o.V. [1995], S. 2-1 ff

muß zunächst eine Einordnung in die bestehenden Formen der Aufbauorganisation erfahren. Prozeßorientierung soll eine stärkere marktbezogene Flexibilisierung, Zeitbeschleunigung (weniger Doppelarbeit, verbesserte Koordination, mehr Innovation), stärkere Kundenorientierung und unternehmerisches Denken der Mitarbeiter bewirken. „Die konsequente Kundenorientierung bedeutet die Überwindung funktionsorientierter Organisationsstrukturen durch prozeßorientierte Reorganisation, die nicht mehr an den Grenzen traditioneller Organisationsstrukturen (Abteilungen, Unternehmen) haltmacht. Objekte der Unternehmens- und Arbeitsorganisation sind ... komplette Leistungserstellungsprozesse aus der Sicht der Kunden"[338]. Prozeßorientierung bedeutet, Nahtstellen auf allen Ebenen, d.h. auf der Ebene der Leitbilder, der Strategien, der Strukturen, der Menschen, der Funktionen, der Abläufe und Mittel zu schaffen[339].

Prozesse laufen, systemtheoretisch betrachtet, auf allen Ebenen des Unternehmens in verschiedenen Aggregationsstufen ab. Prozeßorientierung ist daher auch eine Frage der organisatorischen Gestaltungsebene. Die Aussage "ein Betrieb ist prozeßorientiert" ist daher ohne Angabe der Bezugsebene nicht sinnvoll. Konzepte der Prozeß- und Kundenorientierung können daher auf der organisatorischen Mikroebene sein[340]:

- Schaffung von Teamstrukturen mit selbstorganisierenden und selbststeuernden Strukturen (Ausdrucksformen sind z.B. der "Team-Value"-Ansatz oder das "Community"-Konzept[341]),

- Leistungserstellung in funktionsübergreifenden Prozeßteams,

- Reduzierung der Trennung dispositiv und ausführend durch Re-Integration von Tätigkeiten und Empowerment von Mitarbeitern,

- Lernen auf Individual- und Organisationsebene.

Konzepte auf der organisatorischen Makroebene sind:

- Schaffung von Strukturen, die betriebliche Prozesse als Basiskriterium für die Aufbauorganisation akzeptieren, z.B. durch Modularisierung und Dezentralisierung

---

[338] Bullinger, H.-J. [1995], S. 69

[339] vgl. Biehal, F. [1993b], S. 55

[340] vgl. Weber, B. [1996], S. 28

[341] vgl. Zahn, E. [1996b], S. 20

auf verschiedenen Aggregationsebenen,

- Funktionsintegration,

- flache Hierarchien und schnelle Entscheidungsstrukturen und mit einem Wandel von der Funktions- zur Kompetenzhierarchie[342],

- Autarkisierung, d.h. den Umfang an Wertschöpfungsfunktionen der organisatorischen Einheit erhöhen,

- Autonomisierung, d.h. Vergrößerung des Kompetenz- und Verantwortungsspektrums,

- Ersetzen hierarchischer Koordinationsmaßnahmen durch Formen der Selbstkoordination,

- Motivierungswirkung durch Förderung des (internen) Unternehmertums,

- prozeßadäquate Informations- und Controllingsysteme,

- die organisatorische Verankerung der Prozeßorientierung über die Installation von abteilungs- und bereichsübergreifender Prozeßverantwortung mittels "Process Ownern" (die eine mehrdimensionale Anbindung in der Organisationsstruktur bedeuten kann).

Eine Betrachtung der "klassischen" Organisationsformen in der Literatur zur Einordnung der Prozeßorientierung ist angebracht. Für die Primärorganisation bestehen die Möglichkeiten Verrichtungsmodell (Funktionalorganisation), Objektmodell (Geschäftsbereich oder Spartenorganisation nach Produkten, Projekten, Kunden, Regionen) und die verschiedenen Formen der Matrix- und Tensororganisationen, die bereits eine Grundlage zur Einbindung der Sekundärorganisation bilden. Das strategische Merkmal Kundenorientierung hat sein organisatorisches Komplement in der Objektorientierung[343].

Es existieren mehrere Möglichkeiten der Sekundärorganisation für neue oder zeitlich befristete Aufgaben[344] (siehe auch Abbildung 77): die Produktmanagement-Organisa-

---

[342] vgl. Henn, H. [1995], S. 304 ff

[343] vgl. Drumm, H.-J. [1996], S. 10

[344] vgl. Staehle, W. H. [1991], S. 706 ff

tion, die Kundenmanagement-Organisation, die Projektmanagement-Organisation und die Organisation in strategischen Geschäftseinheiten. Projektteams bearbeiten Projekte, die zu neuen Prozessen führen oder deren Ergebnisse in laufende Projekte übernommen werden (vgl. Abbildung 78). Außerdem besteht die Möglichkeit von Parallel-Hierarchien. Allerdings werden diese vom Mittelmanagement häufig nicht als adäquater Ersatz für bestehende Strukturen angesehen[345] .

organisatorische Einbindung	Projekt-Manager	Funktions-Manager
Stab	Information/Beratung	Entscheidung
Matrix	Projektverantwortung	disziplinarische Weisungsbefugnis
Linie	Entscheidung	Information/Beratung

Abbildung 77: Organisatorische Einbindung von Projekt- und Funktionsmanager

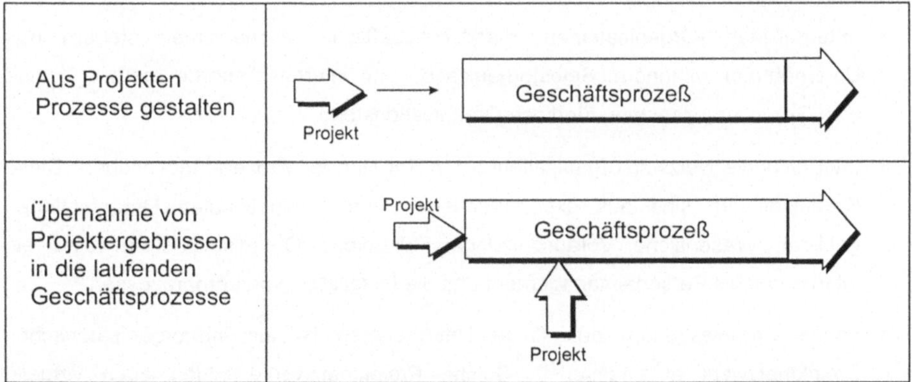

Abbildung 78: Integration von Projekt und Prozeß

Bei der prozeßorientierten Organisation kommt dem Objektmodell sowie den verschiedenen Formen der Sekundärorganisation, vor allem bei Konfigurationen in einer schnell veränderlichen und feindlichen Umwelt, hohe Bedeutung zu. Wesentliche Konzepte werden anschließend und in den folgenden Kapiteln diskutiert. Staehle betont die

---

[345] zu den Gründen siehe Staehle, W. H. [1991], S. 711

Bedeutung der Sekundärorganisation für die Innovation[346]: Die Primärorganisation hat Vorteile für die Abwicklung von Routineaufgaben. Der entscheidende Mangel der Primärorganisation ist, daß sie zu Produkt- und Verfahrensinnovationen nur schwer in der Lage ist (z.B. Konfiguration F2 "Stagnierende Bürokratie") und kein innovationsförderndes Klima aufbaut. Daher ist eine innovationsfördernde Parallelorganisation sinnvoll, die zur Lösung komplexer Probleme, zur Steigerung von Flexibilität sowie zur Durchführung von Veränderungsprozessen eingesetzt werden kann, sofern die organisatorische Konfiguration innovative Strukturen erfordert. Konstrukte zur Innovationsförderung sind interne oder externe Reservate (wie z.B. Forschungseinrichtungen) oder Intrapreneurship, Spin-offs und Management-Buy-Out. Sie fördern eine unternehmerische Denkweise.

Neue Organisationsformen kombinieren die genannten Konzepte zur Schaffung von Prozeß- und Kundenorientierung im Unternehmen auf verschiedene Weise, basieren aber grundsätzlich auf den verschiedenen genannten Formen der Primär- und Sekundärorganisation. Beispiele sind:

- "Interner-Markt"-Organisationen: marktwirtschaftliche Mechanismen steuern das Unternehmen im Innern. Selbstorganisation und internes Unternehmertum[347] sind eine Grundvoraussetzung für diese Organisationsform.

- Internationale Netzwerkorganisationen als Rahmen für Prozeß-Innovationen. Diese Organisationen sind aus exportorientierten und multinationalen Organisationen gebildet. Wesentliche Voraussetzungen für diese Organisationsform sind ein internationales Personalmanagement und die Installation von Lernprozessen[348].

- Fluide Organisationen: das fluide Unternehmen ist als interorganisatorisches Projektnetzwerk aufzufassen[349]. Solche Projektnetzwerke bilden auch virtuelle Organisationen.

Ein Beispiel für eine "prozeßorientierte Dienstleistungs-Organisation" zeigt die Abbildung 79. Die Kundenorientierung ist auf der ersten Gliederungsebene durch auf Kundengruppen bezogene Prozesse mit entsprechenden Prozeßbeauftragten sicher-

---

[346] vgl. Staehle, W. H. [1991], S. 714 ff

[347] vgl. Zahn, E. [1996b], S. 21

[348] vgl. Servatius, H.-G. [1996], S. 31 ff

[349] vgl. dazu die Arbeit von Weber, B. [1996] über fluide Organisationen

gestellt. Über die Gliederung auf der zweiten Ebene ist damit keine Aussage getroffen. Der auch von Kieser angedeuteten Gefahr einer tendenziellen Unterauslastung kann dadurch begegnet werden, daß z.B. teure Anlagen von mehreren Prozessen genutzt werden. Dazu müssen aber Verrechnungs- und Zugriffsmechanismen für die Anlagen bestehen. Außerdem besteht die Gefahr latenter Konfliktsituationen zwischen den Prozeßverantwortlichen und den Leitern der Koordinationseinheiten, z.B. dem in der Abbildung gezeigten Einkauf. Weber weist auch darauf hin, daß die Mängel bekannter Lösungen (Key-Account-Manager, Produktmanager) bezüglich der Konfliktsituationen in Matrixorganisationen in analoger Weise zwischen Linienverantwortlichen und Prozeßverantwortlichen bestehen können. Außerdem stellt er in Bezug auf die Mischung von "horizontaler" und "vertikaler" Organisation fest: „Ebensowenig bewirkt die Einführung einer prozeßorientierten Organisation noch keine grundsätzliche Änderung des funktionalen Aufbaus eines Unternehmens. Vielmehr wird lediglich das klassische Problem der Integration funktionsbezogener Aufgaben durch Prozeßverantwortliche sowie die Institutionalisierung funktionsbereichsübergreifender Arbeitsgruppen gezielter angegangen"[350]. Weiter führt er aus: „...eine generelle Auflösung der Funktionalbereiche wird nicht in Erwägung gezogen - selbst nicht von den engagiertesten Verfechtern einer schlanken Organisation"[351].

Abbildung 80 zeigt das Beispiel einer prozeßorientierten Aufbauorganisation zur Abwicklung projektorientierter Tätigkeiten im Bereich von Forschungs- und Entwicklungsdienstleistungen. Basis der Gestaltung sind Competence Centers (CC) und Marktstrategieteams (MT). Die Auftragsabwicklungsprozesse werden weitgehend in den MTs und CCs durchgeführt. Diese Organisationsform unterstützt das Ziel einer flexiblen, flachen und atmenden Organisation. MTs existieren auf Zeit, haben klare Zielsetzungen über einen Business Plan und entwickeln sich zum CC oder werden bei mangelndem Markterfolg aufgelöst. Die MTs sind kapazitiv von den i.d.R. größeren CCs mit stabilen existierenden Geschäftsfeldern abhängig und bündeln das im Unternehmen vorhandene know how für einen spezifischen Markt.

Bei der Gestaltung prozeßorientierter Organisationen sind auch die konfigurationsspezifische Situation, die Rechtsform und die Firmenhistorie zu betrachten. Potentiale

---

[350] Weber, B. [1996], S.30

[351] Weber, B. [1996], S. 31

für mögliche Widerstände wurden bereits aufgezeigt. Vielfache umsetzungsbedingte Mängel bei prozeßorientierten Konzepten bezüglich der "Anschlußfähigkeit" an die betriebliche Situation und die "Firmenhistorie" bestätigt auch Weber[352].

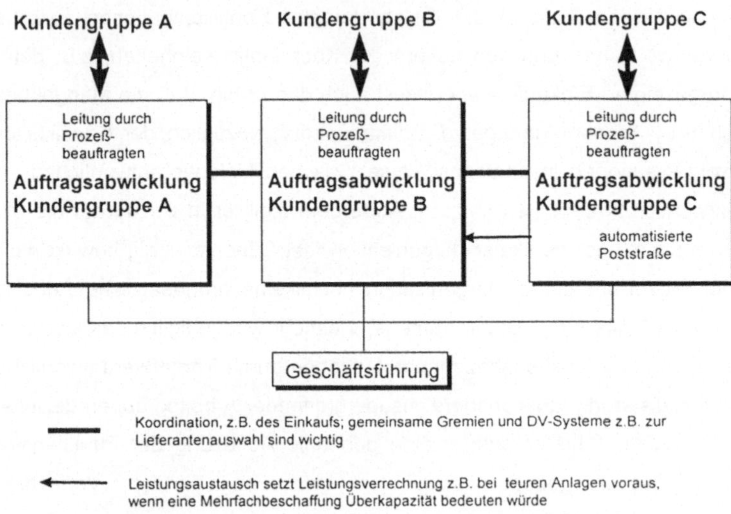

Abbildung 79: Das Beispiel einer "prozeßorientierten Organisation"

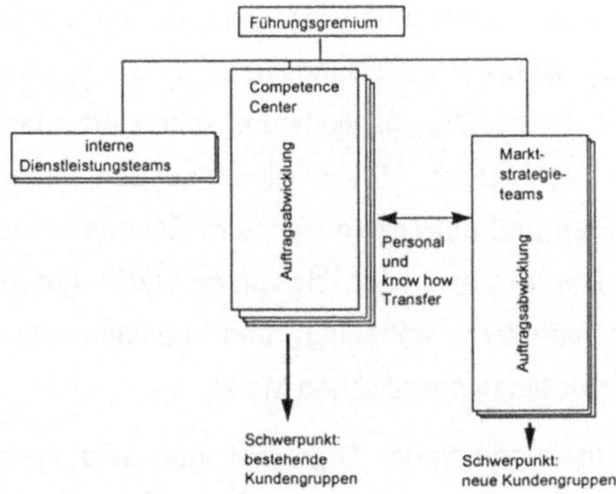

Abbildung 80: Eine prozeßorientierte Aufbauorganisation zur Abwicklung projektorientierter Tätigkeiten

---

[352] vgl. Weber, B. [1996], S. 26

Die Gestaltung der prozeß- und kundenorientierten Aufbauorganisation kann in unterschiedlichen rechtlichen Konstruktionen stattfinden (vgl. Abbildung 81). Prozesse können über Unternehmensgrenzen hinaus auf unterschiedlicher Basis organisiert werden:

- durch die Zusammenarbeit selbständiger (gleichberechtigter) Partner: die Kooperation erfolgt auf Vertragsbasis oder durch finanzielle Verflechtung,

- durch die Zusammenarbeit mit wirtschaftlich abhängigen Subunternehmen (z.B. Ausgründungen als GmbHs, Outsourcing),

- als Filiale,

- durch die Zusammenarbeit mit Lizenznehmern (statt rechtlich abhängiger Filialen), mit Agenturen oder mit Scheinselbständigen (z.B. im Handwerksbereich).

Klient	Kooperative	Club	Kunde
Zwangsmitglied, Staat, Handwerkskammer	Teilhaber, Einkaufs- genossenschaft	freiwilliges Mitglied Vereine Marken Clubs	unabhängiger Partner, Unternehmen, Privatperson

zunehmende Autonomie des Abnehmers ⟶

⟵ steigende Markteintrittsbarrieren

Abbildung 81: Alternativen zur Kundenbindung bei Dienstleistungen [353]

4.5.2.1.2 Koordination

Es existieren vielfältige Formen der Koordination[354]:

- Fremdkoordination kann durch organisationale Potentialkontrolle (Selektion von Personal, Allokation von Personal, betriebliche Sozialisation, betriebliche Aus- und Weiterbildung) oder durch organisationale Handlungskontrolle erfolgen. Organisationale Handlungskontrolle existiert in Form unpersönlicher Kontrolle durch Technik,

---

[353] vgl. Bullinger, H.-J. [1995], S. 53

[354] vgl. Staehle, W. H. [1991], S. 522

Bürokratie oder Segmentation oder in Form von persönlicher Kontrolle durch Vorgesetzte oder Gruppen.

- Selbstkoordination kann durch teil-autonome Gruppen, Partizipation, Selbst-Management, Intrapreneurship oder Marktmechanismen erfolgen.

Selbstkoordinierende organisatorische Einheiten ermöglichen z.B. eine schnelle Anpassung von Prozessen an veränderte Kundenwünsche und eine schnelle Reaktion auf Qualitätsmängel im Prozeßablauf. Schnelle Reaktionsmöglichkeiten wiederum erhöhen die Motivation der Mitarbeiter, Prozesse weiter zu verbessern. Selbstkoordinierende Einheiten reduzieren auch den Entscheidungsbedarf in den Hierarchieebenen der Unternehmen und ermöglichen daher eine Reduzierung der Zahl der Entscheidungsträger in den Hierarchieebenen, d.h. die Hierarchie kann flacher werden.

Diese Überlegungen lassen den Schluß zu, daß Konzepte der Prozeßorientierung eine Hinwendung zu Konzepten der Selbstkoordination bedingen. Sie ermöglichen eine effiziente Prozeßbeherrschung und flache Hierarchien.

4.5.2.1.3 Flache Hierarchien

Hierarchie stellt einen effizienten Koordinationsmechanismus mit hohem Fremdkoordinationsanteil dar. Vorhandene Führungskompetenzen können genutzt und Statusbedürfnisse befriedigt werden. Unter der organisatorischen Maßnahme Hierarchieabbau wird die Verringerung der Zahl der Ebenen und die Reduktion der Leistungstiefe verstanden[355]. Die Abflachung der Hierarchie steht in sehr engem Zusammenhang mit der Erhöhung des Handlungsspielraumes, der Beschleunigung von Entscheidungsprozessen, der Delegation von Ergebnisverantwortung und der Segmentierung organisatorischer Einheiten.

Die Delegation von organisatorischer Kompetenz muß gleichgewichtig erfolgen. Dies bedeutet, daß der Grad der Delegation von Aufgaben und Verantwortung dem der Partizipation an Erfolgspotentialen entsprechen muß[356]. Es ist eine gleiche Verteilung von Last-, Leistungs- und Erfolgspotentialen auf organisatorische Einheiten anzustreben. Die durch Delegation erfolgte Erweiterung des Aufgabenspektrums erhöht die Anforderungen an die Mitarbeiter sowie an die Gruppen und Teams.

---

[355] vgl. Frese, E.; Werder, A.v. [1994], S. 14

[356] vgl. Schnabel, U.G.; Roos, A.W. [1996], S. 71

Der Weg zum Hierarchieabbau führt nicht über die Auflösung von hierarchischen Ebenen, sondern die Aufgaben des mittleren Managements, d.h. die Funktion als Informationsdrehscheibe sowie die Wahrnehmung von Führungsaufgaben, müssen reduziert werden. Diese Reduktion kann durch neue Formen der Arbeitsgestaltung mit höherem Entscheidungs-, Kontroll- und Tätigkeitsspielraum (z.B. teilautonome, selbststeuernde Arbeitsgruppen) mit mehr Selbstkoordination und besserem Informationsfluß erreicht werden. Entscheidend ist, daß zunächst Prozesse und Aufgaben verändert werden müssen, erst dann können sich auch Strukturen nachhaltig verändern, und die Zahl der Hierarchiestufen kann verringert werden (vgl. Abbildung 82). Es ist festzustellen, daß sich die Schwerpunkte der Umgestaltung verändert haben. Standen in der Vergangenheit Automatisierungskonzepte auf der Bearbeiterebene im Vordergrund, so gewinnen Veränderungen in der Managementebene zunehmend an Bedeutung.

Hierarchieebenen	wesentliche Aufgaben	Reduzierung / Veränderung / Verlagerung der Aufgaben durch
Top-Management	• Strategiefindung • Steuerung, Entscheidungsfindung & Kontrolle	• Verlagerung von Verantwortung und Entscheidungsbefugnis • Dezentralisierung
Mittlere Führungsebene	• Informationsdrehscheibe (sammeln, aufbereiten, aggregieren) • Mitarbeiter führen	• Funktion der Informationsdrehscheibe durch FIS / Data Warehouse unterstützen • Selbstorganisation auf Sachbearbeiterebene
Sachbearbeiterebene	• operative Tätigkeiten durchführen	• Automatisierung • Reduzierung schnittstellenbedingter Tätigkeiten • Empowerment der Mitarbeiter

Abbildung 82: Aufgabenveränderungen als Basis für flache Hierarchien

Ausgeprägte Hierarchien hindern Prozeß- und Kundenorientierung weil die Entwicklung der Kooperationsfähigkeit von Mitarbeitern und das "Unternehmertum im Unternehmen" (vgl. Kapitel Intrapreneurship) verhindert wird. Außerdem werden keine ganzheitlichen Arbeitsfelder zugelassen, sondern Abteilungs- bzw. Bereichsdenken gefördert.

Das mittlere Management ist i.d.R. besonders betroffen von der Hierarchieverflachung. Hierarchiesubstitute für den Abbau von Statussystemen können die Auswirkungen für die Betroffenen abmildern.

Reiß zeigt systematisch auf, welche Möglichkeiten zur Erzeugung einer optimalen Komplexität von Hierarchien durch Hierarchieabbau, Personalabbau oder Schwerpunkt-verlagerungen auf verschiedenen Unternehmensebenen zur Verfügung stehen (vgl. Abbildung 83).

Personalabbau bedeutet eine Verschlankung des Unternehmens und kann für Unternehmen in einer erfolglosen Situation notwendig sein, z.B. um eine kurzfristige Kostenreduktion zu erzielen (z.B. Konfigurationen F1-F4). Zahn stellt fest, daß kostensenkende Maßnahmen zur Verschlankung wie Hierarchie- und Personalabbau zwar die Möglichkeit bieten, Wettbewerbsnachteile abzubauen, daß damit aber noch keine verteidigungsfähigen Wettbewerbsvorteile aufgebaut sind[357]. Eine Erneuerung des Unternehmens mit einer Orientierung auf Kundennutzen und Ertragsverbesserung ist erforderlich.

Maßnahme Ebene	Hierarchieabbau	Personalabbau	Schwerpunktver-lagerung
Führungsspitze	marktnahe Spitze	entschlackte Spitze	schlanke Holding
Mittleres Management	durchlässige Hierarchie	ausgedünnte Mitte	Profitcenter
Ausführungsebene	Teams	Rationalisierung und Automatisierung	ausgeprägtes "Entrepreneurship"

Abbildung 83: Optimale Komplexität von Hierarchien durch Hierarchieabbau[358]

4.5.2.1.4 Segmentierung

Die organisatorische Segmentierung erlaubt es, aus hochkomplexen Einheiten dezen-trale, mit relativ hohem Handlungsspielraum (Autarkie und Autonomie) ausgestattete, unternehmerisch handelnde Einheiten zu bilden, in denen Kernkompetenzen entwickelt

---

[357] vgl. Zahn, E. [1997], S. 6

[358] in Anlehnung an Reiß, M. [1993c], S. 21 ff

und eingesetzt werden können. Durch Segmentierung werden Organisationseinheiten aufgaben- und ressourcenseitig entkoppelt und unter ganzheitlichen Aspekten, wie Kernkompetenzen, wieder neu geordnet. Es werden direkte und indirekte Funktionen um Segmentierungsobjekte gruppiert. Diese Objekte können u.a. Märkte, Produkte, Prozesse, Kundengruppen, Geschäftsfelder oder Produkt-Marktkombinationen sein. Dann werden die Einheiten mit organisatorischer Kompetenz, Ergebnisverantwortung und -partizipation ausgestattet. Auf diese Weise entsteht das Segment, d.h. eine ganzheitlich-prozeßorientierte organisatorische Einheit[359]. Auf Grundlage der Segmentierung werden Unternehmertum und die Center-Konzepte realisierbar. Die Geschäftsbeziehungen zwischen den Segmenten bzw. Modulen werden auf Basis marktwirtschaftlicher Verrechnung von Kosten und Leistungen vollzogen. Begriffe wie "Unternehmen im Unternehmen", die "modulare", "fokussierte", oder "fraktale Organisation" sind Erscheinungsformen der Segmentierungs-Grundidee. In diesem Kontext ist „Ein Fraktal .. eine selbständig agierende Unternehmenseinheit, deren Ziele und Leistungen eindeutig beschreibbar sind"[360]. Der erwähnte Begriff der Modularisierung ist für die Strukturierung kunden- und prozeßorientierter Dienstleistungsunternehmen von besonderer Bedeutung: „Modularisierung bedeutet eine Restrukturierung der Unternehmensorganisation auf der Basis integrierter, kundenorientierter Prozesse in relativ kleine, überschaubare Einheiten. Sie zeichnen sich durch dezentrale Entscheidungskompetenz und Ergebnisverantwortung aus". Weiter wird von Reichwald und Möslein ausgeführt: „Der gemeinsame Grundgedanke der Modularisierungskonzepte kommt auf verschiedenen Unternehmensebenen zur Anwendung: von der Ebene der Arbeitsorganisation durch Bildung autonomer Gruppen bis zur Aufgliederung des Gesamtunternehmens in weitgehend unabhängige Profit-Center"[361]. Notwendig für die Modularisierung sind neben dem Objektbezug die Delegation von Entscheidung, Planung, Ausführung und Kontrolle. Außerdem sind ein geeignetes Steuerungsinstrumentarium und die Unterstützung kooperativer Arbeit durch angepaßte Entlohnungs- und Karrieresysteme erforderlich. Die Modularisierung auf der organisatorischen Makroebene, die Anwendung von Intrapreneur-Konzepten sowie Management-Buy-Outs für eine Erhöhung der Innovationsfähigkeit sind vor allem für Ausgangskonfigurationen mit großen

---

[359] vgl. Reiß, M.; Höge, R. [1994], S. 216

[360] Warnecke, H.-J. [1993], S.152

[361] Reichwald, R.; Möslein, K. [1995], S. 361

Organisationen (eher groß sind F2 "Stagnierende Bürokratie", F3 "Kopfloser Gigant" und S2 "Dominantes Unternehmen", S3 "Gigant unter Feuer", S4 "Unternehmerisches Konglomerat") notwendig.

Organisatorische Segmentierung ist auf mehreren Ebenen des Unternehmens durchführbar[362]. Die Portfolio-Segmentierung ist die Grenzziehung zwischen einem Konzern und dessen Umwelt oder anderen möglichen Investments. Die Holding, die Bildung von Unternehmensbereichen, Business Units oder Centern sind konkrete Erscheinungsformen der Segmentierung. Die Prozeß-Segmentierung bildet ergebnisverantwortliche Teams u.a. nach dem Prinzip der Komplettbearbeitung zusammengehöriger Tätigkeiten.

Die Segment-Autonomie hängt von der Größe des implementierten Entscheidungsspielraums in einem Segment ab. Eine organisatorische Einheit kann nur mit durchführenden Aufgaben oder zusätzlich mit dispositiven Aufgaben, Kontroll- und Steuerungsaufgaben, mit Planungs- oder sogar mit ausgedehnten Entscheidungs- und Führungskompetenzen ausgestattet werden.

Die Segment-Autarkie wird durch die zusätzliche Ausstattung mit eigenen Ressourcen erhöht. Das heißt, das Segment wird von der Unterstützung durch die Zentralbereiche unabhängig gemacht. Aus den Erfahrungen mit "schlanken" Unternehmenseinheiten ist zu vermuten, daß bei der Erhöhung der Autonomie und der Autarkie von Segmenten zweckmäßigerweise nach dem Grundsatz "so viel dezentral wie möglich, so viel zentral wie nötig" verfahren werden sollte.

Abbildung 84 zeigt den Aufbau eines segmentierten Unternehmens: Die Prozeßorientierung kommt dabei auf der zweiten Gliederungsebene zum Tragen.

In engem Zusammenhang mit der Segmentierung steht der Begriff der Dezentralisierung. Dezentralisierung ist einer der Begriffe der Organisationstheorie, die am vielfältigsten verwendet werden[363]. Im Zusammenhang mit neuen Organisationsstrukturen sind zwei Aspekte bedeutsam:

- die Weitergabe von Kompetenzen an relativ selbständig agierende Unternehmensbereiche mit Ergebnisverantwortung in Form selbständiger Tochtergesellschaften

---

[362] vgl. Reiß, M. [1994], S. 21.1

[363] vgl. Reichwald, R.; Koller, H. [1996], S. 113 f

oder Profit-Center und

- die Weitergabe von Kompetenzen an die ausführende Ebene im Rahmen teilautonomer Gruppen.

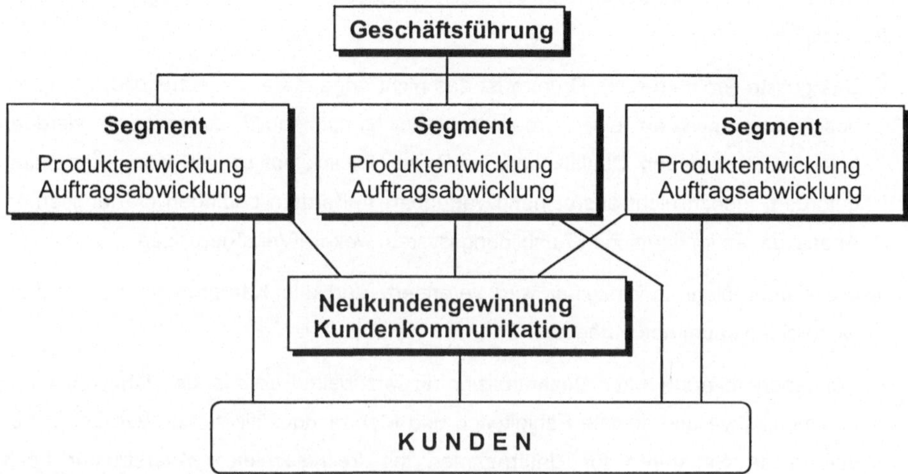

Abbildung 84: Aufbau eines segmentierten Unternehmens

Die Unternehmensorganisationsebene (mit den Gestaltungsfeldern Kultur, Führungsorganisation, Koordination, Netzwerk- und Wissensmanagement), die Betriebsorganisationsebene (Funktions- und Informationssystemintegration) und die Arbeitsorganisationsebene (Gruppenorganisation, Qualifikation, Entlohnung) können bei der Dezentralisierung von Kompetenz und Verantwortung unterschieden werden [364].

Zahn weißt auf den zu vermutenden Zusammenhang zwischen Selbstorganisation und Dezentralisation hin: „Die Notwendigkeit der stärkeren Berücksichtigung selbstorganisatorischer Prozesse in Unternehmen ist unter den Bedingungen des offenen Wandels unbestritten. Hier sind besondere Fähigkeiten zur Beherrschung und Mitgestaltung des Wandels gefragt, die sich offenbar in dezentralisierten Unternehmen mit einem stark ausgeprägten Unternehmertum besonders gut entwickeln können"[365].

Die Dezentralisierung kann zum einen dazu dienen, das Verhalten der Mitarbeiter auf

---

[364] vgl. Wildemann, H. [1996a], S. 362 ff
[365] Zahn, E.; Dillerup, R. [1995], S. 47 f

den Wertschöpfungsprozeß zu konzentrieren, zum anderen, um Einheiten zu schaffen, die z.B. über neue Formen des Lernens Wettbewerbsvorteile schaffen, die schwerer als Produkte und Betriebsmittel zu kopieren sind[366]. Doch ergeben sich auch organisatorische und personalwirtschaftliche Probleme mit dem Leitbild der "neuen Dezentralisation", die Drumm bei seinem Vergleich empirisch geprägter Managementansätze feststellt[367]:

- Das größte Problem nach Drumm ist das nicht angepaßte Menschenbild: Es ist zu positiv und muß an einem realistischeren Menschenbild ausgerichtet werden. Mitarbeiter mit neuen Qualifikationen z.B. im Hinblick auf soziale Kompetenz sind gefordert, jedoch nicht ausreichend verfügbar. Außerdem bedingen die langsamen Anpassungen im deutschen Ausbildungssystem weitere Verzögerungen.

- Die Karriereplanung einzelner wird verändert: Vertikale Karrieren sind in flachen Hierarchien kaum noch möglich.

- Kundenorientierung durch Dezentralisierung setzt beim Personal Lernfähigkeit, hohe kommunikative und soziale Fähigkeiten und Mehrfachqualifikationen voraus. Daher sind diese Strukturen für Unternehmen mit "rechtsschiefer" Altersstruktur nach Drumms Ansicht kaum geeignet. Der Aufwand für die Personalfreistellung und die Überwindung der Lernbarrieren ist zu hoch. Hier ist allerdings einzuwenden, daß die Lernfähigkeit nicht nur vom Alter abhängig ist.

- Eine adäquate Verlagerung von Kompetenz und Verantwortung wird gefordert. Damit besteht die Schwierigkeit, zu einer abgestimmten Gesamtstrategie zu kommen. Die Gefahr besteht, daß der Zusammenhalt der Organisation durch starke Segmentierung gefährdet wird. „As their label clearly warns, divisions divide"[368]. Diese Gefahr greifen auch Ghoshal und Bartlett[369] auf und versuchen ihr in der Phase der "Integration", d.h. der koordinierten Zusammenarbeit dezentraler Unternehmenseinheiten, zu begegnen (vgl. Kapitel 4.2.5).

- Hat ein Kunde mehrere Aufgabenstellungen, die gelöst werden sollen und die unterschiedlichen Prozessen und dezentralen Einheiten zugeordnet sind, bestehen

---

[366] vgl. Wildemann, H. [1996a], S. 360 ff

[367] vgl. Drumm, H.-J. [1996], S. 13 ff

[368] Ghoshal, S.; Bartlett, C. A. [1995a], S. 88

[369] vgl. ebenda, S. 88 ff

nach wie vor Koordinatlonsprobleme. Key Account Management und POIs sind adäquate Lösungsansätze.

- Der Leistungs- und Informationsaustausch zwischen dezentralen Einheiten ist schwierig zu klären. Lösungen sind auf Basis von Black Board Modellen, durch Querschnittseinheiten, wie einem strategischen Einkauf, und durch die Einführung von Verrechnungspreisen möglich.

- Die Autonomie, z.B. bei Arbeitszeitmodellen dezentraler Einheiten, führt zu Präsenzproblemen bei übergreifenden Einheiten und Gremien.

- Ebenso wenig wie die Geschäftsbereichsorganisation kann die "neue Dezentralisation" auf eine situativ abgestimmte Basis gestellt werden[370]. Hierzu kann der Konfigurationsansatz mit den Übergängen zu Konfigurationen, die dezentrale Strukturen beinhalten, die Basis bieten.

4.5.2.1.5 Teams

Es existieren formelle und informelle Arbeitsgruppen in Unternehmen. Als Team wird eine formelle Arbeitsgruppe bezeichnet, wenn folgende Merkmale erfüllt sind[371]:

- kleine funktionsgegliederte Arbeitsgruppe,

- gemeinsame Zielsetzung,

- relativ intensive wechselseitige Beziehungen,

- spezifische Arbeitsform (Teamwork),

- ausgeprägter Gemeinschaftsgeist (team spirit) und

- relativ starke Gruppenkohäsion.

Erste Versuche, die vertikale und horizontale tayloristische Arbeitsteilung in der Unternehmenspraxis aufzuheben, gehen u.a. auf die Gruppenkonzepte der 70er Jahre zurück[372]. Teilautonome Gruppen sind u.a. Ausdruck der "Demokratisierung von Industrieunternehmen" (z.B. in Schweden) und der "Humanisierung der Arbeit" (z.B. in

---

[370] vgl. Drumm, H.-J. [1996], S. 9

[371] vgl. Staehle, W. H. [1991], S. 246

[372] vgl. Schneider, H.; Knebel, H. [1995], S. 16

Deutschland)[373]. Es existieren unterschiedliche Formen betrieblicher Team- und Gruppenarbeit[374]: Lernstatt, Lernzirkel oder Förderkreise für den Führungsnachwuchs. Bei Qualitätszirkel und Lernstatt handelt es sich um Projektteams zur Erarbeitung von Lösungskonzepten für Aufgaben und Herausforderungen in der Produktion. Diese Konzepte haben die Organisation der Produktion (u.a. Fertigung, Montage) in den 80er Jahren geprägt. Teilautonome Gruppen bearbeiten selbstorganisiert eine ganzheitlich strukturierte Arbeitsaufgabe. Klassische Führungsfunktionen (Planung und Steuerung) werden von der Gruppe oder von einem selbstgewählten Repräsentanten wahrgenommen und erzeugen dadurch flache Hierarchien.

Die Bildung und Gestaltung von Teamstrukturen erfordern die Bündelung von

- Aufgaben und Funktionen,

- Know-how, d.h. das Bilden einer Lerngemeinschaft,

- Zielen (durch einheitliche Vorgaben "ziehen alle an einem Strang"),

- Qualifikationsmöglichkeiten (mehrere Ausgangspunkte für Karrierewege müssen geschaffen werden) sowie

- Verantwortung und Kompetenz (das Team hat die volle Entscheidungsverantwortung für die im Team bearbeiteten Aufgaben).

Kompetenzen können Antrags-, Planungs-, Entscheidungs-, Mitsprache-, Anordnungs-, Realisierungs- und Kontrollkompetenzen sein. Die Nutzung von Kompetenzen setzt entsprechende fachliche und soziale Fähigkeiten voraus.

Ausgangspunkte für Karrierewege im Team können der Erwerb von Expertenwissen, der Erwerb von Führungskompetenz oder die Fähigkeit zur Job-Rotation sein.

Die Einführung von Teams erfordert eine hohe Qualifikation der Mitarbeiter in den Bereichen Sozial-, Konflikt-, Methoden- und Fachkompetenz. „In der Zusammenarbeit von Teams wird Spezialisierung weiter ihren Platz und ihre Berechtigung haben. Dennoch muß jeder im Team genug von der Aufgabe und Funktion der anderen wissen, um für die gemeinsame Problemlösung dialogfähig zu sein"[375].

---

[373] vgl. Kutsch, T.; Wiswede, G. [1986], S. 147 ff

[374] vgl. Walz, H.; Bertels, T. [1995], S. 208

[375] Biehal, F. [1993b], S. 16

In dem Maß, wie der Grad des Handlungsspielraumes, d.h. des Tätigkeitsspielraumes (Autarkie) und des Entscheidungsspielraumes (Autonomie) wächst, sollte auch die Ergebnispartizipation ansteigen. Diese und die Mitsprache (Mitdenken, Mitwissen, Mitentscheiden, Mitumsetzen)[376] der Mitarbeiter werden einen immer höheren Stellenwert bekommen. Das Anreizsystem eines Unternehmens muß dazu in geeigneter Form die Ergebnispartizipation der Mitarbeiter regeln. Das Anreizsystem des Unternehmens soll unternehmerisches Verhalten honorieren und den Einsatz der Mitarbeiter von einem innenorientierten Verhalten hin zur Kundenorientierung lenken. Die Anreize für den Mitarbeiter mit Unternehmerverhalten müssen aus intrinsischen Elementen, z.B. erweiterter, größerer Handlungsspielraum, und monetären Elementen (Erfolgsbeteiligung) bestehen. Das Prinzip Transparenz eines Anreizsystems erhöht dessen Akzeptanz. Das Anreizsystem muß die Motivation zu Leistungs- und Risikoverhalten der "Mitunternehmer" fördern. Die Anreize, die bestimmte Organisationseinheiten, Strategien und Anreizpläne bieten, sollten mit den zeitlich variablen Motiven der Mitarbeiter in einem kongruenten Verhältnis stehen, so daß die Belohnungswirkung bei veränderter Motivlage zum Tragen kommt. Der gewünschte Wegfall der Kopplung von Gehalt und Hierarchiestufe in Teams läßt sich in Konfigurationen (vor allem F2 "Stagnierende Bürokratie"), in denen das Unternehmen mit Tarifstukturen des öffentlichen Diensts arbeitet, nur erschwert durchführen.

Die primäre Herausforderung bei der Teambildung besteht darin, die Prozesse in Gruppen sowie die Positionen und Rollen in Gruppen hinsichtlich Kommunikation, Interaktion, Führung, Konfliktbeherrschung, Motivation und Machtausübung zu verstehen und zu klären[377]. So existieren verschiedene Formen der Machtausübung und Beeinflussung, um die Akzeptanz organisatorischer Regeln sicherzustellen[378]: Sanktionsmacht, Expertenmacht, legitimierte Macht und Identifikationsmacht. Unterschiedlich sind auch die Verhaltensweisen bei der Machtausübung: Versprechen und Drohen, Schaffen vollendeter Tatsachen, Überzeugen, Manipulieren, Vorenthalten von Informationen, Kontrolle und Beeinflussung des Umfeldes sowie das Berufen auf Legitimation.

---

[376] vgl. Streib, F. [1992], S. 7

[377] zu kohäsionshemmenden und kohäsionsfördenden Faktoren vgl. Staehle, W. H. [1991], S. 258; zu den Bedingungen erfolgreicher Gruppenarbeit Staehle, W. H. [1991], S. 260 ff

[378] vgl. Grochla, E. [1982], S. 41 ff

Im Hinblick auf die Motivation ist bedeutsam[379], daß Leistungsstreben, soziales Streben und Machstreben der einzelnen Gruppenmitglieder existieren. Gewünscht ist zwar soziales Streben, andere Faktoren lassen sich aber nicht ausschalten. Dies erklärt auch den Widerstand gegen die mit der Teambildung verbundenen flachen Hierarchien, die auch große Leitungsspannen bedeuten. Teilweise sind deshalb Differenzierungen in den Gruppen erforderlich.

Wichtig für die Einführung ist, daß Gruppen bei der Einführung verschiedene Phasen der Gruppenentwicklung durchlaufen, die mit Forming (Mitgliedererkundung), Storming (Rollenfindung), Norming (Normenfindung) und Performing (Aufgabenerfüllung) bezeichnet werden[380]. Bei der Einführung von Teams ist zu bedenken, daß es Teams in der Realität teilweise nicht gelingen wird, die ersten zwei Phasen wegen emotionaler und andere Konflikte zu überwinden.

4.5.2.1.6 MBO und Intrapreneuring

Management-Buy-Out (MBO) und Intrapreneuring (vgl. Kapitel 4.5.2.1.1) sind zwei wesentliche Konzepte für die Gestaltung prozeßorientierter Organisationen.

Grundsätzlich sind mehrere Formen des MBO zur Förderung von Unternehmertum im Unternehmen denkbar. Die Varianten des MBO unterscheiden sich im Wesentlichen in der Rollenverteilung bezüglich Mitsprache und Kapitalbeteiligung zwischen der Muttergesellschaft (Zentrale, Holding), dem Management der ausgegründeten Geschäftseinheit und externen Investoren als Kapitalgeber. Die Kaufpreis-Finanzierung kann teilweise oder ganz durch Externe, durch die verkaufende Muttergesellschaft (Zentrale, Holding) oder durch das Management der ausgegründeten Geschäftseinheit selbst erfolgen[381]. Durch MBOs werden Einheiten eines Unternehmens relativ selbständig. Motivation, Gestaltungsfreiheiten, Dezentralisierung und "Unternehmertum" nehmen zu.

Ferber nennt als Kriterien, die für ein MBO günstig sind[382]: "Low Tech" Unternehmen mit geringen Finanzierungsrisiken und planbarem cash flow, die in stabilen Märkten mit überschaubarem Wettbewerb tätig sind (z.B. Konfiguration S2 "Dominantes Unterneh-

---

[379] vgl. Staehle, W. H. [1991], S. 200 ff und S. 209
[380] vgl. Reiß, M. [1997], S. 12
[381] vgl. Lewis, T.; Grisebach, R.; Nelle, A. [1995], S. 106
[382] vgl. Ferber, M. [1996], S. 242 ff

men"). Spin-offs oder Desinvestments von Konzerntochtergesellschaften können MBO-Kandidaten sein. Dagegen sind in Familienunternehmen mit dominierendem Eigentümer (z.B. Konfiguration F1 "Impulsives Unternehmen") MBO-Qualitäten oft nicht vorhanden.

Intrapreneuring

Allen unterschiedlichen wissenschaftlichen Konzepten zum Unternehmertum ist gemein, daß die Implementierung von Unternehmertum fundamentale Verhaltensänderungen bei den Managern und den Mitarbeitern erfordert[383]. Das Unternehmen lebt vom Mitmachen, der Mensch rückt in den Mittelpunkt der „4. industriellen Revolution"[384]. Das Wort Intrapreneurship ist eine Zusammensetzung aus INTRA CORPORATE und ENTREPRENEURSHIP und bedeutet, daß Mitarbeiter sich wie Unternehmer verhalten sollen[385].

Das Bestreben ist, die Eigenschaften von unternehmerisch geführten Kleinstunternehmen in größere, eher starre Organisationen (d.h. betroffen sind primär die Ausgangskonfigurationen F2 "Stagnierende Bürokratie", F3 "Kopfloser Gigant" und S2 "Dominantes Unternehmen", S3 "Gigant unter Feuer", S4 "Unternehmerisches Konglomerat") zu übertragen. D.h. ein hohes Maß an informellen Übereinkünften ist gefordert, die organisatorische Regelungen weitgehend überflüssig machen, mit wenig Kompetenzstreitigkeiten, wenig internen Konflikten und einem Unternehmergeist mit hoher Einsatz- und Kooperationsbereitschaft. In Anlehnung an Walz lassen sich alternative Wege zur Position eines innovativen, flexiblen Unternehmens aufzeigen (vgl. Abbildung 85).

Die verschiedenen Formen des "Unternehmertums" (vgl. Abbildung 86) als wichtigstes Verhaltensmuster der Mitarbeiter und des Managements in einem Segment bzw. in überschaubaren organisatorischen Einheiten wirken sich als dezentrales Verantwortungsbewußtsein für Qualität, Kosten, Erlöse, Deckungsbeiträge und Innovationen aus.

---

[383] vgl. Reiß, M. [1993b], S. 48

[384] Bullinger, H.-J.; Gommel, M. [1995], S. 21

[385] vgl. Walz, H.; Bertels, T. [1995], S. 159 ff

Organisation	Venture-Einheit	"Traditionell" geführtes Großunternehmen
Unternehmergeist	hoch	niedrig
finanzielle Ressourcen, Infrastruktur	niedrig	hoch
Beseitigung der Schwächen	venture capital	Intrapreneuring

Abbildung 85: Vergleich von Venture-Einheit und "traditionell" geführtem Großunternehmen[386]

von der Unternehmensleitung gewollt		von der Unternehmensleitung nicht gewollt
vollständige Durchdringung des Unternehmens (Intrapreneurship als Selbstverständlichkeit)	Herausbildung von Intrapreneurship-Inseln (Intrapreneur hat offiziellen Status)	Intrapreneur im eher innovationsfeindlichen Klima bürokratischer Organisationen (z.B. Konfiguration F2 "Stagnierende Bürokratie")

Abbildung 86: Formen des Intrapreneurships [387]

4.5.2.1.7 Center-Konzepte

Die strategische Geschäftsfeldsegmentierung und die Identifizierung von Kernkompetenzen sind die Grundlage für die organisatorische Segmentierung der komplexen Organisation[388]. Prozeßorientierte, ganzheitliche Leistungszentren, Center oder "Mini Companies" (die zu einer Virtualisierung von Großunternehmen führen können[389]) werden über die organisatorische Segmentierung entworfen. Über die dezentralen Centerstrukturen lassen sich z.B. eine Erhöhung von Anpassungsgeschwindigkeit und Flexibilität erzielen; dies gilt vor allem für Konfigurationen mit einer herausfordernden Umwelt. Zentrale Aufgaben bleiben das Portfolio-Management, z.B. zur Investitionssteuerung, die kosteneffiziente Bereitstellung übergreifender Spezialkompetenzen und Servicebereiche.

Für die Center-Bildung ist die Funktionenintegration ein wesentliches Charakteristikum.

---

[386] vgl. Walz, H.; Bertels, T. [1995], S. 162

[387] vgl. Walz, H.; Bertels, T. [1995], S. 163

[388] vgl. Eversmann, M. [1994], S. 46

[389] vgl. Bullinger, H.-J. [1995], S. 69

Es werden drei Prinzipien der Funktionenintegration wirksam[390]:

- Funktionenintegration in Corporate Center (Controlling-, Finanz-, Management-Holding) durch Zentralisierung[391]. Das Corporate Center hat gegenüber den Business Centern eine Dienstleistungsfunktion und fungiert als Koordinationszentrum. Bei der Gestaltung eines schlanken Corporate Centers ist es entscheidend, daß eine effiziente Infrastruktur für die Business Center zur Verfügung gestellt werden kann.

- Funktionenintegration in Business Center (Business Units, Divisions, Werke, Teams) durch Dezentralisierung bzw. Verselbständigung.

- Funktionenintegration in Service Center durch Outsourcing[392]. Zwischen den dezentralen Business Centern und einer schlanken Holding können Dienstleistungszentren angesiedelt sein, die Serviceleistungen für die Holding und für die Business Center erbringen. Diese Service-Center erzeugen Leistungen, die mehrere Business Center oder auch externe Unternehmen in Anspruch nehmen.

Die Intensität des unternehmerischen Verhaltens von Mitarbeitern hängt u.a. von der Wahl des Centers (Abbildung 87: Center Konzepte) und des Anreizsystems ab. Center können über Kennzahlen gesteuerte Einheiten mit eigenverantwortlicher Selbstorganisation und mit ergebnisorientiertem Denken und Handeln sein.

Centerkonzept	Erfolgsgrößen	beeinflußbare Größen
Cost-Center und Service-Center	Variable Kosten	Leistungsmenge nicht/kaum beeinflußbar durch Centerverantwortliche
Umsatz-Center	Umsatzerlöse	Verursachte Kosten nicht/kaum beeinflußbar durch Centerverantwortliche
Profit-Center	Deckungsbeiträge	Kosten und Leistungen sind beeinflußbar durch Centerverantwortliche
Investment-Center	Rentabilität	Kosten, Leistungen und Investitionen sind beeinflußbar durch Centerverantwortliche; unternehmerisch handelnde Einheit mit höchstem Autonomiegrad aller Center-Konzepte

Abbildung 87: Center Konzepte[393]

---

[390] vgl. Kleb, R.-H.; Svoboda, M. [1994b], S. 302 f

[391] vgl. Reiß, M.; Höge, R. [1994], S. 211 ff

[392] vgl. Reiß, M.; Höge, R. [1994], S. 211 ff

[393] zu den Centertypen vgl. Friedrich, R. [1996], S. 988

Eines der meistdiskutierten Centerkonzepte ist das Profitcenter. Es ist verantwortlich für Deckungsbeiträge und hat Entscheidungskompetenz über die Verbrauchsmengen und das Marketing-Mix. Anhand dieser Elemente hat das Profit-Center die Möglichkeit eingeschränkt die Höhe seiner Einkünfte zu steuern. Auf die Fixkosten hat das Center keinen Einfluß. Investitionen werden von der Holding vorgenommen. Der Erfolg des (Gesamt-) Unternehmens ergibt sich aus dem Erfolg der Teileinheiten saldiert mit dem innerbetrieblichen Leistungsaustausch (z.B. bewertet über Verrechnungspreise). Auf diese Weise sind ein Vergleich mit anderen Unternehmen am Markt und die Implementierung marktwirtschaftlicher Verhaltensweisen möglich[394]. Frese kommt bei der Auswertung empirischer Erhebungen zu dem Schluß, daß das Profit-Center einen festen Platz unter den Gestaltungsinstrumenten deutscher Manager hat, daß ihm aber kein herausgehobener Stellenwert zukommt[395].

Die Kernaufgaben bei der Gestaltung der Center sind[396]:

- Die Auswahl des "Center-Verantwortlichen" mit den Fähigkeiten eines Intrapreneurs,

- die Vorbereitung der Organisationsstrukturen für "Mini-Companies",

- die Implementierung des Center-Controllings, der Centererfolgsrechnung und die Integration in die Unternehmens- und Centerführung durch das Management,

- der Aufbau eines centerorientierten Berichts- und Informationssystems,

- die Entwicklung einer Führungskonzeption für die jeweiligen Centertypen und den Unternehmensverbund durch die Zentrale,

- das Treffen von Vereinbarungen zu marktlichen Bedingungen zwischen den Centern.

Ein praktisches Beispiel für Centerkonzepte bietet die Mehrkanalvertriebsstruktur für einen Mobilitätsdienstleister:

- Lizenznehmer arbeiten als Investmentcenter mit der primären Zielgröße Rentabilität,

- Werkseigene Niederlassungen arbeiten als Costcenter mit der Zielgröße Kostenminimierung,

---

[394] vgl. Frese, E.; Werder, A.v. [1994], S. 14 f

[395] vgl. Frese, E. [1995], S. 87

[396] vgl. Schnabel, U.G.; Roos, A.W. [1996], S. 97

- Agenturen arbeiten als Umsatzcenter mit der Zielgröße Umsatz.

4.5.2.1.8 Lernunternehmen

In Kapitel 3.4 sind Managementansätze dargestellt, die Konstrukte von der Individual- auf die Unternehmensebene übertragen. Von diesen Ansätzen ist für die organisatorische Gestaltung von Dienstleistungsunternehmen mit turbulenter Umwelt vor allem der Ansatz des Lernunternehmens bedeutsam, um „Economies of Competence and Learning"[397] als Wettbewerbsvorteile zu erzielen. Lernen bedeutet (im Zusammenhang mit Lernunternehmen), Mechanismen zu entwickeln, die ein Lernen, Weiterentwickeln und Anpassen an neue Umgebungsbedingungen ermöglichen.

„Das "Lernen" im Sinne kognitiver Prozesse vollzieht sich in erster Linie bei den einzelnen Individuen innerhalb des Unternehmens. Darüber hinaus erscheint es jedoch berechtigt, auch von einem Gruppenlernen und von einem organisatorischen Lernen zu sprechen, da die Summe des Wissens aller Individuen ungleich dem Wissen der Gruppe oder Unternehmung ist"[398].

Die Lerngeschwindigkeit eines Unternehmens schafft strategischen Handlungsspielraum in Form von Differenzierungspotentialen: Produkte können leicht imitiert werden, schwer imitierbar sind kundenorientierte Problemlösungen, prozeßorientierte Ablaufstrukturen und individuelle Serviceleistungen. „Insofern bietet die Lerngeschwindigkeit der Organisation ein Differenzierungspotential im Wettbewerb"[399].

Lernen erstreckt sich dabei auf Lernen vom Kunden (z.B. durch Quality Function Deployment), auf Lernen vom Wettbewerb (z.B. durch Benchmarking), von Kooperationspartnern und auf innerbetriebliches Lernen (z.B. durch Zugriff auf formal und inhaltlich erschlossene Informationen aus unterschiedlichen Unternehmensbereichen).

Nach Wildemann sind drei Entwicklungsstufen des organisationalen Lernens zu unterscheiden[400]:

- Strukturveränderungen führen zu individuellen Verhaltensänderungen; daraus kann sich eine Effizienzsteigerung ergeben.

---

[397] vgl. Zahn, E. [1996c], S. 282 ff

[398] Reichwald, R.; Koller, H. [1996], S. 108

[399] Wildemann, H. [1996c], S. 20

[400] vgl. Wildemann, H. [1996c], S. 21 f

- Lernen zielt darauf ab, ein systemisches Gleichgewicht zwischen Unternehmen und Umwelt herzustellen. Diese Entwicklungsstufe entspricht dem kontingenztheoretischen Denken eines ständigen "fits" zwischen Unternehmen und Umwelt.

- Strukturwandel und Verhaltensänderung sind gleichbedeutende Bestandteile organisatorischer Innovation. In dieser Stufe wird das Spannungsfeld zwischen Stabilität und Veränderung deutlich. Diese Vorstellung organisationalen Lernens mit der Spannung zwischen der Stabilität (d.h. der Erhaltung der konsistenten Konfiguration) einerseits und der Veränderung (d.h. dem Konfigurationswechsel) andererseits, entspricht der Logik der Konfigurationsansätze.

Reichwald und Koller[401] verweisen darauf, daß ein international wettbewerbsfähiges Unternehmen im Hochlohnland Deutschland darauf angewiesen ist, daß das Lernen der Anpassung an veränderte Bedingungen nicht durch Zentralabteilungen oder einzelne Entscheidungsträger, sondern durch die Mitarbeiter - auf Gruppen- und Organisationsebene durch organisatorische, personalwirtschaftliche und technische Maßnahmen - gefördert werden muß. Solche Maßnahmen können sein: Die Dezentralisierung unter bestimmten Rahmenbedingungen zum Abbau von Lernhindernissen, oder das Verfügbarmachen von Informationen (Informationsverteilung durch Führungsinformationssysteme und Intranet-Lösungen).

Eine Gefahr für den Aufbau lernender Strukturen ist der radikale Abbau des mittleren Managements. Die Lernbeziehungen zwischen einem erfahrenen Manager (Mentor) und einer Nachwuchskraft entfallen. Mentoring ist ein geeignetes Instrument, wenn das Unternehmen bestimmte Stärken wie offenen Managementstil, umfassendes Qualitätsbewußtsein o.ä. zu "vererben" hat. Die radikale Veränderung der Personalstrukturen stört diesen "Vererbungsmechanismus"[402].

Es ist zu beachten, daß in einer lernenden Organisation die Anpassung an Kundenverhältnisse und die Reorganisation der Prozesse zur täglichen Arbeit gehören; in diesem Zusammenhang wird nochmals deutlich, daß der Modellierungs- und Dokumentationsaufwand für Prozesse gering gehalten werden muß[403].

---

[401] vgl. Reichwald, R.; Koller, H. [1996], S. 108

[402] vgl. Walz, H.; Bertels, T. [1995], S. 187 ff

[403] vgl. Scheer, A.-W.; Remme, M. [1996], S. 163

4.5.2.2 Ablauforganisation

Bei der Gestaltung der Ablauforganisation, d.h. bei der Gliederung und Zuordnung der Aufgaben, werden die erfaßten Ist-Prozesse analysiert und zur Gestaltung der neuen Prozesse herangezogen. Der Grad der Veränderungen bei den Abläufen ergibt sich aus den notwendigen Veränderungen beim Konfigurationswechsel hinsichtlich den Veränderungen in der Unternehmensumwelt, die in unterschiedlichen Graden der Aggressivität in den strategischen Vorgaben zur Prozeßverbesserung deutlich werden. Bei der Gestaltung gibt es - neben den in Kapitel 4.5.1 genannten Gesichtspunkten bezüglich Kreativitätspotentialen und Referenzmodellen - folgende Ansatzpunkte:

- Geschäftsprozesse werden ausgehend von Kundengruppen möglichst durchgängig gestaltet; Nahtstellen können z.B. räumlich oder technologisch bedingt sein. Es gibt z.B. sinnvollerweise nur eine automatisierte Poststraße, die für viele Prozesse den Versand übernimmt. Kunden können auch interne Kunden sein, deren Leistungen aus Kundensicht zu spezifizieren sind. Die Prozeßabläufe sollen außerdem frei von historisch gewachsenen Ansprüchen und Schnittstellen sein und alle Aufgaben beinhalten, die für ein sinnvolles eigenverantwortliches Handeln notwendig sind.

- Prozesse können neu gestaltet werden durch die gedankliche Überprüfung der Arbeitsschritte auf deren Notwendigkeit und zeitlichen Bezug hin: bestehende Prozeßschritte sind zu überprüfen bezüglich der Möglichkeit zu Parallelisieren, Wegzulassen und zu Automatisieren. Das Vorgehen folgt dem Leitsatz: "Alles was der Kunde nicht honoriert, ist Verschwendung".

- Prozeßvereinfachung ("keep it simple") und Flexibilisierung sind sinnvoll, um eine schnelle Adaption an neue Umweltbedingungen bei Konfigurationen mit dynamischer Umwelt zu erreichen. Die Beachtung von Aspekten der Selbstorganisation und der Bildung dezentraler Verantwortungsbereiche (Subsidiaritätsprinzip) ist notwendig.

- Transport- und Liegezeiten sowie die Kapazitätsauslastung bieten Ansätze zur Neugestaltung. Der Einsatz von Simulationsinstrumenten ist dabei hilfreich, da z.B. statische Warteschlangenuntersuchungen u.U. dazu führen, daß Engpässe nur lokal abgebaut werden und in einen anderen Prozeßabschnitt zu neuen Engpaßsituationen führen. Das heißt, aus Sicht des Gesamtprozesses findet nur eine Verlagerung und keine Beseitigung der Engpaßsituation statt.

- Die Prozesse sind auf Anforderungen des Gesetzgebers hin zu überprüfen, z.B. die

Anforderung der Erstellung von Nachweisen oder Bescheiden im Prozeßablauf.

- Es muß eine Durchsicht der Modellierungsergebnisse auf wertschöpfende Tätigkeiten erfolgen. Dabei sind semantische Auffälligkeiten zu beachten: z.B. weisen Formulierungen wie Eingabe, Konvertierung, Prüfung und Kontrolle auf mögliche Medienbrüche oder nicht wertschöpfende Tätigkeiten hin, die auf ihre Sinnhaftigkeit zu untersuchen sind.

- Die Neugestaltung sollte bei mengenmäßig häufigen oder personalintensiven Prozeßsegmenten ansetzen.

- Eine gedankliche Neugestaltung des Ablaufs ("grüne Wiese" Denken) kann von der Frage geleitet werden: Welche Informationen werden wann benötigt, um die Dienstleistung zu erstellen?

- Die Möglichkeit der Funktionenintegration durch den Einsatz von Informationstechnik ist zu untersuchen. Die Wertschöpfungskette muß dabei aus Sicht des Kundennutzens optimiert werden und nicht aus Sicht des technisch Machbaren.

- Die einzelnen Prozeßschritte sind in eine logische Abfolge zu bringen, wobei es mehrere logische Abfolgen gibt. Eindeutige und vollständige Übergabeanforderungen für die Schnittstellen sind festzulegen. Dabei ist zu prüfen, ob der Wechsel von Verantwortlichkeiten im Prozeß an sinnhaften Stellen erfolgt.

- Welche Tätigkeiten können von anderen besser oder kostendeckend durchgeführt werden; d.h. sind bestimmte Tätigkeiten Outsourcing-Kandidaten oder Verlagerungskandidaten?

- Die Auswirkungen von Defekten in Prozessen müssen analysiert[404] und im Sinne eines informationstechnischen und personell-organisatorischen Risikomanagements berücksichtigt werden.

- Werden Prozesse in mehreren Segmenten mit ähnlichen Aufgabenstellungen untersucht, so kann eine werkzeuggestützte Aufgabenstandardisierung Gestaltungshinweise liefern.

- Elemente der Qualitätsbeherrschung sind in den Prozeß einzubauen (siehe nachfolgende Ausführungen).

---

[404] vgl. Meitner, H. [1995], S. 19 ff

- Im Anschluß an die Gestaltung ist zu prüfen, ob die einzelnen Abläufe sinnvoll gekoppelt sind.

Qualitätsbeherrschung

Qualität ist in den Prozessen und im Denken der Personen zu integrieren (siehe Kapitel 3.4.3). Es existiert eine Vielzahl von Instrumenten, die für die Qualitätsbeherrschung in Prozessen von Dienstleistungsunternehmen eingesetzt werden können. „Verschiedene Tätigkeiten erfordern unterschiedliche Qualitäten der Arbeit zu ihrer Verrichtung. Eine spannungsreiche Dualität solcher Qualitäten, in der Dienstleistungen stehen, ist die zwischen Kreativität und Zuverlässigkeit"[405]. Beherrschte Prozesse sind (neben der Verbindung von Dienstleistungen mit einer Marke) eine Möglichkeit, die Produktqualität über Prozeßqualität zu beweisen, z.B. über "gläserne Unternehmen", die den Kunden Einblick in die Entstehung von Dienstleistungsprodukten gewähren. Wichtig ist die sofortige Fehlerfreiheit im Prozeß der Dienstleistungserstellung vor allem unter dem Gesichtspunkt, daß bei vielen Dienstleistungen (z.B. bei ärztlichen Eingriffen) ein Nachbessern nicht mehr möglich ist.

Bei Zielkonfigurationen mit einer stabilen Umwelt ist ein Qualitätsmanagement möglich, das über strikte Anweisungen oder vorgeschriebene Prozeduren mit wenig Entscheidungsfreiraum und detailliertem Controlling arbeitet. Zur Anwendung kommen - neben den in Kapitel 3 genannten Maßnahmen zur Schaffung einer gerichtsfesten Organisation - Instrumente wie Formulareinsatz, 4-Augenprinzip, systematische Fehleranalyse, Einsatz von Organisationsanweisungen, Protokollierung von Ereignissen, Prüfung durch Vorgesetzte oder eine technische Einrichtung auf Syntax, Semantik, Zeiteinhaltung bei Dokumenten und die konsequente Nutzung einer ständig aktuell gehaltenen Prozeßdokumentation.

Konfigurationen, die ein hohes Maß an Selbstorganisation und ein flexibles Zugehen auf Kunden in turbulenten Umwelten erfordern, benötigen dagegen ein "kundenorientiertes" Instrumentarium. Qualität für den Kunden äußert sich in solchen Konfigurationen durch flexibles Eingehen der Mitarbeiter auf Kundenwünsche in hochflexiblen Prozessen, was Prozesse mit geringer Komplexität voraussetzt. Wechselnde Anforde-

---

[405] Biehal, F. [1993b], S. 17

rungen an die Produktqualität sind durch systematische Kundenbefragungen zu ermitteln. Diese Konfigurationen müssen in der Lage sein, über ausgeprägte Fähigkeiten zum Projektmanagement die Adaption von Prozessen auf Grund neuer Kundenanforderungen oder Kundengruppen effektiv zu managen.

4.5.2.3 Räumliche Gestaltung

Die räumliche Gestaltung wird bei der Einführung prozeß- und teamorientierter Organisationsformen häufig vernachlässigt. Die Ableitung von Handlungsbedarf zur Büro- und Gebäudegestaltung ist jedoch von großer Bedeutung für den Erfolg dieser Konzepte[406]. Gebäude können über ihre Architektur und die Baustoffe das Selbstverständnis des Unternehmens gegenüber dem Kunden zum Ausdruck bringen (z.B. Solidität). Räumliche Gestaltung ist z.B. auch bei der Gestaltung von Front-Office-Prozessen von Finanzdienstleistern entscheidend. Flexible räumliche Strukturen müssen die Anpassung der Geschäftsprozesse im Schalterbereich an veränderte Point-of-Sale Stellen durch die Einrichtung von SB-Centern und an veränderte Mengenstrukturen durch Homebanking und Telefon-Banking ermöglichen.

Eine Zusammenarbeit mit Architekten und Ergonomen ist bereits in der Modellierungsphase notwendig. Bei der Unterstützung von Teamstrukturen durch räumliche Gestaltung ist z.B. auf die Berücksichtigung der notwendigen face-to-face Kommunikation durch Kommunikationsanalysen zu achten. Angestrebt sind neben optimiertem Flächenbedarf und optimierter Kommunikation Arbeitsumgebungen, die motiviertes und kreatives Handeln der Mitarbeiter fördern. Dies geschieht z.B. durch Auswahl geeigneter Bürotypen: flexible Büros für Teams und Projektgruppen, für wechselnde Teams, für Besprechungsmöglichkeiten und Möglichkeiten zur informellen Kommunikation über Kommunikationsflächen. Flexible Raumbedarfe müssen geplant werden, z.B. wegen der Option reduzierten Papierbedarfs durch DMS-Einsatz, d.h. die Umwandlung raumorientierter Ablauforganisationen in informationstechnisch und kommunikationstechnisch gestützte, enträumlichte Prozesse findet statt[407]. Flexible Raumstrukturen sind auch notwendig, da durch Regionalisierung der Raumorganisation in der Dienstleistungswelt (z.B. durch Telearbeit) veränderte Raumbedarfe entstehen. Es ist zu vermuten, daß der räumliche Zusammenhalt durch mobile und alternierende Telearbeits-

---

[406] vgl. zu Raumgestaltung und Teameffektivität DeMarco, T.; Lister, T. [1991], S. 41 ff
[407] vgl. Balck, H. [1996], S. 24

plätze zukünftig an Bedeutung verlieren wird. Neue technologische Konzepte wie der "Virtual Office Space" werden in Zukunft die Simulation räumlicher Präsenz von Kooperationspartnern ermöglichen[408]. Die Gestaltung von Arbeitsplätzen und Aufbauorganisation unterliegt auch einer Vielzahl von gesetzlichen Rahmenbedingungen. Bei der Arbeitsplatzgestaltung sind z.B. Mindestmaße für Benutzer- und Bewegungsflächen, die EU-Bildschirmrichtlinie, die Arbeitsstättenverordnung und Sicherheitsregeln der Verwaltungs-Berufsgenossenschaft zu beachten[409]. Für die Arbeitssicherheit[410] gelten z.B. die Regelungen für die gesetzliche Unfallversicherung. Unfallverhütungsvorschriften werden gemäß Reichsversicherungsordnung (RVO) von den Berufsgenossenschaften erlassen. Das Arbeitssicherheitsgesetz (ASiG) legt die Einrichtung von Sicherheitsingenieuren etc. fest und tangiert damit die Aufbauorganisation. Außerdem gelten die Arbeitsstättenverordnung (ArbStättV) und das Gesetz über technische Arbeitsmittel (GtA).

4.5.2.4 Informationstechnische Unterstützungssysteme

4.5.2.4.1 Die Bedeutung des Informationsmanagements

Information ist ein bedeutender Wettbewerbs- und Wertschöpfungsfaktor für Dienstleistungsunternehmen. Das Informationsmanagement ist daher zu einer zentralen Managementaufgabe geworden. Es muß dazu die betriebliche Organisation, betriebswirtschaftliche Steuerungssysteme und innovative Informationstechnik in einer Weise schaffen und koordinieren, daß die Aufnahme, Verarbeitung und Verteilung von Information im Unternehmen bzw. zu seinen externen Nahtstellen in effizienter und effektiver, d.h. möglichst wertschöpfender und marktnaher Weise erfolgt.

Die neuen Managementansätze fordern wie bereits in Kapitel 4.5.2.1 aufgezeigt Formen der Organisation, die sich durch Prozeß- und Kundenorientierung, durch ein hohes Maß an Dezentralität, Modularisierung, Selbstorganisation und durch die Fähigkeit zu organisationalem Lernen auszeichnen.

Das Informationsmanagement muß daher die Selbstorganisation und Beherrschung

---

[408] vgl. Bullinger, H.-J. [1995], S. 69 f

[409] zur ergonomischen Gestaltung von Arbeitsmitteln und entsprechenden Vorschriften und Normen vgl. REFA [1992], S. 316 ff

[410] vgl. Hentze, J. [1991], Bd. 1, S. 437 ff

von Geschäftsprozessen unterstützen, dezentrale Planungen koordinieren, eine gemeinsame Informationsbasis, Flexibilitätspotentiale und neue Vertriebswege schaffen sowie die Entstehung neuer Produkte und Dienstleistungen, die auf Informationstechnik basieren, unterstützen. Dies bedeutet einen grundlegenden Wechsel im Unterstützungsverständnis durch Informations- und Kommunikationstechnik von der Automatisierung zur Informatisierung[411].

Zeichnen sich die Zielkonfigurationen durch hohe Innovativität aus, so ist vor allem die Unterstützung gering strukturierter Prozesse durch Informations- und Kommunikationstechnik von Bedeutung. Sind die Zielkonfigurationen durch modulare, dezentrale Strukturen geprägt, so sind Instrumente zur Koordination und Steuerung von dezentralen bzw. modularen Einheiten von besonderer Bedeutung.

4.5.2.4.2 Informations- und Kommunikationstechnik: Stand und Entwicklungstendenzen der technologischen Basis

Der "Werkzeugkasten" der Informationstechnik, der dem Informationsmanagement zur Verfügung steht, ist aus heutiger Sicht geprägt durch hohe Verfügbarkeit der Telekommunikationsinfrastruktur, durch starken Preisverfall bei der Hardware und einen hohen Durchdringungsgrad an Informations- und Kommunikationstechnik in den Unternehmen. Dem steht ein Bedarf nach weiterer Standardisierung und Verfügbarkeit offener Schnittstellen auf allen Kommunikationsebenen gegenüber.

Ein Kernelement der Unternehmensinfrastruktur sind die Netze für Sprach- und Datenübertragung, auch als "Nervenbahnen des Unternehmens" bezeichnet. Es stehen eine Vielzahl leitungsgebundener digitaler (z.B. ISDN, Breitband-ISDN) und analoger Netze sowie mobiler Kommunikationsnetze und -dienste (z.B. Netze nach GSM-Standards, Bündelfunknetze, Paging-Systeme, LAN-Funknetze) für die Kommunikation im Unternehmen und die Kommunikation des Unternehmens mit seiner Umwelt zur Verfügung. Die Zahl der angebotenen Netze und Dienste wird durch die Deregulierungsbestrebungen der EU weiter anwachsen. Der leistungsfähige Ausbau bestehender Netze wird auch unter dem Stichwort Datenautobahn oder "Information Highway" diskutiert. Parallel dazu entwickeln sich hohe Zuwächse bei den Nutzerzahlen globaler Netzwerke, vor allem dem Internet.

---

[411] vgl. Bullinger, H.-J.; Fähnrich, K.-P. et al. [1995], S. 23

Hohe Bedeutung für das Informationsmanagement haben die sogenannten "Teledienste":

- Telekooperationsdienste z.B. CSCW (Computer Supported Cooperative Work[412]) unterstützen die gemeinsame Bearbeitung durch Joint Viewing oder Joint Editing und sind damit wichtige Konzepte für Gruppenarbeit.

- Klassische Verteildienste entwickeln sich im Hinblick auf die Einflußmöglichkeiten des Empfängers (z.B. Videotext) hin zu komplexen Einflußmöglichkeiten hinsichtlich Zeitpunkt und Inhalt der empfangenden Information sowie Feed-back-Möglichkeiten, wie sie das interaktive Fernsehen bieten wird.

- Interaktive Dienste (z.B. Videokonferenz und Sprachkommunikation) entwickeln sich durch die Kopplungsmöglichkeiten von Sprach- und Datennetzen[413].

Problematisch für Unternehmen ist hierbei einerseits die enorme Zahl der angebotenen Netze und Dienste mit unterschiedlichen Kopplungsmöglichkeiten und Tarifen, die die Auswahl des geeigneten und wirtschaftlichsten Instrumentariums stark erschweren. Andererseits bietet die ungebrochen hohe Innovationsgeschwindigkeit im Bereich der Informationstechnik und das dadurch bedingte Entstehen neuer Standards (z.B. TETRA im Mobilfunkbereich) hohe Potentiale, wenn auch eine Beobachtung relevanter Entwicklungen in dem heterogenen, kurzlebigen Markt extrem schwierig ist.

Die technologische Entwicklung im Softwarebereich ist geprägt durch die Integration von bestehenden Software-Modulen mit Internet-Lösungen sowie durch Intranet-Lösungen, die mit den für das Internet entstandenen Technologien (HTML/HTTP, JAVA) neue innerbetriebliche Informationssysteme schaffen. Hinzu kommen neue Techniken der Software-Erstellung, z.B. in Form des Componentware-Ansatzes. Diese Entwicklungen führen in der Tendenz zu leichter benutzbarer, flexiblerer, plattform-übergreifend einsetzbarer und wirtschaftlich günstiger adaptierbarer Software. Sie unterstützen damit das Ziel modularer, schnell an neue Aufgaben und damit Kunden-wünsche anpaßbarer Organisationseinheiten.

Die Hardwareentwicklung ist durch ständige Leistungssteigerung und verstärkte Verfügbarkeit verschiedener Parallelrechnertechnologien und verteilter Umgebungen

---

[412] zu den Formen des CSCW vgl. Ziegler, J. [1996], S. 681 ff

[413] vgl. Bullinger, H.-J.; Brettreich-Teichmann, W.; u.a. [1996], S. 30 ff

geprägt. Die Client-Server-Technologie hat durch Produkte führender Hersteller (z.B. SAP R/3[414] und Microsoft Windows NT) starken Auftrieb bekommen. Dadurch werden neue Applikationen z.B. im Bereich der virtuellen Realität für einen größeren Nutzerkreis wirtschaftlich interessant.

4.5.2.4.2.1 Unterstützung des organisatorischen Gestaltungsprozesses

Für die organisatorische Gestaltung sind eine Vielzahl von Werkzeugen verfügbar, die auch in Kapitel 4.4.2 beschrieben sind. Vor allem existieren Werkzeuge für die Modellierung von Geschäftsprozessen und die Ableitung von Hard- und Software-Anforderungen aus der organisatorischen Modellierung.

Diese Werkzeuge enthalten häufig Komponenten zur statischen oder dynamischen Analyse (Simulation) der erzeugten Modelle[415]. Möglich ist auch eine Nutzung der Modellierungsinformationen in Werkzeugen zur Risikoanalyse[416].

4.5.2.4.2.2 Unterstützung der Geschäftsprozeßorientierung und Selbstorganisation

Eine prozeßadäquate Unterstützung ist erforderlich, die sich an den Zielen der Prozesse ausrichtet. Anders ausgedrückt: Die Sinnhaftigkeit der Einführung einer bestimmten Informations- und Kommunikationstechnologie hängt von den organisatorischen Zielen ab (vgl. auch Abbildung 88). Die Kausalkette bei der Bewertung z.B. eines Dokumentenmangementsystems (DMS) ist also wie folgt:

1. Welche Anforderungen stellen die Kunden?

2. Welche Kompetenzen und Kernaufgaben sind deshalb notwendig?

3. Welche Prozesse ergeben sich aus den Kompetenzen und Kernaufgaben?

4. An welchen Zielen läßt sich die Wirksamkeit der Prozesse messen?

5. Welche Technologie kann in welchem Ausmaß die Zielerreichung unterstützen?

Der Nutzen der Informations- und Kommunikationstechnologie kann nur im Bezug auf

---

[414] vgl. Hopp, D. [1996], S. 115 ff

[415] zu den Vorteilen des Einsatzes rechnergestützter Modellierungswerkzeuge siehe Roos, A. [1996], S. 671 ff

[416] Der Einsatz von Werkzeugen zur Risikoanalyse ist in Meitner, H. [1995], S. 89 ff und 142 ff dargestellt

diese Zielerreichung gemessen werden. Das heißt der Nutzen des Dokumenten-managementsystems muß in einer prozeßorientierten Organisation an den Zielen des spezifischen unterstützten Prozesses festgemacht werden. Ein anderes Beispiel sind Anwendungen im Bereich des Mobile Computing. Auch hier müssen die organisatorischen Nutzenpotentiale im Vordergrund stehen. Solche Nutzenpotentiale sind[417]:

- Kundendominiertes Qualitätsmanagement, z.B. durch verbesserte Auskunftsfähigkeit sowie eine erhöhte und schnellere Entscheidungskompetenz vor Ort,

- Regionalisierung, z.B. durch verbesserte Koordination in geographisch verteilten Umgebungen,

- Geschäftsprozeßorientierung, z.B. durch Optimierung der Übergänge entlang der Prozeßkette durch Datenintegration, und

- Steigerung des Humanvermögens, z.B. durch das Arbeiten unabhängig vom Arbeitsort.

Handlungsbedarf	DV-Umsetzungsbeispiel
Zeit reduzieren	gemeinsamer Datenbank-Zugriff
Raumbedarf reduzieren	elektronische Archivierung
Kommunikation verbessern über räumliche Entfernungen	LAN, WAN, CSCW
Qualität sichern	Work Flow Systeme
Kosten senken	Client Server
Komplexität reduzieren	Automatisierung durch DV-Anwendungen
DLZ verkürzen	Email-Systeme
Ganzheitliche Sachbearbeitung und hohe Auskunftsbereitschaft	Work Flow Systeme

Abbildung 88: Beispiele für technische Lösungen und organisatorische Anforderungen

Besondere Bedeutung kommt dem Workflow- bzw. DMS-Einsatz zu, zum einen hinsichtlich der Minimierung von Produkthaftungs- und Umweltrisiken durch geeignete Dokumentationsinstrumente, zum anderen hinsichtlich der Auswirkung auf teamorien-

---

[417] vgl. Niemeier, J.; Schäfer, M.; u.a. [1994], S.16 ff

tierte Organisationen. Der Workflow- und DMS-Einsatz ermöglicht

- die Re-Integration von Aufgaben, da alle erforderlichen Informationen an allen Arbeitsplätzen verfügbar sind,

- nachvollziehbare Abläufe (Lernen aus zu langen Durchlaufzeiten etc. ist möglich),

- eine gerechtere Arbeitsverteilung, da eine flexible Verteilung der Arbeit zwischen den Teams möglich ist, und

- die Reduktion von Archivraum und benötigten Hilfstätigkeiten.

Softwarewerkzeuge müssen prozeßadäquat eingesetzt werden. Ein wichtiges Merkmal für den prozeßadäquaten Einsatz ist der Strukturierungsgrad von Prozessen (Abbildung 89):

Stabilität Häufigkeit Strukturierungsgrad	hoch häufig/zyklisch	mittel weniger häufig/azyklisch	eher niedrig einmalig
strukturiert	**Anwenderspezifische DV-Applikationen**		
teilstrukturiert	**Work-Flow-Systeme**	**Bürokommunikations-Software**	**Projekt-management-Systeme**
unstrukturiert		**Groupware/Computer Supported Co-operative Work Systems**	

Abbildung 89: Prozeßadäquater Informationstechnikeinsatz[418]

- Ausprogrammierte Anwendungen unterstützen die starren, gut strukturierten Prozesse. Es existieren Verfahren zur geschäftsprozeßorientierten Auswahl der geeigneten Software-Systeme[419].

---

[418] zur Klassifizierung nach Stabilität vgl. auch Kueng, P.; Schrefl, M. [1995], S. 81 und zur Klassifizierung von Prozessen nach Strukturiertheit vgl. Bullinger, H.-J.; Kläger, W.; Roos, A. [1994], S. 202

[419] vgl. dazu Fuchs, M. [1995], S. 85 ff

- Teilstrukturierte Prozesse können durch Work Flow Systeme[420] unterstützt werden. Das Workflow-Management-System unterstützt die Definition und Ausführung von Geschäftsprozessen. Es definiert und verwaltet Workflows und führt sie aus. Ein Workflow ist die mindestens teilweise Automatisierung eines Geschäftsprozesses, wobei die Ausführungsreihenfolge der Tätigkeiten durch eine maschinenlesbare Repräsentation der Workflowlogik getrieben wird. Komponenten eines Workflow-Management-Systems sind das Organisationswerkzeug, die Vorgangsverwaltung, die Vorgangssteuerung, die Vorgangsdokumentation und die Vorgangsinformation; meist basieren sie auf Client-Server-Technik; Produkte sind z.B. Workparty (SNI) oder Flowmark (IBM)[421]. Die Zahl möglicher Probleme beim Workflow-Einsatz ist groß. So sind die angebotenen Softwareprodukte häufig nicht ausreichend plattformübergreifend verfügbar, so daß bestehende Applikationen nur unzureichend in den Arbeitsprozeß integriert werden können. Auch sind die häufig auftretenden organisatorischen Änderungen aufwendig nachzubilden. Durch die unterschiedliche Herkunft der Systeme wird häufig eine integrale Nutzung von DMS, Groupware und CSCW (vgl. Abbildung 90) erschwert.

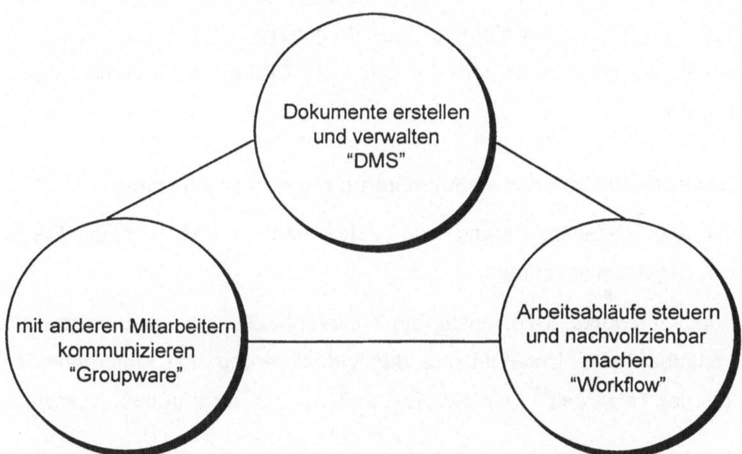

Abbildung 90: Abhängige Konzepte: Groupware, Workflow, DMS

---

[420] eine detaillierte Übersicht zu Work Flow Produkten findet sich in Erdl, G.; Schönecker, H. G. [1995]

[421] vgl. Leymann, F. [1996], S. 338 in Anlehnung an die Definition der Workflow Management Coalition

Die Entwicklungstendenzen bei Workflow-Produkten zielen zum einen auf die Weiterentwicklung bestehender Produkte, wobei dem Datenaustausch zwischen verschiedenen Modellierungs- und Workflowtools verstärkt Beachtung geschenkt wird, auch im Rahmen der Arbeiten der Workflow Coalition[422]. Weitere Bestrebungen gelten neuen Lösungsansätzen auf Basis von Intranet-Lösungen, auf Basis "intelligenter" Mail-Systeme oder der Verbindung mit der Prozeßkostenrechnung[423]. Auch wird versucht, die mangelnde Flexibilität bestehender Software-Produkte im Hinblick auf "Ad hoc"-Vorgänge zu verbessern. Der Markt ist allerdings durch eine Polarisierung in die "Ad hoc Workflow"-Produkte und transaktionalen Workflows geprägt[424].

- Gering strukturierte Prozesse können je nach Häufigkeit durch Projektmanagement- oder Groupware-Systeme (z.B. Lotus Notes), die ein gemeinsames Bearbeiten von Aufgaben über Entfernungen hinweg möglich machen, unterstützt werden. Dazu werden auch Telekooperationsdienste oder Video-Conferencing eingesetzt.

Unter dem Gesichtspunkt der Prozeßorientierung und der notwendigen Flexibilität durch steigende Individualisierung von Kundenwünschen rücken vor allem die teil- oder gering strukturierten Prozessen in den Mittelpunkt des Interesses. Einfachere Planungsprozesse durch erhöhte Selbstorganisation reduzieren auch die notwendige Komplexität von Planungssystemen. Dies begünstigt den Trend weg von hochkomplexen Planungssystemen, wie sie durch die CIM-Euphorie in den 80er Jahren entstanden sind.

4.5.2.4.2.3 Unterstützung der Modularisierung und Virtualisierung

Modularisierung, Dezentralisierung und Virtualisierung sind wichtige Elemente in innovativen Organisationsformen.

Hochleistungsnetzwerke, Teledienste und Weiterentwicklungen im Bereich der "Virtual Reality" erlauben eine Unterstützung der Virtualisierung von Unternehmen. Diese beginnt bei der Telearbeit[425], die sich fest etabliert hat, nicht in ihrer ausschließlichen

---

[422] vgl. Eckert, H. [1994], S. 33 ff; zu den Schnittstellen im Workflow-Referenzmodell vgl. Meitner, H. [1996], S. 723

[423] Zur Notwendigkeit der Verbindung mit der Prozeßkostenrechnung vgl. Niemand, S.; Stoi, R. [1996]

[424] vgl. Weiß, D.; Krcmar, H. [1996], S. 510

[425] zu den Formen der Telearbeit, des Telemanagements und der Teleservices vgl. Reichwald, R.; Möslein, K. [1996], S. 692 ff

Form, sondern ergänzend zur Präsenz im Betrieb[426]. Weitere Konzepte sind z.B. virtuelle Teams, Virtual Show Rooms und das des Virtual Office Space. Kirn beschreibt den Einsatz virtueller intelligenter Agenten als Teil von Multiagenten-Organisationen zur Unterstützung virtueller Organisationen: Formen sind z.B. Softbots (software+ robot), Knowbots (knowledge+robot), Sekretariatsagenten und Information Filtering und Delivery Agents[427].

Modularisierung und Dezentralisierung setzen ein geeignetes Steuerungs- und Ko-ordinationsinstrumentarium voraus. Dazu und in gleicher Weise auch für das Prozeß-controlling[428] sind Führungsinformationssysteme (FIS) von großer Bedeutung. FIS-Systeme übernehmen außerdem teilweise die Funktion der mittleren Führungsebenen als Informationsdrehscheibe. Sie sind damit auch eine Voraussetzung für eine Abflachung von Hierarchien.

Führungsinformationssysteme (FIS) nutzen die Daten aus verschiedenen unterneh-mensinternen und externen Quellen im Data- oder Information Warehouse und bereiten sie für verschiedene Anspruchsgruppen adäquat auf. Die strategische Führung benötigt das FIS für Exception Reporting und Ad hoc Abfragen, die Prozeß- bzw. Centerführung für Analysen und zum Benchmarking für die dezentrale Steuerung, die Teammitglieder für ein Selbstcontrolling durch Berichte und Standardabfragen.

In dezentralen Strukturen wird über semantische Data Dictionaries eine einheitliche Interpretation und Analyse von Unternehmensdaten ermöglicht.

In der Verfügbarkeit und Ausprägung von FIS, Data Mining- und Information Warehouse Systemen spiegelt sich auch die strategische Informationspolitik des Unternehmens wieder. Das Data Warehouse kann nach dem Prinzip "information for everybody" oder nach dem Prinzip "jedem soviel Information wie nötig" geführt werden. Konfigurationen, deren Strukturen Motivation durch Vertrauen sowie schnelles Lernen und deshalb schnellen Zugriff auf Informationen voraussetzen, müssen, soweit es der Datenschutz zuläßt, die Politik des "information for everybody" verfolgen.

---

[426] vgl. Wedde, P. [1994], S. 35
[427] vgl. Kirn, S. [1995], S. 24 ff
[428] vgl. dazu Pietsch, T. [1994]

4.5.2.4.3 Aufbau neuer Produkte und Dienstleistungen

Die Gesellschaft befindet sich auf dem Weg zur Informationsgesellschaft. Neue Dienstleistungen und Produkte auf Basis der informationstechnischen Entwicklungen, wie z.B. Online-Banking oder Home-Shopping, gewinnen in verschiedensten Marktsegmenten an Bedeutung. Das Informationsmanagement muß daher die Identifikation und Erschließung neuer Märkte, Produkte, Dienstleistungen und Vertriebswege unterstützen. Diese Anforderung kann durch einige Beispiele illustriert werden[429]:

- Neue Vertriebswege sind auch für kleine und mittlere Unternehmen nutzbar. Grenzen verlieren z.B. durch die Informationstechnik an Bedeutung. Die Repräsentanz eines mittelständischen Unternehmens im Ausland ist durch Online-Dienste nicht mehr zwangsweise an eine physische Präsenz gekoppelt. Außerdem verändern sich Kundenbeziehungen z.B. durch das entstehen virtueller "Shopping Malls", in denen Dienstleistungen bezogen werden können.

- Kunden haben zunehmend einen hohen Informationsstand, z.B. durch Informationsrecherchen im World Wide Web. Ein Wandel ganzer Branchen (z.B. Reisebüros) ist zu erwarten, soweit die Unternehmen primär eine Informationssammlungs- und Verteilungsfunktion wahrgenommen haben. Virtuelle Märkte im Internet und Zahlungsmechanismen wie "virtual money" erfordern die Neudefinition von Märkten. Kunden werden darin zu schwer einschätzbaren "moving targets". Die schnell wachsende Verfügbarkeit und Akzeptanz dieser Vertriebswege erfordert eine dedizierte Marktbeobachtung.

- Prozeßtranparenz muß nicht nur intern, sondern auch gegenüber dem Kunden geschaffen werden. Auf Basis von Netzwerken und Data Warehouse-Anwendungen können Kunden ständig über den Stand der Qualitätsbeherrschung oder den Stand des Auftrags informiert werden. "Gläserne Unternehmen", die Kunden derart involvieren, gewinnen nicht nur an Vertrauen, sondern können auch noch Kundenwünsche während der Prozeßbearbeitung einarbeiten.

---

[429] vgl. Bullinger, H.-J.; Roos, A. [1995], S. 29 f

4.5.2.5 Controlling

Nachfolgend werden für das Controlling in den unterschiedlichen Konfigurationen die Anforderungen und Realisierungsmöglichkeiten untersucht. Diese sind:

- Die Ergänzung oder der Ersatz herkömmlicher Konzepte des Controlling (z.B. Voll-kosten-, Deckungsbeitragsrechnung) ist notwendig. Die diskutierten modularen, prozeß- und kundenorientierten Organisationen (vgl. Kapitel 4.5.2.1) benötigen ein Controlling-Instrumentarium, das z.B. die Steuerung organisatorischer Module durch Budgets und die Leistungsverrechnung zwischen den Modulen sowie die Prozeßorientierung z.B. durch den Balanced Scorecard Ansatz ermöglicht[430]. „Prozeßorientiertes Controlling erweitert die Perspektive des Controllers und lenkt seinen Blick auch auf die Kundenorientierung. Damit erhält er die Möglichkeit, Kundenzufriedenheit, Prozeßeffizienz und finanzwirtschaftliche Ergebnisse in einem integrierten Zusammenhang zu sehen und besser zu verstehen"[431].

- Bei dynamischen Umweltsituationen (Konfigurationen F1 "Impulsives Unterneh-men", F3 "Kopfloser Gigant", F4 "Hinterherhinkende Firma", S1b "Anpassende Firma in stark herausfordernder Umwelt", S3 "Gigant unter Feuer", S5 "Innovatives Unternehmen") sind ein prozeßorientiertes Controlling (basierend auf der Prozeß-kostenrechnung) und ein strategisches Kostenmanagement wichtig[432].

- Bei Konfigurationen mit eher stabiler Umwelt (Konfigurationen S1a "Anpassende Firma in wenig herausfordernder Umwelt", S2 "Dominantes Unternehmen", S4 "Unternehmerisches Konglomerat", S6 "Moderne Bürokratie") ist das Ergebnis-feedback aus operativer Planung/operativem Controlling[433] gewöhnlich hinreichend.

- Der Wandel bürokratischer Organisationen (z.B. von Konfiguration F2 "Stagnie-rende Bürokratie" zu S6 "Moderne Bürokratie") erfordert Bürger- und Kunden-orientierung. Dazu werden im Rahmen des "neuen Steuerungsmodells" und des

---

[430] vgl. Horváth, P. [1996], S. 937 ff

[431] Zahn, E. [1997b], S. 79

[432] vgl. Zahn, E. [1997b], S. 79 ff

[433] vgl. Zahn, E. [1997b], S. 80 ff

"New Public Management"[434] die Ergänzung oder Ablösung des kameralistischen Rechnungswesens durch Kosten- und Leistungsrechnung, Budgetierung und Outputsteuerung diskutiert.

Es existieren für Dienstleistungsunternehmen im Bereich des Controlling und der Finanzierung spezifische Problemfelder. So sind Dienstleistungsunternehmen häufig humankapitalintensiv und generieren immaterielle Werte. Dies ist z.B. bei der Kapitalbeschaffung (venture capital) für kleine Unternehmen ein Nachteil, da Banken auf materielle Sicherheiten Wert legen[435].

4.5.2.5.1 Aufbauorganisatorische Einbettung des Controlling

Die traditionelle Controlling-Organisation mit dedizierten Controllern und differenziert ausgeprägter Controlling-Hierarchie zeichnet sich durch Controlling-Komplexität, eine starke Kontrollorientierung und eine Belastung der operativen Informationsversorgung durch extrem hohe und differenzierte Informationsanforderungen aus. In modularen und prozeßorientierten Organisationen ist die Controlling-Organisation geprägt durch die Kommunikation des "off-the-job" Controlling mit der Leitung modularer Einheiten bzw. den "Process Ownern". Außerdem ist eine verstärkte Wahrnehmung von Controlling-Aufgaben durch Selbstcontrolling notwendig[436]. Der Betrachtungsgegenstand des Controlling muß der Geschäftsprozeß und müssen die internen und externen Kunden werden. Prozesse müssen dabei verstärkt durch direkte Meßgrößen, nicht nur durch Kostengrößen, gesteuert werden. Diese Steuerung kann durch FIS/Data Warehouse-Konzepte unterstützt werden.

4.5.2.5.2 Balanced Scorecard

Balanced Scorecard ist ein Leistungsmessungsverfahren, das finanzielle Daten um Kennzahlen in Bezug auf Kunden-, Prozeß- und Innovationsorientierung erweitert und damit die Planung und Steuerung kunden- und prozeßorientierter Organisationsformen unterstützt. Mit Hilfe dieses Ansatzes können die verschiedenen Sichten von Anspruchsgruppen auf das Unternehmen, ausgehend von der strategischen Vision des Unternehmens, durch wenige Meßgrößen flexibel und integriert betrachtet werden. Die

---

[434] vgl. Hunziker, A. W. [1997], S. 121 ff

[435] vgl. Koschatzky, K. [1995], S. 317 f

[436] vgl. Horváth, P. [1996], S. 937 ff

Meßgrößen sollen zum Ausdruck bringen, wie die Ertragsaussichten der strategischen Vision des Unternehmens von den Geldgebern gesehen werden, wie die Kunden das Unternehmen und seine Kompetenzen einschätzen, welche Prozesse verändert werden müssen, um bestehende und zukünftige Kunden zufrieden zu stellen und wie die Organisation hinsichtlich Innovation und Wachstum weiterentwickelt werden muß[437].

Kaplan und Norton weisen darauf hin, daß Kundenorientierung sich aus Geschäftsprozeßorientierung ableitet und daher auch die Erfolgsmaßstäbe für Prozesse und Kundenorientierung voneinander abhängig sind: „Excellent customer performance derives from processes, decisions and actions...“[438]. Sie kritisieren in diesem Zusammenhang den Shareholder Value Ansatz, da er auf Cash flow Denken statt auf Geschäftsprozessen basiert, die den Cash Flow bestimmen[439]. Der Balanced Scorecard Ansatz unterstützt auch - durch Vorgabe strategischer Zielgrößen - den Aufbau dezentraler Strukturen: „The balanced scorecard puts strategy - not control - at the center“[440].

4.5.2.5.3 Budetierung

Budgets und Budgetierungssysteme dienen als Steuerungshilfe für dezentrales eigenverantwortliches Handeln. Dezentrale Einheiten benötigen neben Entscheidungsfreiräumen und Kompetenzen auch ein entsprechendes informationstechnisches Instrumentarium (z.B. FIS), um das Instrument der Budgetierung als betriebswirtschaftliches Steuerungsinstrument einsetzen zu können[441].

In Bezug auf die Möglichkeit der Definition von Zielwerten und Budgets unterscheiden sich öffentliche und private Dienstleister erheblich. Ein wesentlicher Teil der öffentlichen Betriebe zielt nicht auf Gewinnstreben, sondern arbeitet nach dem Grundsatz der Kostendeckung (Deckung eines Kollektivbedarfs) oder als Zuschußbetrieb (Preispolitik nach sozialen Erwägungen). Problematisch ist hierbei auch die volkswirtschaftliche Bewertung öffentlicher Dienstleistungen zu ihren Kosten. Eine Budgetierung muß also

---

[437] Für ein Beispiel zur Balanced Scorecard siehe Kaplan, R.; Norton, D. [1993], S. 139

[438] Kaplan, R.S.; Norton, D.P. [1992], S. 74

[439] vgl. Kaplan, R.S.; Norton, D.P. [1992], S. 77

[440] Kaplan, R.S.; Norton, D.P. [1992], S. 79

[441] zur Budgetierung siehe Horváth, P. [1996b], S. 220 ff

diese Zielsetzungen berücksichtigen. Erschwerend kommt u.U. ein kammeralistisches Rechnungswesen hinzu. „Das Ziel der kameralistischen Rechnung besteht darin, einen Nachweis über die Einnahmen und Ausgaben eines Haushaltsjahres zu führen. Es soll festgestellt werden, ob die Geldbewegungen eines Jahres den Ansätzen des Haushaltsplans entsprechen oder ob Haushaltsverbesserungen bzw. Haushaltsverschlechterungen eingetreten sind"[442]. Die Kameralistik unterstützt das eigenverantwortliche Effizienz- und Effektivitätsdenken wenig. „Obgleich es wie ein Artefakt aus vergangenen Zeiten wirkt, ist das kameralistische Rechnungswesen immer noch Charakteristikum von Behörden und Staatsbetrieben. Im Prinzip folgt es den Idealen der Planwirtschaft"[443]. Im Rahmen des neuen Steuerungsmodells[444] und des New Public Management[445] werden Lösungsansätze durch Einführung einer Budgetierung und einer Kosten- und Leistungsrechnung für öffentliche Dienstleister diskutiert.

4.5.2.5.4 Target Costing

Target Costing (japanisch: genka kikaku) wurde im Jahre 1965 von der Firma Toyota entwickelt und dort als Instrument des Kostenmanagements zur Kostenplanung eingesetzt. Mittels Target Costing sollen die gesamten Kosten eines Produkts über den gesamten Lebenszyklus unter Einbeziehung aller Bereiche gesenkt werden[446].

Target Costing fördert marktgetriebenes Denken, ausgehend von der Überlegung: Was wird der Kunde bezahlen? Was darf ausgehend von diesem Preis eine Komponente kosten? Die internen Preise können z.B. durch Benchmarking ermittelt werden.

Target Costing im Zusammenhang mit Geschäftsprozessen geht der Frage nach, wie effizient ein Geschäftsprozeß sein muß, damit eine Unternehmensleistung ein maximaler Markterfolg wird. Analog zum Target Costing Ansatz werden vom Markt relevante Zielgrößen abgeleitet, Toplevel-Prozessen zugeordnet und von diesen auf Sub-Prozesse und Tätigkeiten, DV-Verfahren usw. heruntergebrochen. Es werden geschäftsprozeßbezogene Kosten- und Leistungszielgrößen sowie quantifizierbare Zeit-, Qualitäts-, und Kostenziele formuliert.

---

[442] Steinebach, N. [1991], S. 256

[443] Bösenberg, D.; Hauser, R. [1994] S. 249

[444] vgl. Reichard, C. [1996], S. 275 ff

[445] vgl. Hunziker, A. W. [1997], S. 121 ff

[446] vgl. Sakurai, M. [1989], S. 41

Ein Beispiel im Dienstleistungsbereich ist ein Reise-Gesamtpaket in der Reisebranche. Der Preis, den die Kundengruppe zu zahlen bereit ist, muß die Kosten der Fluglinie, des Autovermieters, des Hotels, der Agentur und der Reiseversicherung decken. Es müssen die Kostenanteile der beteiligten Unternehmen festgelegt werden. Die Unternehmen müssen sich z.B. durch Benchmarking mit Konkurrenten vergleichen und ihre Abläufe und Strukturen so verändern, daß sie bei dem festgelegten Umsatzanteil kostendeckend arbeiten können.

4.5.2.5.5 Prozeßkostenrechnung

Dienstleistungsunternehmen, bei denen der Anteil der Gemeinkosten im Vergleich zu den direkten Kosten sehr hoch und im Steigen begriffen ist, benötigen ein effizientes Kostenmanagement für indirekte Bereiche. Die Geschäftsprozesse werden bei der Prozeßkostenrechnung als die zentrale Ursache für Kostenentstehung betrachtet[447]. Gemeinkosten wurden bisher mangels Einzelbezugsgröße keiner mengenabhängigen Planung unterzogen. Kostensteigerungen in den indirekten Bereichen werden auch durch die Deckungsbeitragsrechnung nicht transparent.

Außerdem müssen Fragen beantwortet werden können, die durch zunehmende Kundenorientierung an Bedeutung gewinnen. Was kostet es das Unternehmen wirklich, einen ganz spezifischen Kundenwunsch zu erfüllen? D.h. kundenorientierte Flexibilität oder exotische Varianten sind prozeßorientiert und verursachungsgerecht zu kalkulieren. Die Prozeßkostenrechnung ermöglicht dazu, die Prozesse auf ihr Verhalten in Abhängigkeit der Leistungsvolumina zu untersuchen. Was kostet die einmalige Ausführung bzw. Inanspruchnahme eines Prozesses bei der Erstellung einer kundenindividuellen Dienstleistung?

Ein Prozeß kann sich über verschiedene Kostenstellen mengenvariabel oder mengenneutral verhalten. Dadurch wird die Beantwortung der genannten Fragen für die Prozeßgestaltung relevant. Bei häufig vorkommenden Prozessen z.B. müssen die kostenintensiven mengenvariablen Anteile besonders sorgfältig gestaltet werden. Hohe mengenneutrale Kostenanteile können z.B. bei starken Auslastungsschwanken zu Defiziten führen. Sie müssen deshalb reduziert werden.

Das Prozeßkostenmanagement ist außerdem als Basis für ein strategisches Aktivitä-

---

[447] vgl. Horváth, P.; Kieninger, M.; Mayer, R.; Schimank, C. [1993], S. 7

tencontrolling zu sehen. Es unterstützt die Reduktion von Over-Engineering und inadäquatem Qualitätsmanagement, das z.B. durch Fehlerbehebung statt Prozeßbeherrschung entsteht, und die Beseitigung zu stark arbeitsteiliger Strukturen[448].

Die Prozeßkostenrechnung ist kein neues Kostenrechnungssystem, sondern baut auf der traditionellen Kostenarten- und Kostenstellenrechnung auf. Die Prozeßkostenrechnung ist als eine „auf die Gemeinkostenbereiche konzentrierte, an den speziellen Problemstellungen und Gegebenheiten des deutschen Rechnungswesens ansetzende aktivitätsorientierte Rechnung zu verstehen. ... Die Prozeßkostenrechnung wird ... intensiv in allen Arten von Dienstleistungsunternehmen eingesetzt"[449]. Die Prozeßkostenrechnung ergänzt die klassische Kostenrechnung und gleicht deren Mängel hinsichtlich der Prozeßbewertung sowie der Analyse und Verrechnung der Gemeinkosten aus[450]. Es läßt sich aus der vorhandenen (Voll-) Kostenrechnung eine Prozeßkostenrechnung ableiten. Das Grundmodell der Prozeßkostenrechnung ist[451]: Aus den betroffenen Kostenstellen werden die Kosten für einzelne Prozesse analysiert. Prozeßkosten und Prozeßmengen werden in Bezug gesetzt und ergeben den Prozeßkostensatz. Die Prozeßkostensätze ermöglichen eine Produktivitätsanalyse bei den innerbetrieblichen Geschäftsprozessen. Bei der prozeßorientierten Kalkulation werden die indirekten Leistungen über die Prozeßkostensätze auf das Produkt umgerechnet. Soweit möglich werden die Leistungen der Gemeinkostenbereiche originär, ohne Zuschlagssätze, dem Kostenträger zugerechnet.

Das Vorgehen bei der Prozeßkostenrechnung erfordert folgende Schritte:

- Geschäftsprozesse, Kunden-/Lieferantenbeziehungen und Kostentreiber identifizieren und festlegen,

- Prozesse und Tätigkeiten mengen- und wertmäßig erfassen (Tätigkeitsanalyse durchführen),

- Kostenstellen gemäß Prozessen neu bestimmen,

- das Kostenrechnungssystem ergänzen und modifizieren,

---

[448] vgl. Franz, K.-P. [1996], S. 212 f

[449] Horváth, P. [1996b], S. 530

[450] vgl. Niemand S.; Stoi, R. [1996], S. 159

[451] in Anlehnung an Franz, K.-P. [1996], S. 219

• die Prozeßkosten planen und auf der Basis von Prozeßkosten kalkulieren.

Die Haupteinflußgrößen auf die Kostenentstehung sind sogenannte "Cost Driver" (Kostentreiber); i.d.R. beeinflussen wenige Kostentreiber einen hohen Anteil des Gemeinkostenvolumens. Als Gegenpart zu den "Cost Drivern" sind auch "Value Driver" für modulare Einheiten zu entwickeln[452].

4.5.2.5.6 Leistungsverrechnung

Prozeß- und modular orientierte Organisationsformen bedingen effiziente Systeme zur Leistungsverrechnung. Interne Dienstleistungen müssen zwischen den Prozessen und Modulen ausgetauscht werden. Dabei sind folgende Gesichtspunkte zu berücksichtigen:

• Eine Center-/segmentorientierte Kosten- und Leistungsrechnung ist als Voraussetzung anzusehen.

• Wenn viele Austauschbeziehungen vorhanden sind ist zu fragen, ob die Prozeß-/Centergrenzen richtig gewählt sind.

• Die Konsequenzen müssen klargelegt werden, wenn fehlende Zulieferung anderer Center zu Leistungsausfällen führt.

• Die Strategie des Zugriffs auf Leistungen anderer muß definiert werden; z.B. Regeln für das "Scheduling" beim gemeinsamen Zugriff auf die automatisierte Poststraße, die einem Center zugeordnet ist.

• Was sind die verrechneten Leistungen wert, z.B. Marktpreise oder Herstellkosten[453]?

• Das Einholen externer Angebote zur internen Preisfeststellung funktioniert nur bedingt. Unter Umständen ist eine vergleichbare Leistung nicht verfügbar, auch geben externe Anbieter keine Angebote mehr ab, wenn sich herausstellt, daß es sich um Scheinangebote handelt.

• Vollständig marktwirtschaftliches Verhalten von Center-Konzepten kann zu tendenzieller Unterauslastung und u.U. Aufgabe (zeitweise) unrentabler Kernkompetenzen führen, bis hin zum Zerfall der Organisation durch übertriebenes Konkurrenzdenken.

---

[452] vgl. Berman, S. [1994], S. 32 ff

[453] zur Thematik der Verrechnungspreise siehe Horváth, P. [1996b], S. 564 ff

Zur Thematik des marktwirtschaftlichen Verhaltens von Center-Konzepten bemerkt Kirsch, daß die Überbetonung kurzfristigen Gewinnstrebens bei Profit-Centern langfristiges strategisches Denken verhindert[454].

4.5.2.6 Organisationskultur und -klima

Das Organisationsklima ist nicht die objektive Situation, sondern vor allem die Art und Weise wie die Organisation durch ihre Mitglieder wahrgenommen wird. Es beeinflußt Motivation, Leistung und Zufriedenheit der Mitarbeiter. Zwischen die objektiven, rational planbaren Aspekte der Organisation und das Verhalten von Organisationsmitgliedern schiebt sich quasi als Filter das Konzept des Organisationsklimas, das sich z.B. in Sprache, Verhalten und Gefühlen manifestiert[455]. Der Versuch einer Messung kann z.B. durch Klimafragebogen erfolgen.

Die Unternehmenskultur[456] kann als System gemeinsam geteilter Werte, Verhaltensmuster, Grundannahmen, Überzeugungen und Ideale verstanden werden. Es sind verschiedene Kulturtypen zu unterschieden (vgl. Abbildung 91). Artefakte sind die erkennbaren Ausprägungen der Unternehmenskultur, die sich in "hard facts" wie z.B. Einrichtungsgegenständen oder "soft facts", z.B. Legenden über das Unternehmen oder den Unternehmer niederschlagen.

Risiko	Feedback	Kulturtyp	Konfigurationsbeispiele
hoch	schnell	"Macho-Kultur"	F1 "Impulsives Unternehmen", S5 "Innovatives Unternehmen"
hoch	langsam	Risiko-Kultur	F3 "Kopfloser Gigant"
niedrig	schnell	"harte Arbeit/viel Spaß"	S2 "Dominantes Unternehmen", S3 "Gigant unter Feuer"
niedrig	langsam	Bürokratie	F2 "Stagnierende Bürokratie"

Abbildung 91: Kulturtypen[457]

Eine zentrale Rolle in Kulturveränderungsprozessen kommt starken Persönlichkeiten

---

[454] vgl. Kirsch, W. [1997], S. 56

[455] vgl. Staehle, W. H. [1991], S. 453 und S. 480

[456] vgl. Dierkes, M.; Hähner, K.; Raske, B. [1996], S. 317 ff

[457] vgl. Staehle, W. H. [1991], S.478

zu[458]. Perlitz und Ofinger stellen fest, daß nur mit der Unterstützung einer tragfähigen Organisationskultur, und hierzu zählt vor allem auch die Unternehmensvision, eine funktionsfähige Organisationsform entstehen kann. Der unsichtbare Teil des Eisbergs, mit dem ein Unternehmen von ihnen verglichen wird, enthält Unternehmenskultur, Klima und andere weiche Faktoren, auf denen der sichtbare Teil der Organisation beruht[459]. Eine hohe Dezentralisation und Autonomie korreliert häufig mit einer kultur-bewußten Unternehmensführung.

Für große Unternehmen mit regionaler und globaler Vielfalt ist festzustellen, daß strate-gische Allianzen und Joint-Ventures häufig an Akkulturationswiderständen[460] scheitern. Als entscheidend ist nicht die Einheitlichkeit, sondern die Verträglichkeit von Kulturen anzusehen. Diese Gefahr betrifft vor allem die Unternehmen in den Konfigurationen F3 "Kopfloser Gigant", S2 "Dominantes Unternehmen", S3 "Gigant unter Feuer" und S4 "Unternehmerisches Konglomerat", da diese Konfigurationen i.d.R. große Unternehmen mit regionaler und globaler Vielfalt aufweisen.

Veränderungen von Kultur und Klima einer Organisation sind schwierig und langwierig, da es sich um soziale Prozesse handelt, die von einer Vielzahl von interdependenten Faktoren wie Verhalten, Führungsstil, Leitbilder, dem Erfolg des Unternehmens, der räumlichen Situation und dem gesellschaftlichen Wertewandel abhängig sind. Es be-steht die Gefahr, daß kulturbildende Maßnahmen durch Schlagworte diskreditiert wer-den. Statt "gut genug sein", "akzeptable Fehlerzahlen" und "wir wollen die Mitarbeiter motivieren", sind folgende Leitgedanken für eine neue Kultur in einer prozeß- und kun-denorientierten Struktur sinnvoll (vgl. Abbildung 92), um aus Teams und selbstorgani-sierenden Strukturen notwendige Leistungsreserven zu mobilisieren, die dem Druck auf Unternehmen z.B. durch Marktanforderungen oder Gesetzgebung gerecht werden.

---

[458] vgl. Dierkes, M.; Hähner, K.; Raske, B. [1996], S. 325
[459] vgl. Perlitz, M.; Ofinger, A. [1996b], S. 342 ff
[460] vgl. Hoffmann, F. [1996], S. 845 ff

Streben nach Perfektion,
Streben nach kontinuierlich sinkenden Preisen,
Streben nach 0-Fehler,
Wir arbeiten im Team,
Wir übertragen Verantwortung auf die Mitarbeiter,
Wir bilden weiter mit dem Ziel Konfliktfähigkeit und soziale Kompetenz,
Die Mitarbeiter sind motiviert durch die Möglichkeit eigenständig zu handeln,
Wir kontrollieren nicht die Durchführung, sondern den Erfolg,
Wir legen die Maßstäbe und Konsequenzen offen und fest, und wir halten sie ein.

Abbildung 92: Leitgedanken für eine neue Unternehmenskultur

4.5.3 Zur Bedeutung der Simulation für die organisatorische Gestaltung

4.5.3.1 Begriff und Anwendungsgebiete für die Gestaltung von Organisationen

„Simulationswelten sind "realere" Welten als nur Gedankenspiele. Sie stellen insbesondere formalsprachliche, reale Experimentierwelten dar. Der Erkenntnisfortschritt hat dabei einen gesamtheitlichen Anspruch, er erfolgt nicht durch das Abbilden statischer Systemzusammenhänge, sondern über das Beobachten des dynamischen Verhaltens der Systeme. ... Auch der Verwendungszweck ist so vielseitig wie der Modellcharakter der Simulationsmodelle: Sie können sowohl der Beschreibung und Erklärung als auch der Prognose und Gestaltung dienen."[461]

Simulatoren kommen in bestimmten Phasen des organisatorischen Wandels von Dienstleistungsunternehmen zum Einsatz. Vor allem bei der Generierung, Bewertung und Auswahl von Gestaltungsalternativen.

Eine Vielzahl von Gründen spricht für den Einsatz von Simulationswerkzeugen durch Organisatoren in diesen Phasen:

- Das Verhalten komplexer interdependenter Unternehmensabläufe ist leichter über eine Simulation als über ein mentales Modell zu erfassen.

- Komplexe Entscheidungsvorgänge sind mit analytischen Optimierungsverfahren nicht handhabbar. Daher ist Simulation häufig die einzige Möglichkeit, zu befriedi-

---

[461] Kleinhans, A. M. [1989], S. 163

genden Lösungen zu gelangen.

- In Unternehmen treten Informationsbarrieren auf, z.B. durch die Tendenz zu Rechtfertigen statt zu Überprüfen (kognitive Dissonanz[462]). Hinzu kommt die Neigung von Führungskräften, weiche zugunsten harter Daten zu verdrängen. Diesen Tendenzen kann mit einem Simulationsmodell als Kommunikationsgrundlage zwischen den Führungskräften entgegengewirkt werden.

- Die Diskontinuitäten in der Unternehmensumwelt verlangen ein Höchstmaß an Flexibilität vom Unternehmen. Flexibilität ist die Eigenschaft von Systemen, sich auf veränderte Gegebenheiten innerhalb und außerhalb der Systemgrenzen einstellen zu können. Die Flexibilität eines Systems läßt sich durch Simulation verschiedener Umweltsituationen aufzeigen und verbessern.

Im Rahmen der organisatorischen Gestaltung lassen sich Simulationen etwa basierend auf Dynamo im Rahmen des System Dynamics Ansatzes[463] oder z.B. mit dem im Modellierungswerkzeug Bonapart integrierten Simulator durchführen (vgl. auch Kapitel 4.4.2). Auch für die dynamische Risikoanalyse von Prozessen stehen Simulationswerkzeuge zur Verfügung[464]. Die Simulation ergänzt statische Analyse- und Animationsmöglichkeiten von Modellierungswerkzeugen. Der Simulator wird dabei nicht als Dispositionsinstrument eingesetzt, sondern zur Förderung des Verständnisses für Systemverhalten z.B. hinsichtlich Warteschlangen, Entwicklung von Engpässen, Auslastung und Durchlaufzeiten.

Beispiele für Fragestellungen, deren Beantwortung durch den Simulationseinsatz bei der organisatorischen Gestaltung ermöglicht oder erleichtert werden kann, sind:

- Werden Engpaßsituationen in einem Geschäftsprozeß durch zusätzliches Personal nur verschoben oder aufgehoben?

- Wie verändern sich Durchlaufzeiten bei schwankendem Auftragsanfall (dies ist vor allem für Konfigurationen mit sehr dynamischen Umweltbedingungen wichtig)?

- Wie verändert sich die Auslastung, wenn die Zuordnung von Tätigkeiten auf Personen nach veränderten Gesichtspunkten durchgeführt wird?

---

[462] vgl. Hillmann, K.-H. [1994], S. 419

[463] vgl. dazu Forrester, J. W. [1980]

[464] Zum Werkzeug RiskMa vgl. Meitner, H. [1995], S. 89 ff

- Welche Veränderungen treten ein, wenn Mitarbeiter durch Weiterqualifizierung zusätzliche Aufgaben im Prozeß wahrnehmen können?

- Ist der Prozeß richtig dimensioniert hinsichtlich der Kapazitätsauslastung?

4.5.3.2 Voraussetzungen

Um das Modell einer Organisation für eine Simulation zu nutzen, müssen verschiedene Voraussetzungen in dem Modell darstellbar sein:

- die Häufigkeit von Prozessen,

- die Verfügbarkeit von kapazitiven Einheiten,

- die Regeln zur Modellzustandsänderung und

- die Algorithmen zur Auswahl aus den gegebenen Zuordnungsmöglichkeiten von Aktivitäten zu Ressourcen.

Es ist zu beachten, daß das Simulationsergebnis verfälscht werden kann, wenn simulationsspezifische Parameter wie z.B. Zuordnungsalgorithmen oder Zeitgranularität (d.h. Größe des einzelnen Zeitschritts zwischen zwei Modellzuständen bei der Simulation) vom Benutzer nicht ausreichend manipuliert werden können. Hinsichtlich der Zeitgranularität gilt: Bei zu kleiner Granularität besteht die Gefahr, daß der Simulationszeitraum die eigentlichen Entwicklungen nicht zeigt, weil die "Abtastfrequenz" zu hoch ist. Die entgegengesetzte Gefahr besteht bei zu großer Granularität.

Die Umsetzung der Ergebnisse des Simulationsmodells kann mit zeitlichem Verzug erfolgen und bei einer veränderten Realumgebung negative Auswirkungen auf das Reorganisationsvorhaben ergeben; d.h. das Simulationsmodell muß sehr schnell erzeugt werden können. Der Zeitablauf der Simulation kann dabei mit dem Realsystem übereinstimmen, aber auch verlangsamt oder beschleunigt (proportional oder nicht proportional zum Realsystem) stattfinden. Die beschleunigte Darstellung kann zu Erklärungs- oder Prognosezwecken eingesetzt werden; der verlangsamte Ablauf kann zur Erklärung kurzfristiger Phänomene ("Zeitlupe") benutzt werden.

Die Bewertung der Simulationsergebnisse kann durch verschiedene Hilfsmittel unterstützt werden:

- Die Aggregierung ist für einen schnellen Überblick notwendig; zum "Lernen" aus der

Simulation ist unter Umständen auch schrittweises Nachvollziehen erforderlich. Daher ist die Darstellung aller Simulationsinformationen zusätzlich notwendig.

- Die einzelnen Modelläufe müssen reproduzierbar und vergleichbar sein. Das heißt alle modell- und simulationsspezifischen Daten der Modellwelten müssen in einer Modell-Datenbank abgelegt werden, soweit sie für die Reproduzierbarkeit erforderlich sind. Dazu wird definiert: Ein Modellauf umfaßt die geordnete Menge aller Modellzustände, die in zeitkausaler Folge zueinander stehen. Die Modellwelt setzt sich zusammen aus dem Simulationsmodell und einem Modellauf. Das Modelluniversum besteht aus der Menge aller Modellwelten eines Simulationsmodells[465].

- Um Fehlinterpretationen zu vermeiden ist es hilfreich, die Interpretation der Ergebnisse von einem den Nutzer beratenden Systemteil unterstützt werden (wissensbasiertes System). Außerdem muß die Zusammenarbeit zwischen Anwender und Simulationsexperte gewährleistet sein.

Modellierung zeitlicher und kausaler Abhängigkeiten

Ein wichtiger Modellierungsaspekt ist, daß nicht der Fluß der Zeit, sondern kausale Abhängigkeiten entscheidend für die Struktur dynamischer Systeme sind. Nur durch genaue Unterscheidung von temporalen und kausalen Abfolgen können zeitkritische Vorgänge und daraus resultierendes Fehlverhalten festgestellt werden. Zeitkritische Systeme sind Systeme, bei denen man sich auf die Reihenfolge zwischen unabhängigen Ereignissen verläßt[466].

Scheduling: Zuordnung von Arbeit zu kapazitiven Einheiten

Entscheidend für eine sinnvolle Simulation sind die realitätsnahen Zuordnungsregeln (scheduling rules), die für den Simulationslauf definiert werden müssen. Diese Zuordnungsregeln müssen sehr flexibel definiert werden können, um die komplexen Verhaltensweisen bei der Zuordnung von Tätigkeiten zu Personen durch Führungskräfte oder das Kundenverhalten (z.B. Zugang von Kunden auf Berater im Front-Office

---

[465] vgl. Kleinhans, A. M. [1989], S. 166 f

[466] vgl. dazu auch Smith, E. [1987], S. 127 ff

Bereich bei Finanzdienstleistern) abbilden zu können. Die Zuordnung von Aktivitäten zu Stellen findet während der Simulation statt. Bei der Modellerstellung findet lediglich eine Zuordnung potentieller Aktivitäten statt, die eine Stelle auszuführen in der Lage wäre. Diese Zuordnung kann nach den folgenden Prinzipien vorgenommen werden:

In Bezug auf die ausführende Stelle:

- Immer die gleiche Stelle führt eine Aktivität aus.

- Die jeweils schnellste Stelle führt aus.

- Die Stelle mit der kürzesten Warteschlange führt aus.

In Bezug auf die auszuführende Aktivität:

- Die Aktivität mit der höchsten Priorität wird zuerst ausgeführt.

- Eine beliebige Aktivität wird ausgeführt.

- First in, first out.

Eine gewichtete Mischung aus diesen Algorithmen ist denkbar, auch eine Einbeziehung der Kosten als Kriterium; z.B. die Stelle, die eine Arbeit am kostengünstigsten ausführen kann übernimmt die Tätigkeit.

Für die Exaktheit der Einplanung gibt es zwei alternative Sichtweisen:

- Die "Zeitstrahl"-Vorstellung, d.h. eine exakte Einplanung von Aktivitäten für eine kapazitive Einheit erfolgt. Mengen und Reihenfolgen werden exakt geplant.

- Die "Zeitfenster"-Vorstellung, d.h. lediglich das Einlastungsdatum wird vorgegeben. Für technologieabhängige Reihenfolgen ist dies ausreichend. Ungünstig kann sich dieses Verfahren auswirken, wenn die Bearbeitungszeiten je Bereich kurz sind; ein grobes Planungsraster führt zu langen Durchlaufzeiten. Die "Zeitfenster"-Vorstellung deckt sich mit den Bestrebungen zur verstärkten Autonomie einzelner Bereiche. Diese ist größer, wenn lediglich Zeitfenster vorgegeben werden. Dadurch kann eine höhere Motivation und Eigenverantwortung der Teilbereichsverantwortlichen erzielt werden.

4.5.3.3 Grenzen der Simulation

Die Möglichkeiten der Simulation sind zum einen real begrenzt durch Zeitrestriktionen,

Hardware und finanzielle Restriktionen sowie durch Akzeptanzprobleme. Außerdem sind bei der Abbildung von personenbezogenen (Leistungs-)Daten Datenschutzaspekte und Mitbestimmungsaspekte zu beachten. Zum anderen sind komplexe sozio-ökonomische Gebilde nur begrenzt in Modellen erfaßbar. Wenn die Simulation wie im Fall der organisatorischen Gestaltung zu Erklärungs- und Prognosezwecken eingesetzt wird, so wird die Wahl des Aggregationsniveaus zu einer schwierigen Fragestellung. Ein zu hohes Aggregationsniveau läßt nur triviale Aussagen zu, ein zu geringes Aggregationsniveau läßt das Ergebnis an Aussagekraft verlieren, weil es sich nicht mehr kausal nachvollziehen läßt.

In neuerer Zeit wurden durch die Theorie "chaotischer dynamischer Systeme" auch theoretische Grenzen für die Simulation aufgezeigt[467]. Die Komplexität der Rückkopplungsbeziehungen und die Zahl der Einflußfaktoren in einem Unternehmen läßt es plausibel erscheinen, daß eine "Berechenbarkeit der Zukunft" nur begrenzt möglich sein wird.

Hinzu kommt ein sehr hoher Aufwand zur Datengewinnung, um ein simulationsfähiges Modell zu erhalten. Bedingt durch die Komplexität vieler Simulatoren sind Modellersteller und Modellnutzer meist verschiedene Personen. Dadurch wächst die Gefahr, daß das Systemverhalten nicht verstanden wird und Werte aus Simulationsläufen als direkte dispositive Entscheidungsgrundlage genutzt werden.

Die Ausführungen haben gezeigt, daß eine Vielzahl von Informationen notwendig sind, um eine Simulation zur organisatorischen Gestaltung durchführen zu können. Der Aufwand bei der Modellierung macht es notwendig, Simulationsinstrumente gezielt dort einzusetzen, wo das Nutzenpotential am höchsten ist, d.h. dort wo Dienstleistungsprozesse hohe Kosten, hohe Komplexität, eine dynamische Umgebung und vielfältige Interdependenzen zwischen Aktivitäten und ausführenden Einheiten aufweisen. Es ist zu vermuten, daß dies vor allem bei großen, komplexen Konfigurationen (F3 "Kopfloser Gigant", F4 "Hinterherhinkende Firma", S1b "Anpassende Firma in stark herausfordernder Umwelt", S3 "Gigant unter Feuer") mit dynamischen Umweltsituationen der Fall ist.

Es ist festzustellen, daß eine Vielzahl von Anwendungsmöglichkeiten - trotz der genannten Kritik hinsichtlich des Aufwands für die Datenbeschaffung und der Möglichkei-

---

[467] vgl. dazu Becker, K.-H.; Dörfler, M. [1989], S. 5 ff

ten der Fehlinterpretation der Ergebnisse - existieren. Die Simulation stellt für die organisatorische Gestaltung von Dienstleistungsunternehmen ein wichtiges Hilfsmittel dar.

4.6 Realisierung und betriebswirtschaftliche Bewertung

Mit Abschluß der Gestaltungsphase sind die Voraussetzungen zur Realisierung des organisatorischen Wandels von Dienstleistungsunternehmen geschaffen. Das Lenkungsteam des Reorganisationsprojektes wird zu Beginn der Realisierung mit der Aufgabe betraut eine Vorgehensweise zur Einführung zu wählen und ein Einführungskonzept zu erstellen. Die Wahl des Konzeptes ist abhängig von der Ausgangssituation: möglich ist eine simultane Umsetzung im Gesamtunternehmen ("big bang") oder die vollständige Umsetzung in ausgewählten Pilotsegmenten mit anschließender Ausbreitung auf alle Segmente oder ein stufenweises simultanes Vorgehen in allen Bereichen. Die Realisierung in ausgewählten Pilotsegmenten mit gut motiviertem Personal läßt schnelle Erfolge mit Signalwirkung im Unternehmen zu. Auch ist es sinnvoll in den Bereichen zu starten, in denen effektiv und schnell am meisten Mehrwert für den Kunden erzielt werden kann. Wenn der Konfigurationsübergang die Beteiligung einer relativ hohen Mitarbeiterzahl zuläßt, ist mit geringen Widerständen und einer schnellen Realisierung zu rechnen.

In der Realisierungsphase werden die Gestaltungsvorschläge aus Kap. 4.5 umgesetzt. Die Aufgaben bei den Realisierungen unterscheiden sich naturgemäß sehr stark, je nach Umfang der Veränderung und den organisatorischen Voraussetzungen. Es sind

- die Suche nach strategischen Partnern,

- das Erarbeiten und Durchführen von organisatorischen Regelungen zur Umsetzung der neuen Ablauf- und Aufbaustrukturen,

- die Einrichtung von Prozeßbeauftragten,

- die Definition detaillierter Zielsetzungen und Kompetenzen für Prozeßbeauftragte,

- die Neustrukturierung von Verantwortungsbereichen und die Schaffung von Koordinationsgremien zur Erhaltung von Spezialisierungsvorteilen in den prozeßorientierten Strukturen,

- die Gestaltung von Migrationswegen von funktionalen zu prozeßorientierten Strukturen,

- die Erarbeitung und Durchführung von Schulungskonzepten für die Mitarbeiter,

- die Spezifikation der informationstechnischen Unterstützung (zur Beschleunigung der Prozeßabläufe, zur Steuerung dezentraler Strukturen, zur Unterstützung der Selbstorganisation und zur verbesserten Prozeßbeherrschung),

- die räumliche Gestaltung und Arbeitsplatzgestaltung.

Diese Aktivitäten geschehen in einer Vielzahl von Projekten, die von den Leitern der neuen Module und Prozesse durchgeführt werden. Dem Lenkungsgremium und der Unternehmensleitung kommt meist nur eine koordinierende und unterstützende Funktion zu (vgl. auch Kapitel 4.1.6). Besonders sensibel ist dabei die Personalzuordnung auf die neu geschaffenen Organisationsstrukturen.

Die kontinuierliche Nutzung der ermittelten Prozeßinformationen, die Anbindung an bestehende Dokumentationen und die ständige Aktualisierung sind zur Prozeßbeherrschung und zur Effizienzsteigerung sicherzustellen. Ebenso ist die Integration mit bestehenden Funktionsdiagrammen zu gewährleisten.

Die Umsetzung mündet in einen Prozeß der kontinuierlichen Verbesserung, gegebenenfalls schließen sich auch Maßnahmen zur Zertifizierung nach DIN ISO 9000 ff an.

Betriebswirtschaftliche Bewertung

Eine betriebswirtschaftliche Bewertung der organisatorischen Gestaltung kann auf verschiedenen Ebenen erfolgen. Allgemein gilt, daß die organisatorische Gestaltung erfolgreich war, wenn eine neue stimmige erfolgreiche Konfiguration erreicht worden ist. Die Erfolgsmessung ist schwierig, zum einen durch die erschwerte Meßbarkeit wegen des Zeitaufwands von der Initiierung bis zur Konsolidierung, zum anderen durch das Fehlen von Vergleichsorganisationen[468].

Bei jeder Reorganisation sind Kosten und Nutzen gegeneinander abzuwägen. Doch durch den Druck, einen neuen Fit zu erreichen, steht nicht die Entscheidung zur Bewertung an, ob reorganisiert werden soll, sondern nur die Frage, wie ein möglichst gutes Verhältnis von Kosten zu Nutzen ermöglicht werden kann. Es ist zu beachten, daß die Produktivität eines Unternehmens bei und kurz nach erfolgter Reorganisation

---

[468] vgl. Kirsch, W.; Esser, W.-H.; Gabele, E. [1979], S.12 ff

vorübergehend bis mittelfristig drastisch sinken kann (vgl. Kap. 4.1.3).

Kostenursachen können in der mangelnden Kapazitätsauslastung modularer und segmentierter Organisationen liegen: Hat ein neugeschaffenes Segment Kapazitätsauslastungsprobleme, so können sich auch aus diesem Grund Opportunitätskosten in Form von Leerkosten ergeben. Auch besteht das Risiko, daß die hohe Autarkisierung und Autonomisierung sowie mangelnde interne Leistungsverrechnungsmöglichkeiten durch organisatorische Segmentierung zur Ressourcenerweiterung mit der möglichen Folge der Parallelausstattung der Segmente mit Ressourcen führen. Außerdem entstehen Kosten für Nutzenentgang in einem segmentierten Unternehmensverbund, wenn die Segmente, wie z.B. die Profit-Center, ein zentrifugales Eigenleben aufgrund eines zu hohen Autonomiegrades entwickeln. Die Mitarbeiter in ganzheitlich-prozeßorientierten Organisationseinheiten benötigen ergänzende Qualifikationen, dadurch fallen Kosten z.B. für Schulungen an. Ein weiterer Kostenblock sind geeignete Informations- und Kommunikationssysteme für segmentierte Organisationsformen.

Nutzenpotentiale entstehen durch eine kunden-, mitarbeiter-, technik- und wettbewerbsgerechte Strukturierung sowie durch Funktionenintegration, Schnittstellenreduktion und durch die Reduzierung nicht-wertschöpfender Kostentreiber. Weitere Nutzenpotentiale sind die daraus folgende Verringerung der Bearbeitungs- und Durchlaufzeiten sowie die erhöhten Marktpotentiale durch eine verbesserte Kundenorientierung. Der Nutzen der Segmentierung liegt in den Möglichkeiten der Gemeinkostenreduzierung, da die Ressourcenverwendung in überschaubaren organisatorischen Einheiten transparenter wird. Segmentierte, modulare Organisationen ermöglichen außerdem die Senkung von Durchsetzungskosten, weisen aber steigende Kosten für die Konsensbildung auf.

Die Bewertung der Prozeßverantwortlichen kann direkt an den festgelegten Erfolgsmaßstäben für die Geschäftsprozesse erfolgen.

4.7 Generierung und Diffusion einer Kultur der kontinuierlichen Verbesserung

Die Möglichkeiten der Institutionalisierung der kontinuierlichen Verbesserung in Dienstleistungsunternehmen als Prozeß durch Konzepte wie Lernstatt, Qualitätszirkel oder KVP-Teams sind zu erörtern. Ziel ist nach einer Quantum Change Phase die Prozesse zu stabilisieren und kontinuierlich zu verbessern. Eine Stabilisierung ist notwendig, da sich die Prozeßqualität zwar durch Erfahrungsvorteile verbessert, aber gleichzeitig durch Routine in Form von "Vergessen und Langeweile" langfristig eine Erosion der Prozesse und eine Verschlechterung der Prozeßqualität eintritt. Um den Prozeß ständig an Kundenanforderungen anzupassen, zu beherrschen, zu verbessern und in seiner Qualität zu erhalten, müssen möglichst viele Mitarbeiter die Kundenwünsche und den Prozeß kennen und verstehen und muß die Mitarbeiterqualifikation an eine Kultur des geplanten Wandels angepaßt sein.

Ausgehend vom japanischen Kaizen, d.h. "Wandel zum Guten" in kleinen Schritten als Ergebnis kontinuierlicher Bemühungen[469] haben sich verschiedene Formen von Verbesserungsprozessen entwickelt.

Kontinuierliche Verbesserungs-Prozesse (KVP) existieren in unterschiedlichen Formen, z.B. als Anwesenheitsverbesserungsprozeß (AVP) bei der Firma Opel, Continous Improvement Process (CIP), KVP^2 und Kontinuierlicher Innovationsprozeß (KIP).

KVP ist als zentraler Ansatzpunkt zu sehen für

- den Aufbau der neuen Unternehmenskultur,

- das Etablieren und Verankern der neugestalteten Module und Geschäftsprozesse,

- die Förderung des bereichsübergreifenden Zusammenarbeitens,

- die Realisierung der Teamkultur über das "Verstehen" zum "Erleben und Handeln" und

- die Förderung einer lernenden Organisation.

Um die durch die KVP-Teams entstehende "Sekundärorganisation" im Sinne der strategischen Unternehmensziele zu steuern ist ein Koordinator der Teams erforderlich. Der Erfolg der KVP-Teams wird durch Zielvorgaben der Geschäftsführung und eine enge Anbindung des Koordinators an die Geschäftsführung gesichert.

Eine typische Vorgehensweise für die Einführung des Kontinuierlichen Verbesserungs-Prozesses ist: In einem ersten Schritt werden Pilot-Teams gebildet, die im folgenden als Pilot-KVP-Teams bezeichnet werden. Die Teams sollten möglichst heterogen zusammengesetzt sein, was auch das spätere gewollte Entstehen "informeller Netzwerke" im Unternehmen erleichtert. In der folgenden Phase wird unter Moderation und Anlei-

---

[469] vgl. Imai, M. [1992], S. 27

tung von Beratern gemeinsam mit den Teilnehmern der Pilot-Teams die Arbeit in KVP-Teams trainiert. Für die unternehmensweite Umsetzung der Pilot-KVP-Teams wird im folgenden ein Umsetzungsplan erarbeitet. Dieser beinhaltet die Auswahl und Ausbildung von Mitarbeitern als KVP-Team Moderatoren (Vermittlung von Kenntnissen in Metaplantechnik, Kreativitätstechniken, Präsentation und Gruppenmoderation). Abschließend begleiten die Berater die unternehmensweite Umsetzung.

Wichtig ist, daß eine eigene Umsetzung der Lösungsvorschläge durch die Teams angestrebt wird, die Tätigkeit im KVP-Team muß auch selbstverständlicher Teil der Unternehmenskultur werden. Ein wesentliches Problem ist, daß ein Vertrauensverhältnis zwischen Management und Mitarbeitern vorhanden sein muß, und durch konkrete Zielsetzungen für die Teams Themenstellungen im Sinne des Unternehmens aufgegriffen werden. Wichtig ist auch die Fragestellung, bis zu welcher Tragweite dürfen Umsetzungsentscheidungen durch die Teams getroffen werden. KVP-Aufgaben und Befugnisse müssen deckungsgleich sein: "Können, Wollen und Dürfen" müssen übereinstimmen[470].

KVP kann im Konflikt mit anderen Formen der Verbesserung und des Vorschlagswesens (vgl. Abbildung 93) stehen.

Es stellt sich die Frage der Schnittstellen zum betrieblichen Vorschlagswesen und der Vergütung. Zum einen muß sichergestellt sein, daß die Verbesserungen in den KVP-Teams eingebracht werden und nicht als Vorschläge Einzelner eine individuelle Belohnung finden. Zum anderen besteht die Erfahrung, daß durch die Möglichkeit direkter Verbesserungen das Erfolgserlebnis und die eigene Arbeitserleichterung eine finanzielle Vergütung überflüssig machen. Dies ist anders bei Vorschlägen, die vom Team nicht direkt umgesetzt werden können, sondern in anderen Bereiche durchgeführt werden; hier sind geeignete Anreizsysteme zu entwickeln.

---

[470] vgl. Hartz, P. [1994], S. 118

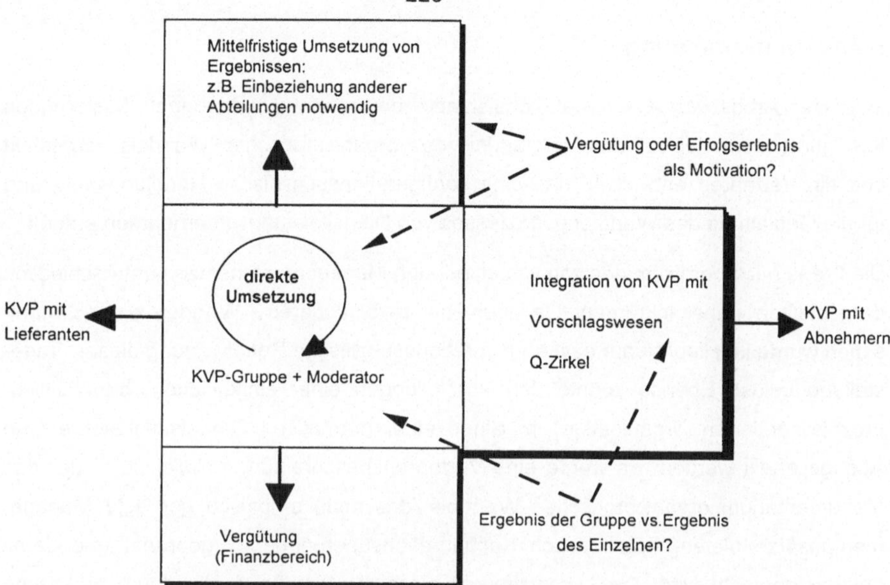

Abbildung 93: Gestaltungskomplexität und Schnittstellenvielfalt bei KVP-Prozessen

5 Zusammenfassung

In dieser Arbeit wurde ein auf konsistenztheoretischen Überlegungen basierendes Konfigurationsmodell für das Verständnis des organisatorischen Wandels vorgestellt und ein Verfahren entwickelt, das eine konfigurationsspezifische Handlungsanleitung für die Gestaltung des Wandlungsprozesses von Dienstleistungsunternehmen enthält.

Die Frage nach der Form des von verschiedenen Managementansätzen unterschiedlich dargestellten - eher inkrementalen oder eher revolutionären - Wandels einer Organisation wurde im Hinblick auf eine konfigurationsspezifische Beantwortung dieser Fragestellung gelöst. Ebenso konnte den Vorstellungen einer einheitlichen "ganzheitlich-prozeßorientierten Organisation" im Sinne einer normativen Organisationslehre eine Absage erteilt werden. Es wurde eine Verfahrensbeschreibung entwickelt, in der das Instrumentarium organisatorischen Wandels, das neue empirisch geprägte Managementansätze bieten, systematisch Konfigurationsübergängen zugeordnet und damit nutzbar gemacht wird. Die Umsetzbarkeit einzelner Schritte wurde durch praktische Beispiele und methodische Hilfsmittel wie Formulare erläutert. Beispiele für Konfigurationsübergänge wurden zur Veranschaulichung gegeben.

Das vorgestellte Konfigurationsmodell und das dargestellte Verfahren bieten dem Management von Dienstleistungsunternehmen eine Vorstellungswelt, die die Notwendigkeit des Wandels von Organisationen in bestimmten Unternehmensphasen erklärt und dem Management die Anwendung eines innovativen Instrumentariums für den Wandel aufzeigt, ohne sich von einer empirisch geprägten "Management-Heilslehre" abhängig zu machen.

Die Notwendigkeit der Prozeßorientierung in ihren verschiedenen Erscheinungsformen für die Struktur jeder identifizierten Konfiguration eröffnet eine interessante Perspektive der Weiterentwicklungsmöglichkeit dieser Arbeit: Den Konfigurationsansatz für Unternehmen auf andere Systemebenen zu übertragen. Für die gesamtwirtschaftliche Ebene existieren vielfältige Überlegungen dieser Art, z.B. in Form von Konvergenztheorien für politische- und Wirtschaftssysteme. Meyer et al. sehen auch auf der Ebene von Individuen oder Gruppen Erkenntnispotentiale durch Konfigurationsansätze[471]. Von Interesse wäre deshalb im Sinne einer prozeßorientierten Betrachtung vor allem, den

---

[471] vgl. Meyer, A.D.; Tsui, A.S.; Hinings, C.R. [1993], S. 1175 ff

Konfigurationsansatz auf die Ebene einzelner Prozesse herunterzubrechen und Konfigurationen z.B. für adaptive, stabile und labile Prozesse auf Prozeßebene zu entwickeln.

6 Literatur

Albers, W. et al. (Hrsg.) [1979], Handwörterbuch der Wirtschaftswissenschaft (HdWW), Stuttgart, New York u.a. 1979

Ansoff, I.H. [1976], Making Surprise and Discontinuity - Strategic Response to Weak Signals, in: ZfB 28. Jg., 1976, S. 129-152

Arnold, O.; Faisst, W.; Härtling, M.; Sieber, P. [1995], Virtuelle Unternehmen als Unternehmenstyp der Zukunft, in: HMD, Heft 185, Sept. 1995, S. 8-23

Baker, D. D.; Cullen, J. B. [1993], Administrative Reorganization and Configurational Context: The Contingent Effects of Age, Size, and Change in Size, in: AMJ, Vol. 36, Nr. 6, December 1993, S. 1251-1277

Balck, H. [1996], Facility Management: Schwerpunkt im Management der Infrastruktur im Unternehmen, in: Office Management 10/1996, S. 20-24

Becker, K. E. [1994], Marktorientierte Reorganisation eines bedeutenden Dienstleistungsunternehmens, in: Bullinger, H.-J. (Hrsg.) [1994b], S. 133-144

Becker, K.-H.; Dörfler, M. [1989], Dynamische Systeme und Fraktale, 3. bearbeitete Auflage, Wiesbaden 1989

Berger, R.; Schwenker, B. [1996], Vorgehensplan zum Transformationsprozeß, in: Bullinger, H.-J.; Warnecke, H.-J. (Hrsg.) [1996], S. 1045-1054

Berman, S. [1994], Strategic Direction: Don´t Reengineer without it, in: Planning Review, November - December 1994, Vol. 22, No 6, S. 7-9

Biehal, F. (Hrsg.) [1993a], Lean Service, Wien, Bern, 1993

Biehal, F. [1993b], Dienstleistungsmanagement und die schlanke Organisation, in: Biehal, F. (Hrsg.) [1993a], S. 9-67

Bierfelder, W. H. [1989], Innovationsmanagement, 2. unwesentlich veränderte Auflage, München, Wien, Oldenburg 1989

Bleicher, K. [1994], Unternehmen auf dem Weg zur Vertrauensorganisation: Potentiale entdecken, in: Gablers Magazin 1/94, S.14-21

Bleicher, K. [1995], Vertrauen als kritischer Faktor einer Bewältigung des Wandels, in: ZFO 6/1995, S. 390-395

BMBF (Hrsg.) [1996], Dienstleistungen für das 21. Jahrhundert - Vortragsunterlagen -, Tagung in Bonn, 27. und 28.11.1996

Boos, F.; Jarmai, H. [1994], Kernkompetenzen - gesucht und gefunden, in: Harvard Business Manager 4/1994, S. 19-26

Böhm, K.; [1995], Die Kräfte der Veränderung, in: Bullinger, H.-J.; Mutius, B.v. [1995], S. 83-105

Bösenberg, D.; Metzen, H. [1992], Lean Management, Landsberg/Lech 1992

Bösenberg, D.; Hauser, R. [1994], Der schlanke Staat, Lean Management statt
    Staatsbürokratie, Düsseldorf, Wien u.a. 1994

Brown, J. H.; Watts, J. [1992], Enterprise engineering: building 21st century organizations, in
    The Journal of Strategic Information Systems, Vol.1, No. 5, S. 243-249, December 1992

Budäus, D. [1995], Wettbewerbssicherung durch industrielle Dienstleistungen, in: Bullinger, H.-
    J. (Hrsg.) [1995a], S. 136-147

Bullinger, H.-J. [1994], „Customer Focus" und „Business Reengineering": Neue Trends für eine
    zukunftsorientierte Unternehmensführung, in: Bullinger, H.-J. (Hrsg.) [1994b], S.15-54

Bullinger, H.-J. (Hrsg.) [1994a], Workflow-Management bei Dienstleistern, Stuttgart 1994

Bullinger, H.-J. (Hrsg.) [1994b], Neue Impulse für eine erfolgreiche Unternehmensführung, 13.
    IAO-Arbeitstagung, Berlin Heidelberg 1994

Bullinger, H.-J. [1995], Dienstleistungsmärkte im Wandel - Herausforderungen und
    Perspektiven, in: Bullinger, H.-J. (Hrsg.) [1995a], S. 45-95

Bullinger, H.-J. (Hrsg.) [1995a], Dienstleistung der Zukunft; Märkte, Unternehmen und
    Infrastrukturen im Wandel; Ergebnisse der Tagung des BMBF vom 28. und 29. Juni
    1995 in Berlin, Wiesbaden 1995

Bullinger, H.-J. (Hrsg.) [1995b], Data Warehouse und seine Anwendungen: Data Mining, OLAP
    und Führungsinformationen im betrieblichen Einsatz, IAO-Forum am 7./8.11.1995,
    Stuttgart 1995

Bullinger, H.-J. (Hrsg.) [1996], Lernende Organisationen: Konzepte, Methoden und
    Erfahrungsberichte, Stuttgart 1996

Bullinger, H.-J.; Brettreich-Teichmann, W.; Gidion, G. u.a. [1996], Management kreativer
    Unternehmen - Die Beherrschung von Strukturen und Prozessen lernender
    Organisationen, in Bullinger, H.-J. (Hrsg.) [1996], S.13-40

Bullinger, H.-J.; Fähnrich, K.-P. et al. [1995], Produktivitätsfaktor Information: Data Warehouse,
    Data Mining und Führungsinformationen im betrieblichen Einsatz, in Bullinger, H.-J.
    (Hrsg.) [1995b], S.11-30

Bullinger, H.-J.; Gommel, M. [1995], Unternehmen leben vom Mitmachen, in: Gablers Magazin
    5/95, S. 21-23

Bullinger, H.-J.; Kläger, W.; Roos, A. [1994], Werkzeuge für die integrierte Ablauforganisation;
    in: Martin, H.-E. (Hrsg.) [1994], S. 197-212

Bullinger, H.-J.; Meitner, H.; Krämer, M. [1994], Total Quality Management im Büro, in: Office
    Management 1-2/1994, S. 26-31

Bullinger, H.-J., Mutius, B.v. [1995], Leitbilder der Erneuerung: Tagungsband des Management
    Symposiums '95 am 14. September 1995 in Stuttgart, Stuttgart 1995

Bullinger, H.-J.; Roos, A. [1995], Auswirkungen der Informationstechnologie auf die
    Unternehmensführung: Ein Zukunftsszenario, in: Potential, Nr.12, Nov. 1995, S.29-30

Bullinger, H.-J.; Roos, A. [1996], The topic: Customer Focus and Business Re-engineering - companies must set the course now, in: MAN - Magazine of the MAN Group 1996, S. 28-33

Bullinger, H.-J.; Roos, A.; Wiedmann, G. [1994], Amerikanisches Business Reengineering oder japanisches Lean Management?, in: Office Management 7-8/1994, S. 14-20

Bullinger, H.-J.; Warnecke, H.-J. (Hrsg.) [1996], Neue Organisationsformen im Unternehmen, Berlin Heidelberg 1996

Bullinger, H.-J.; Wiedmann, G.; Niemeier, J. [1995], Business Reengineering, IAO-Studie 1995, Stuttgart 1995

Camp, R. C. [1994], Benchmarking, München Wien 1994

Ceynowa, K. [1997], Toyotismus in der Bibliothek? Worauf sich Bibliotheken einlassen, wenn sie sich auf „Lean Management" einlassen, in: Bibliotheksdienst, 31. Jg., H. 8, 1997, S. 1501-1517

Champy, J. [1995], Reengineering Management: The Mandate for a new Leadership, New York 1995

Chrobok, R.; Tiemeyer, E. [1996], Geschäftsprozeßorganisation - Vorgehensweise und unterstützende Tools, in: ZFO 3/1996, S. 165-172

Cooper R.; Markus, M.L. [1996], Den Menschen reengineeren - geht das denn?, in: Harvard Business Manager 1/1996, S. 77-89

Davenport, T.H. [1993], Process Innovation - Reengineering Work through Information Technology, Boston 1993

Demmer, C.; Gloger, A.; Hoerner, R. [1996], Erfolgreiche Reengineering-Praxis in Deutschland: die Vorbildunternehmen, Düsseldorf/München 1996

DeMarco, T.; Lister, T. [1991], Wien wartet auf Dich! Der Faktor Mensch im DV-Management, München Wien 1991

Diebold (Hrsg.) [1994], Wege zur Verwaltungsoptimierung, Frankfurt 1994

Dierkes, M.; Hähner, K.; Raske, B. [1996], Theoretisches Konzept und praktischer Nutzen der Unternehmenskultur, in: Bullinger, H.-J.; Warnecke, H.-J. (Hrsg.) [1996], S. 315-332

DIN ISO 8402 [1995], Qualitätsmanagement; Begriffe, August 1995

DIN ISO 9000 [1994], Normen zum Qualitätsmanagement und zur Qualitätssicherung / QM-Darlegung, Leitfaden zur Auswahl und Anwendung, August 1994

DIN ISO 9001 [1994], Qualitätsmanagementsysteme; Modell zur Qualitätssicherung / QM-Darlegung in Design, Entwicklung, Produktion, Montage und Wartung, August 1994

DIN ISO 9002 [1994], Qualitätsmanagementsysteme; Modell zur Qualitätssicherung / QM-Darlegung in Produktion, Montage und Wartung, August 1994

DIN ISO 9003 [1994], Qualitätsmanagementsysteme; Modell zur Qualitätssicherung / QM-Darlegung bei der Endprüfung, August 1994

DIN ISO 9004 [1994], Qualitätsmanagement und Elemente eines
    Qualitätsmanagementsystems; Leitfaden, August 1994

DIN ISO 10011 [1992], Leitfaden für das Audit von Qualitätsmanagementsystemen, Juni 1992

DIN 19222 [1985], Messen, Steuern, Regeln; Leittechnik; Begriffe, März 1985

DIN 69900 [1987], Projektwirtschaft; Netzplantechnik; Darstellungstechnik, August 1987

DIN 69901 [1987], Projektwirtschaft; Projektmanagement; Begriffe, August 1987

Doty, D.H.; Glick, W.H.; Huber, G.P. [1993], Fit, Equifinality, and Organizational Effectiveness:
    A Test of Two Configurational Theories, in: AMJ, Vol. 36, Nr. 6, December 1993, S.
    1196-1250

Drumm, H.-J. [1996], Das Paradigma der neuen Dezentralisation, in: DBW (1996) 1, S. 7-20

Eckert, H. [1994], Die Workflow Management Coalition: Zielsetzung, Arbeitsgebiete und
    Auswirkungen für die Anwender, in: Bullinger, H.-J. (Hrsg.) [1994a], S. 31-46

Eiff, W. v. [1994], Geschäftsprozeßmanagement: Integration von Lean Management-Kultur und
    Business Process Reengineering, in: ZFO, 63, 1994, 6, S.364-371

Erdl, G.; Schönecker, H.G. [1995], Workflowmanagement: Workflow-Produkte und
    Geschäftsprozeßoptimierung, Wiesbaden 1995

Etzioni, A. [1978], Soziologie der Organisationen, 5. Aufl., München 1978

Eversmann, M. [1994], Groß und trotzdem klein - Business Units, Dezentralisierung der
    Geschäftsverantwortung, in: Gablers Magazin 8/94, S. 45-47

Ferber, M. [1996], Management-Buy-Out, in: Bullinger, H.-J.; Warnecke, H.-J. (Hrsg.) [1996], S.
    240-250

Forrester, J. W. [1980], Industrial Dynamics, 10th Ed., Cambridge 1980

Franz, K.-P. [1996], Prozeßkostenmanagement für ein strategisches Aktivitätencontrolling, in:
    Perlitz, M. et al. [1996], S. 209-220

Frese, E. [1995], Profit Center - Motivation durch internen Marktdruck, in: Reichwald, Ralf und
    Wildemann, Horst (Hrsg.): Kreative Unternehmen, Stuttgart 1996, S. 77-94

Frese, E.; Werder, A.v. [1994], Organisation als strategischer Wettbewerbsfaktor -
    Organisationstheoretische Analyse gegenwärtiger Umstrukturierungen, in: Frese, W.;
    Maly, W. (Hrsg.), ZFBF-Sonderheft 33/94, S. 1-27

Friedrich, R. [1996], Der Centeransatz zur Führung und Steuerung dezentraler Einheiten, in:
    Bullinger, H.-J.; Warnecke, H.-J. (Hrsg.) [1996], S. 984-1014

Fuchs, M. [1995], Neutrale Standardsoftware-Auswahl durch Geschäftsprozeßorientierten
    Leistungsvergleich von Unternehmens- und Standardsoftware-Modellen, Dissertation,
    Ulm 1995

Furey, T. R.; Diorio, S. G. [1994], Making Reengineering Strategic, in: Planning Review, July-
    August 1994, Vol. 22, No 4, S. 6-12

Gassert, H.; Prechtl, M. (Hrsg.) [1997], Neue Informationstechnologien: Bedeutung u. Herausforderung für die Unternehmensführung, Stuttgart 1997

Gairola, A. [1995], Verhalten neu orientieren, in: Bullinger, H.-J., Mutius, B.v. [1995], S. 50-82

Gaitanides, M. [1983], Prozeßorganisation: Entwicklung, Ansätze und Programme prozeßorientierter Organisationsgestaltung, München 1983

Gaitanides, M.; Scholz, R.; Vrohlings, A.; Raster, M. [1994], Prozeßmanagement: Konzepte, Umsetzungen und Erfahrungen des Reengineering, München 1994

Gassert, H.; Prechtl, M. (Hrsg.) [1997], Neue Informationstechnologien: Bedeutung und Herausforderung für die Unternehmensführung, Stuttgart 1997

Gertz, D.L. und Baptista, J.P.A. [1996], Grow to be great, Landsberg/Lech 1996

Ghoshal, S.; Bartlett, C. A. [1995a], Changing the Role of Top Management: Beyond Structure to Processes, in: Harvard Business Review, January-February 1995, S. 86-96

Ghoshal, S.; Bartlett, C. A. [1995b], Rebuilding Behavioral Context: Turn Process Reengineering into People Rejuvenation, in: Sloan Management Review, Fall 1996, S. 11-24

Ghoshal, S.; Bartlett, C. A. [1996], Rebuilding Behavioral Context: A Blueprint for Corporate Renewal, in: Sloan Management Review, Winter 1996, S. 23-36

Gleich, R.; Seidenschwarz, W. [1997], Die Kunst des Controlling, München 1997

Gleitze, W.; Frercks, L. [1996], Geschäftsprozeßoptimierung bei der LVA Westfalen, in: Deutsche Rentenversicherung, Heft 1-2, Jan./Feb. 1996, S. 1-21

Götzer, K. G. [1994], Lean Office, München 1994

Gouillart, F. J. und Kelly, J. N. [1995], Business Transformation, Wien 1995

Greiner, L. E. [1972], Evolution and revolution as organizations grow, in: Harvard Business Review, July-August 1972

Gries, W. [1995], Dienstleistungen für das 21. Jahrhundert: Chancen nutzen - Risiken bewältigen, in: Bullinger, H.-J. (Hrsg.) [1995a], S. 3-23

Grimmeisen, M. [1997], Controllingunterstützung im Change Management, in: Reiß, M.; Rosenstiel, L. v.; Lanz, A. (Hrsg.) [1997], S. 145-158

Grochla, E. [1982], Grundlagen der organisatorischen Gestaltung, Stuttgart 1982

Gruhler, W. [1990], Dienstleistungsbestimmter Strukturwandel in deutschen Industrieunternehmen: einzel- und gesamtwirtschaftlicher Kontext, Determinanten, Interaktionen, empirischer Befund, Köln 1990

Habermas, J. [1969], Technik und Wissenschaft als "Ideologie", Frankfurt am Main 1969

Halin, J. (Hrsg.) [1987], Simulationstechnik, 4. Symposium Simulationstechnik, Zürich, 9.-11. September 1987, Berlin, Heidelberg u.a. 1987

Hammer, M. [1990], Reengineering Work: Don´t Automate, Obliterate, in: Harvard Business Review, 68, 1990, July-August, S.104-112

Hammer, M.; Champy, J. [1993], Reengineering the Corporation. A Manifesto for Business Revolution, London 1993

Hammer, M.; Stanton, S.A. [1995], The Reengineering Revolution: a Handbook, New York 1995

Hartz, P. [1994], Jeder Arbeitsplatz hat ein Gesicht, Frankfurt/Main und Wolfsburg 1994

Henn, H. [1995], Gestaltung des Wandels von der Funktions- zur Kompetenzhierarchie, in: ZFO 5/1995, S. 304-309

Hentze, J. [1991], Personalwirtschaftslehre, Bd. 1und 2, 5. überarb. Auflage, Bern Stuttgart 1991

Hess, T.; Brecht, L. [1995], State of the Art des Business Process Redesign, Wiesbaden 1995

Hill, W.; Fehlbaum, R.; Ulrich, P. [1981], Organisationslehre 2, 3. verbesserte Auflage, Bern und Stuttgart 1981

Hilgenfeldt, J. [1994], Werkzeuge für die computergestützte Organisationsgestaltung, in: Office Management 5/1994, S. 18-23

Hillmann, K.-H. [1994], Wörterbuch der Soziologie, 4. überarb. und ergänzte Auflage, Stuttgart 1994

Hoffmann, F. [1996], Qualifizierungskonzepte, in: Bullinger, H.-J.; Warnecke, H.-J. (Hrsg.) [1996], S. 841-863

Hofstetter, I.; Kerber, G. et al. [1990], Implementation Specification for the Management Tools, Forschungsbericht im Rahmen des ESPRIT Project 2071, Construction and Management of Distributed Open Systems, September 1990

Hopp, D. [1996], Globale Strategien der SAP AG, in: Zahn, E. (Hrsg.) [1996a], S.111-136

Horváth, P.; Kieninger, M.; Mayer, R.; Schimanek, C. [1993], Prozeßkostenrechnung - oder wie die Praxis die Theorie überholt, Stuttgart 1993

Horváth, P. [1996], Erneuerung des Controlling, in: Bullinger, H.-J.; Warnecke, H.-J. (Hrsg.) [1996], S. 937-945

Horváth, P. [1996b], Controlling, 6. vollständig überarbeitete Auflage, München 1996

Hunziker, A. W. [1997], Den Staat besser managen - mit NPM, in: Harvard Business Manager, 3/1997, S. 121-123

Imai, M. [1992], Kaizen, München 1992

ISO/DIS 14001 [1995], Specifications for Environmental Management Systems, erschienen im August 1995 als internationaler Norm-Entwurf (DIS)

Jaschinsky, C. M. [1995], Wettbewerbssicherung durch industrielle Dienstleistungen, in: Bullinger, H.-J. (Hrsg.) [1995a], S. 126-135

Jaspert, T.; Müffelmann, J. [1996], „...das Team muß nun von der Ideenfindung zur Umsetzung schreiten", in: ZFO 3/1996, S. 174-178

Joassart und Goffin [1994], Catalyst - Business Process Re-engineering Methodology, Dokumentation des Bureau Joassart und Goffin

Käsler, D. (Hrsg.) [1972], Max Weber - Sein Werk und seine Wirkung, München 1972

Kaplan, R.; Norton, D. [1992], The Balanced Scorecard - Measures that Drive Performance, in: Harvard Business Review, Jan./Feb. [1992], S. 71-79

Kaplan, R.; Norton, D. [1993], Putting the Balanced Scorecard to Work, in: Harvard Business Review, 12 [1993] 5, S. 134-147

Kappaun, B. [1991], Gewerkschaften und die soziale Frage in Japan, in: Personalwesen in Japan, Deutsche Industrie- und Handelskammer in Japan (Hrsg.), S. 25-42, Tokyo 1991

Kato, Y. [1996], Target Costing in Business Process Reengineering, in: Perlitz, M. et al. [1996], S. 221-234

Kern, W. (Hrsg.) [1996], Handwörterbuch der Produktionswirtschaft, 2. Aufl., Stuttgart 1996

Ketchen, D.J.; Thomas, J.B.; Snow, C.C. [1993], Organizational Configurations and Performance: A Comparison of Theoretical Approaches, in: AMJ, Vol. 36, Nr. 6, December 1993, S. 1278-1313

Khandwalla, P.N. [1973], Viable and effective organizational designs of firms, in: AMJ, 16/1973, S. 481-495

Kieser, A. [1995], Quo vadis Organisationstheorie, in: ZFO 6/1995, S. 347-351

Kieser, A. [1996], Business Process Reengineering - neue Kleider für den Kaiser?, in: ZFO 3/1996, S. 179-185

Kilz, G.; Reh, D.A. [1996], Die Neugestaltung der Arbeitszeit als Gegenstand des betrieblichen Innovationsmanagements, Baden-Baden 1996

Kirn, S. [1995], Kooperierende intelligente Agenten in virtuellen Organisationen, in: HMD, Heft 185, Sept. 1995, S. 24-36

Kirsch, W. [1997], Strategisches Management: Die geplante Evolution von Unternehmen, München 1997

Kirsch, W.; Esser, W.-H.; Gabele, E. [1979], Das Management des geplanten Wandels von Organisationen, Stuttgart 1979

Kleb, R.-H.; Svoboda, M. [1994a], Trends und Erfahrungen im Lean Management - Studie mit führenden multinationalen Unternehmen, Teil 1, in: ZFO 4/1994, S. 249-254

Kleb, R.-H.; Svoboda, M. [1994b], Trends und Erfahrungen im Lean Management - Studie mit führenden multinationalen Unternehmen, Teil 2, in: ZFO 5/1994, S. 299-304

Kleinhans, A. M. [1989], Wissensverarbeitung im Management, Frankfurt am Main et al. 1989

Klodt, H. [1995], Auf dem Weg in die Dienstleistungsgesellschaft - Geht die industrielle Basis verloren?, in: WiSt, Heft 6, Juni 1995, S. 297-301

Klotz, M.; Wenzel, H. [1994], (Hrsg.) Führungsinformationssysteme im Unternehmen: Erfolgsfaktoren, Vorgehensweisen und Perspektiven, Berlin 1994

Koenigsmarck, O.v.; Trenz, C. [1996], Einführung von Business Reengineering: Methoden und Praxisbeispiele für den Mittelstand, Frankfurt/Main, New York 1996

Kortzfleisch, G.v.; Zahn, E. [1979], Wachstum II: Betriebswirtschaftliche Probleme, in: Albers, W. et al. (Hrsg.) [1979], S. 432 - 449

Koschatzky, K. [1995], Chancen der Gründung und Stabilisierung neuer Unternehmens- und Tätigkeitsfelder, in: Bullinger, H.-J. (Hrsg.) [1995], S. 313-323

Krallmann, H. [1995], Business Process Reengineering - Nutzen und Erfahrungspotential; in: Reichwald, R.; Wildemann, H. (Hrsg.), S. 355-369

Krystek, U. [1995], Die lautlose Erfolgsgefährdung, in: Gablers Magazin 11-12/95, S. 46-49

Kühl, D.; Nieder, P. [1994], Warum brauchen Unternehmen ein Veränderungsmanagement?, in: BfuP 3/1994, S. 190-209

Kueng, P.; Schrefl, M. [1995], Spezialisierung von Geschäftsprozessen am Beispiel der Bearbeitung von Kreditanträgen, in: HMD, Heft 185, Sept. 1995, S. 78-94

Kutsch, T.; Wiswede, G. [1986], Wirtschaftssoziologie, Stuttgart 1986

Lenk, H. und Maring, M. [1995], Begründung, Erklärung, Gesetzesartigkeit in den Sozialwissenschaften, in: Stachowiak, H. [1995], S. 344-369

Lewis, T.; Grisebach, R.; Nelle, A. [1995], Kapitalbeteiligung und Vergütungsregeln zur Förderung von Unternehmertum in Großunternehmen, in: ZFO 2/1995, S. 105-110

Leymann, F. [1996], Transaktionskonzepte für Workflow-Management-Systeme, S. 335-352, in: Vossen, Gottfried [1996]

Linden, F. A. [1996], Traurige Bilanz, in: Manager Magazin, August 1996, S.112-113

Litke, H.-D. [1995], Projektmanagement: Methoden, Techniken, Verhaltensweisen, München Wien 1995

Luczak, H. [1995], Dienstleistung - Basis für Wirtschaftsprozesse, in: Bullinger, H.-J. (Hrsg.) [1995a], S. 107-113

Luczak, H. [1997], Innovationsmanagement als Basis für neue Dienstleistungen, in o.V. [1997], S. 1-7

Maaß, J. [1994], Vom Lean Management zur Vertrauensorganisation, in: Bullinger, H.-J. (Hrsg.) [1994b], S. 151-166

Macdonald, S. [1996], Wenn zuviel Kundennähe zur Abhängigkeit führt, in: Harvard Business Manager 2/1996, S. 95-103

Maier, F. [1994], Reengineering - Revolution der Prozesse, in: Top Business, Dezember 1994, S. 46-54

Manganelli, R.L.; Klein, M.M. [1994], The Reengineering Handbook: A Step-by-Step Guide to Business Transformation, New York Atlanta u.a. 1994

Martin, H.-E. (Hrsg.) [1994], Neue Techniken der Bürokommunikation, 5., völlig überarbeitete und erweiterte Ausgabe, Landsberg/Lech 1994

Matje, A. [1996], Unternehmensleitbilder als Führungsinstrument: Komponenten einer erfolgreichen Unternehmensidentität, Wiesbaden 1996

Meitner, H. [1995], Verfahren zur Verbesserung der Ausfallsicherheit verteilter Informationssysteme, Berlin Heidelberg 1995

Meitner, H. [1996], Dokumentenmanagement- und Workflowsysteme zur Unterstützung von Geschäftsprozessen, in: Bullinger, H.-J.; Warnecke, H.-J. (Hrsg.) [1996], S. 709-729

Meitner, H.; Roos, A. [1994], Büroleitstand - ein Weg zur Prozeßbeherrschung im Büro, in: Office Management 5/1994, S. 30-33

Merz, Eberhard [1996], Einbeziehung externer Berater, in: Bullinger, H.-J.; Warnecke, H.-J. (Hrsg.) [1996], S. 1078-1084

Meyer, A.D.; Tsui, A.S.; Hinings, C.R. [1993], Configurational approaches to organizational analysis, in: AMJ 36(6), S. 1175-1195

Miller, D. and Friesen, P. [1980], Archetypes of Organizational Transition, Administrativ Science Quaterly, Juni 1980, Vol. 25, S. 268-290

Miller, D.; Friesen, P. H. [1982a], Structural Change and Performance: Quantum versus Piecemeal-Incremental Approaches, in: Academy of Management Journal, Vol. 25, No. 4, S. 867-892

Miller, D. and Friesen, P. H. [1982b], The Longitudinal Analysis of Organizations - A Methodological Perspective - Management Science, Vol. 28, No 9, September 1982, S. 1013-1034

Miller, D.; Friesen, P. H. [1983], Successful and Unsuccessful Phases of the Corporate Life Cycle, in: Organization Studies, 4/4, S. 339-356, 1983

Miller, D.; Friesen, P. H. [1984], Organizations: A quantum view, New Jersey 1984

Milliman, J.; Glinow, M. A. v.; Nathan, M. [1991], Organizational Life Cycles ans Strategic International Human Resource Management in Multinational Companies: Implications for Congruence Theory, in: Academy of Management Review, 1991, Vol. 16, No. 2, S. 318-339

Mintzberg, H. [1984], Power and Organization Life Cycles, Henry Mintzberg, Academy of Management Review, 1984, Vol. 9, No. 2, S. 207-224

Mintzberg, H. [1991], Mintzberg über Management: Führung und Organisation, Mythos und Realität, Wiesbaden 1991

Mintzberg, H. [1992], Die Mintzberg-Struktur: Organisation effektiver gestalten, Landsberg/Lech 1992

Morris, D.; Brandon, J. [1993], Re-engineering Your Business, New York San Francisco u.a. 1993

Müthlein, T. [1995], Virtuelle Unternehmen - Unternehmen mit einem rechtssicheren informationstechnischen Rückgrat?, in: HMD, Heft 185, Sept. 1995, S. 68-77

Murphy, J. A. [1994], Dienstleistungsqualität in der Praxis, München Wien 1994

Mutius, B.v. [1995], Die Umstrukturierung beginnt im Kopf oder Die Kunst der Erneuerung, in: Bullinger, H.-J., Mutius, B.v. (Hrsg.) [1995], S. 5-35

MZSG (Hrsg.) [1995], St. Galler Management Letter, Business Process Reengineering - eine Zwischenbilanz, November 1995

Niemand, S.; Stoi, R. [1996], Die Verbindung von Prozeßkostenrechnung und Workflow-Management zu einem integrativen Prozeßmanagementsystem, in: ZFO 3/1996, S. 159-164

Niemeier, J. [1986], Wettbewerbsumwelt und interne Konfigurationen: Theoretische Ansätze und empirische Prüfung, Frankfurt am Main, 1986

Niemeier, J.; Schäfer, M.; Engstler, M.; Koll, P. [1994], Mobile Computing, München 1994

Österle, H. [1995], Business Engineering, Prozeß- und Systementwicklung, Band 1: Entwurfstechniken, Berlin 1995

o.V. [1990] Weltweite Qualitätssystemrichtlinie Q-101, Dokumentation der Ford Motor Company

o.V. [1993], Objectory; Produktbeschreibung der Objective Systems SF AB, Kista, Sweden

o.V. [1995], ARIS-Referenzmodelle, Release 1.5 Demoversion für ARIS-Toolset 3.0, Stand 05/95

o.V. [1997] Dienstleistungen für das 21. Jahrhundert; CD-ROM des Fraunhofer-IAO zur Tagung „Dienstleistungen für das 21. Jahrhundert" am 27. und 28.11.96 in Bonn; veranstaltet vom Ministerium für Bildung, Wissenschaft, Forschung und Technologie

Pepels, W. [1996], Qualitätscontrolling bei Dienstleistungen, München 1996

Perlitz, M. et al. [1996], Reengineering zwischen Anspruch und Wirklichkeit: ein Managementansatz auf dem Prüfstand, Wiesbaden 1996

Perlitz, M.; Bufka, J.; Offinger, A.; Reinhart, M.; Schug, K. [1996a], Reengineering-Projekte erfolgreich umsetzen - Ergebnisse einer Erfolgsfaktorenstudie, in: Perlitz, M. et al. [1996], S. 181-208

Perlitz, M.; Offinger, A.; Reinhart, M.; Schug, K. [1996b], Business Process Reengineering - Ein integrativer Ansatz, in: Perlitz, M. et al. [1996], S. 341-364

Petrick, K., Eggert, R. [1995], Umwelt- und Qualitätsmanagementsysteme: eine gemeinsame Herausforderung, München Wien 1995

Pfeiffer, T.; Wunderlich, M. [1995], Ein neuer Maßstab - Qualitätsmanagementsysteme für Forschungseinrichtungen, in: Bullinger, H.-J. (Hrsg.) [1995a], S. 554-566

Pietsch, T. [1994], Prozeßcontrolling mit Führungsinformationssystemen, in: Klotz, M., Wenzel, H. (Hrsg.) Führungsinformationssysteme im Unternehmen, Berlin 1994, S. 173-192

Porter, M.E. [1996], What is strategy?, in: Harvard Business Review, Nov.-Dez. 1996, S. 61-78

Prahalad, C.K., Hamel, G. [1991], Nur Kernkompetenzen sichern das Überleben, in: Harvard Manager 2/1991, S. 66-78

Raffio, T. [1993], TQM II: Wie Delta Dental Plan Service Excellence erreichte, in: Harvard Business Manager 2/1993, S. 86-96

Rathgeb, M. [1996], Verfahren zur Gestaltung rechnergestützter Produktionsprozesse, Berlin Heidelberg 1996

REFA [1992], Methodenlehre der Betriebsorganisation / REFA - Verband für Arbeitsstudien und Betriebsorgnisation e.V. - Ablauforganisation im Bürobereich -, München 1992

Reichard, C. [1996], Comment: Neues Steuerungsmodell - Was kommt danach?, in: BMBF (Hrsg.) [1996], S. 273-277

Reichwald, R.; Koller, H. [1996], Die Dezentralisierung als Maßnahme zur Förderung der Lernfähigkeit von Organisationen - Spannungsfelder auf dem Weg zu neuen Innovationsstrategien, in: Bullinger, H.-J. (Hrsg.) [1996], S. 105-156

Reichwald, R.; Möslein, K [1995], Wertschöpfung und Produktivität von Dienstleistungen? Innovationsstrategien für die Standortsicherung, in: Bullinger, H.-J. (Hrsg.) [1995a], S. 324-376

Reichwald, R.; Möslein, K. [1996], Telearbeit und Telekooperation, in: Bullinger, H.-J., Warnecke, H.-J. (Hrsg.) [1996], S. 691-708

Reichwald, R.: Wildemann, H. (Hrsg.) [1995], Kreative Unternehmen - Spitzenleistungen durch Produkt- und Prozeßinnovation, Stuttgart 1995

Reim, F. [1992], Entwicklung eines Verfahrens zur rechnergestützten Gestaltung verteilter Informationssysteme, Dissertation, Berlin 1992

Reiß, M. [1993], Führungsaufgabe „Implementierung", in: Personal 12/1993, S. 551-555

Reiß, M. [1993b], Auf das Unternehmertum der Mitarbeiter setzen, in: Personalführung 3/93, S. 48-51

Reiß, M. [1993c], Komplexität beherrschen durch „ORGA-TUNING", in: Reiss, M.; Gassert, H.; Horváth, P. (Hrsg.), [1993], S. 1-42

Reiß, M. [1994], Strategiegerechte Organisation, Betriebswirtschaftliches Institut der Universität Stuttgart, Abt. II: Allgemeine Betriebswirtschaftslehre und Organisation (Hrsg.), Universität Stuttgart 1994

Reiß, M. [1996], Dienstleistungen als Infrastruktur für dezentrale Organisationsformen, in: Bullinger, H.-J. (Hrsg.) [1995a], S. 408-426

Reiß, M. [1997a], Change Management als Herausforderung, in: Reiß, M.; Rosenstiel, L. v.; Lanz, A. (Hrsg.) [1997], S. 5-30

Reiß, M. [1997b], Aktuelle Konzepte des Wandels, in: Reiß, M.; Rosenstiel, L. v.; Lanz, A. (Hrsg.) [1997], S. 31-90

Reiß, M. [1997c], Instrumente der Implementierung, in: Reiß, M.; Rosenstiel, L. v.; Lanz, A. (Hrsg.) [1997], S. 91-108

Reiß, M. [1997d], Chancen- und Risikenmanagement im Change Management, in: Reiß, M.; Rosenstiel, L. v.; Lanz, A. (Hrsg.) [1997], S. 109-122

Reiß, M. [1997e], Optimierung des Wandels, in: Reiß, M.; Rosenstiel, L. v.; Lanz, A. (Hrsg.) [1997], S. 123-144

Reiss, M.; Gassert, H.; Horváth, P. (Hrsg.) [1993], Komplexität meistern - Wettbewerbsfähigkeit sichern, Stuttgart 1993

Reiß, M.; Höge, R. [1994], Schlankes Controlling in segmentierten Unternehmen, in: Betriebswirtschaftliche Forschung und Praxis (BfuP) 3/94, S. 211-224

Reiß, M.; Rosenstiel, L. v.; Lanz, A. (Hrsg.) [1997], Change Management: Programme, Projekte und Prozesse, Stuttgart 1997

Roos, A. [1996], Verfahren und Werkzeuge zur Modellierung von Geschäftsprozessen, in: Bullinger, H.-J., Warnecke, H.-J. (Hrsg.) [1996], S. 667-679

Rosenstiel, L. v. [1987], Grundlagen der Organisationspsychologie, 2. Aufl., Stuttgart 1987

Sakurai, M. [1989], Target Costing and How to Use it, in: Journal of Cost Management, Vol. 3, No. 2, Summer 1989, S.39-50

Scheer, A.W. [1995], Wirtschaftsinformatik, Referenzmodelle für industrielle Geschäftsprozesse, 6. Aufl., Berlin 1995

Scheer, A.-W.; Remme, M. [1996], „Intelligente Ereignisgesteuerte Prozeßketten" in der lernenden Organisation, in: Bullinger, H.-J. (Hrsg.) [1996], S. 157-174

Scheer, A.-W. [1997], Die Geschäftsprozesse einheitlich steuern, in: Harvard Business Manager, 1/1997, S. 115-121

Schmidt, S. L.; Treichler, C. [1996], So klappt Business Reengineering, in: Harvard Business Manager 3/1996, S.118-121

Schnabel, U. G.; Roos, A. W. [1996], Business Reengineering in Mittelständischen Unternehmen, Frankfurt am Main 1996

Schneider, H.; Knebel, H. [1995], Team und Teambeurteilung: Neue Trends in der Arbeitsorganisation, Köln 1995

Servatius, H.-G. [1996], Internationales Wachstum durch vernetzte Intelligenz, in: Zahn, E. (Hrsg.) [1996a], S. 31-54

Smith, E. [1987], Kausalität und Temporalität bei der Modellbildung, in: Halin, J. (Hrsg.) [1987], S. 127-134

Soboll, H. [1995], Kooperation in zukünftigen Produktions- und Dienstleistungsprozessen, in: Bullinger, H.-J. (Hrsg.) [1995a], S. 114-125

Sonderegger, W.; Egger, B. [1996], Ganzheitliches Kostenmanagement zur permanenten Steigerung der Produktivität, in: Bullinger, H.-J.; Warnecke, H.-J. (Hrsg.) [1996], S. 1015-1022

Speck, P. [1994], Auf dem Weg zum Lernunternehmen, in: Bullinger, H.-J. (Hrsg.) [1994b], S. 239-252

Stachowiak, H. [1995], Pragmatische Tendenzen in der Wissenschaftstheorie, Bd. 5 in Handbuch pragmatischen Denkens, Hamburg 1995

Staehle, W. H. [1991], Management, 6. überarbeitete Auflage, München 1991

Steinebach, N. [1991], Verwaltungsbetriebslehre, 4. überarb. Auflage, Regensburg 1991

Streib, F. [1992], Das japanische Unternehmen als Überlebensgemeinschaft - Mensch und Unternehmen im Netzwerkkapitalismus, Deutsche Industrie- und Handelskammer in Japan (Hrsg.), Tokyo 1992

Striening, H.-D. [1988], Prozeß-Management, Frankfurt am Main 1988

Taguchi, G.; Clausing, D. [1990], Radikale Ideen zur Qualitätssicherung, in: Harvardmanager 4/1990, S. 35-48

Taylor, F. W. [1983], Die Grundsätze wissenschaftlicher Betriebsführung, Nachdruck von 1919, München 1983

Thiede, R. [1994], Partnerschaftliche Wertschöpfung - der KVP^2-Prozeß in der VW AG, Bullinger, H.-J. (Hrsg.) [1994b], S. 201 -209

Tikart, J. [1995], Zuerst die Menschen gewinnen, in: Bullinger, H.-J., Mutius, B.v. [1995], S. 36-49

Tiemeyer, E. [1995], Software zur Zielbildung und Alternativenbewertung, in: ZFO 5/1995, S. 316-321

Venkatraman, N.[1994], IT-Enabled Business Transformation: From Automation to Business Scope Redefinition, in: Sloan Management Review, Winter 1994, S. 73-87

Vossen, G. [1996], Geschäftsprozeßmodellierung und Workflow-Management, Bonn 1996

Walz, H.; Bertels, T. [1995], Das intelligente Unternehmen, Landsberg/Lech 1995

Warnecke, H.-J. [1993], Revolution der Unternehmenskultur, Berlin Heidelberg 1993

Weber, B. [1996], Die Fluide Organisation: konzeptionelle Überlegungen für die Gestaltung und das Management von Unternehmen in hochdynamischen Umfeldern, Bern, Stuttgart, Wien 1996

Wedde, P. [1994], Telearbeit: Handbuch für Arbeitnehmer, Betriebsräte und Anwender, 2. vollst. überarb. Auflage, Köln 1994

Weiß, D.; Krcmar, H. [1996], Workflow-Management: Herkunft und Klassifikation, in: Wirtschaftsinformatik 38 (1996) 5, S. 503-513

Wieselhuber, N. [1996], Formulierung strategischer Unternehmensziele, in: Bullinger, H.-J.; Warnecke, H.-J. (Hrsg.) [1996], S. 333-335

Wildemann, H. [1996a], Dezentralisierung von Kompetenz und Verantwortung, in: Bullinger, H.-J.; Warnecke, H.-J. (Hrsg.) [1996], S. 360-378

Wildemann, H. (Hrsg.) [1996b], Schnell lernende Unternehmen - Quantensprünge im Wettbewerb, Frankfurt am Main, 1996

Wildemann, H. [1996c], Wettbewerbsvorteile durch schnell lernende Unternehmen, in: Wildemann, Horst (Hrsg.) [1996b], S. 17-31

Wildemann, H. [1996d], Lösungsansätze zur Steigerung der Lerngeschwindigkeit in Unternehmen, in: Wildemann, H. (Hrsg.) [1996b], S. 32-44

Womack, J. P. [1995], Neues von Hammer und Champy, in: Harvard Business Manager 1/1995, S.15-17

Womack, J. P.; Jones, D. T. [1997], Der Weg zum perfekten Unternehmen, Frankfurt/Main, New York 1997

Womack, J.P.; Jones, D.T.; Roos, D. [1992], Die zweite Revolution in der Autoindustrie: Konsequenzen aus der weltweiten Studie des Massachusetts Institute of Technology, Frankfurt/Main, New York 1992

Zahn, E. [1971], Das Wachstum industrieller Unternehmen, Wiesbaden 1971

Zahn, E. [1979a], Signifikante Veränderungen im Umfeld der Unternehmen - eine Herausforderung für Führungslehre und -praxis -, Antrittsvorlesung gehalten am 30. April 1979 an der Universität Stuttgart

Zahn, E. [1979b], Diskontinuitäten im Verhalten sozio-technischer Systeme, in: DBW 39 (1979), S. 119-141

Zahn, E. [1983], Diskontinuitätenmanagement: Stand der Entwicklung und betriebswirtschaftliche Anwendungen, Lehrstuhl für Allg. Betriebswirtschaftslehre und betriebswirtschaftliche Planung, Universität Stuttgart, Nov. 1983

Zahn, E. (Hrsg.) [1991a], Auf der Suche nach Erfolgspotentialen: strategische Optionen in turbulenter Zeit, Stuttgart 1991

Zahn, E. [1991b], Innovation als Strategie in turbulenter Zeit, in: Zahn, E. (Hrsg.) [1991a], S. 31-54

Zahn, E. (Hrsg.) [1992a], Erfolg durch Kompetenz: Strategie der Zukunft, Stuttgart 1992

Zahn, E. [1992b], Konzentration auf Kompetenz - ein Paradigmawechsel im strategischen Management?, in: Zahn, E. (Hrsg.) [1992a], S. 1-38

Zahn, E. [1993a] (Hrsg.), Fit machen für den Wettbewerb, Stuttgart 1993

Zahn, E. [1993b], Die strategische Renaissance des Unternehmens, in: Zahn, E. [1993a], S. 1-50

Zahn, E. (Hrsg.) [1995a], Mit Kreativität die Zukunft meistern, Stuttgart 1995

Zahn, E. [1995b], Kreativität als Erfolgsfaktor, in: Zahn, E. (Hrsg.) [1995a], S. 1-24

Zahn, E. (Hrsg.) [1996a], Strategische Erneuerungen für den globalen Wettbewerb, Stuttgart 1996

Zahn, E. [1996b], Strategische Erneuerung für den globalen Wettbewerb; in: Zahn, E. (Hrsg.) [1996a], S. 1-30

Zahn, E. [1996c], Führungskonzepte im Wandel, in: Bullinger, H.-J.; Warnecke, H.-J. (Hrsg.) [1996], S. 279-296

Zahn, E. [1996d], Kernkompetenzen, in: Kern W. (Hrsg.) [1996], Sp. 883-894

Zahn, E. [1997], Rüsten für den Wettbewerb um die Zukunft, in: Zahn, E.; Foschiani, S. (Hrsg.) [1997], S. 1-18

Zahn, E. [1997b], Planung und Controlling, in: Gleich, R. und Seidenschwarz, W. (Hrsg.) [1997], S. 65-91

Zahn, E. [1997c], Moderne Informations- und Kommunikationstechnologien als Wettbewerbsfaktor, in: Gassert, H.; Prechtl, M. (Hrsg.) [1997], S. 117-148

Zahn, E.; Dillerup, [1995], Beherrschung des Wandels durch Erneuerung, in: Reichwald, R.: Wildemann, H. (Hrsg.) [1995], S. 35-76

Zahn, E.; Greschner, J. [1996], Strategische Erneuerung durch organisationales Lernen, in: Bullinger, H.-J. (Hrsg.) [1996], S. 41-74

Zahn, E.; Foschiani, S. (Hrsg.) [1997], Wettbewerb um die Zukunft, Stuttgart 1997

Zangl, H. [1987], Durchlaufzeiten im Büro, 2. überarb. Auflage, Berlin 1987

Ziegler, J. [1996], Rechnerunterstützung für kooperative Arbeit - Computer Supported Cooperative Work, in: Bullinger, H.-J.; Warnecke, H.-J. (Hrsg.) [1996], S. 680-690

Zimmermann, A. [1992], Markterschließungsstrategien der japanischen Investitionsgüterindustrie am Beispiel der Elektroindustrie, Deutsche Industrie- und Handelskammer in Japan, Tokyo 1992

Zürn, P. [1996], Unternehmensethik und Führungskultur, in: Bullinger, H.-J.; Warnecke, H.-J. (Hrsg.) [1996], S. 297-314

7 Anhang A: Formulare zur Prozeßerfassung

<table>
<tr><td>Prozeßname:
"Vaterprozeß":
Prozeßverantwortliche(r):</td><td>Datum:</td><td>Blatt1
Prozeßgesamtdarstellung</td></tr>
<tr><td>Beginn des
Prozesses:</td><td colspan="2"></td></tr>
<tr><td>Ende des
Prozesses:</td><td colspan="2"></td></tr>
<tr><td colspan="3">Haupttätigkeiten</td></tr>
<tr><td>Lieferanten</td><td>Kennzahlen</td><td>Kunden</td></tr>
<tr><td></td><td></td><td></td></tr>
</table>

<table>
<tr><td colspan="2">Prozeßname:</td><td colspan="2">Datum:</td><td colspan="2">Blatt2
Beteiligte Bereiche</td></tr>
<tr><td>Beteiligte Bereiche

Prozeßsegmente</td><td></td><td></td><td></td><td></td><td></td></tr>
<tr><td></td><td></td><td></td><td></td><td></td><td></td></tr>
<tr><td></td><td></td><td></td><td></td><td></td><td></td></tr>
<tr><td></td><td></td><td></td><td></td><td></td><td></td></tr>
<tr><td></td><td></td><td></td><td></td><td></td><td></td></tr>
<tr><td></td><td></td><td></td><td></td><td></td><td></td></tr>
</table>

<table>
<tr><td rowspan="5"></td><td>Blatt 3
Prozeßdarst.</td></tr>
<tr><td>Aufnahme durch:</td></tr>
<tr><td>Ansprechpartner
(Name/Abteilung)</td></tr>
<tr><td>Prozeßname:
Datum:</td></tr>
<tr><td>Anmerkungen:</td></tr>
</table>

<table>
<tr><td>Prozeßname:</td><td>Datum:</td><td>Blatt 4
verb. Beschr.</td></tr>
<tr><td colspan="3">Verbale Beschreibung:</td></tr>
</table>

Prozeßname:	Datum:	Blatt5 Indikatoren

Beeinflußbarkeit	Priorisierte Indikatoren		Maßeinheit
beeinflußbar	1.		
	2.		
	3.		
nicht beeinflußbar	1.		
	2.		
	3.		

Prozeßname:	Datum:	Blatt6 Problemfelder

Problemfelder:

Frequenz/Menge:

Prozeßsegment	Durchlaufzeit (min/max)	Bearbeitungszeit (min/max)	Liegezeit (min/max)	Gründe

Anmerkung: Zur Nutzung des Formulars 3 ist eine Abstimmung mit den im Modellierungswerkzeug möglichen Symbolen und den notwendigen organisatorischen Modellierungsanforderungen notwendig.

8 Anhang B: Beispiele zu den Konfigurationsübergängen

Beispiel zu Konfigurationsübergang 1

Als Ausgangskonfiguration für das "impulsive Unternehmen" ist z.B. ein Online-Dienst-Anbieter für Internetdienste vorstellbar. Er wird von einem impulsiven Top-Manager aufgebaut und geführt, der ad hoc Entscheidungen statt strategischer Planung schätzt. Die organisatorischen Strukturen und die Informationssysteme können mit dem raschen Wachstum nicht schritthalten. Das Unternehmen gerät so in eine Krisensituation. Es muß dem Unternehmen gelingen, in der Phase des Quantum Change eine Konsolidierung zu erreichen durch

- eine Konzentration auf Kernkompetenzen,

- eine differenzierte, flexible Struktur mit Kompetenzverlagerung nach unten und

- ein verbessertes Informationsmanagement.

U.U. wird durch externen Druck ein konservativeres Management eingesetzt. Als Zielkonfiguration ist ein Unternehmen denkbar, das in selbststeuernde, durch Führungsinformationssysteme unterstützte, Center gegliedert ist (z.B. in Center für Rechenzentrumsbetrieb, Beratung beim Online-Marketing u.s.w.). Das Resultat entspricht der Konfiguration, die als "Gigant unter Feuer" bezeichnet wird.

Beispiel zu Konfigurationsübergang 2

Eine Ausgangskonfiguration für das "impulsive Unternehmen" ist der Online-Dienst-Anbieter wie in Beispiel 1. Wie bereits dargestellt, wird es von einem impulsiven Top-Manager aufgebaut und geführt, der ad hoc Entscheidungen statt strategischer Planung schätzt. Die organisatorischen Strukturen und die Informationssysteme können mit dem raschen Wachstum nicht schritthalten. Das Unternehmen gerät so in eine Krisensituation. Es muß dem Unternehmen gelingen, in der Phase des Quantum Change eine Technologieführerschaft zu erreichen und

- eine offene, kreative Unternehmenskultur,

- eine differenzierte, flexible Struktur mit Kompetenzverlagerung nach unten,

- ein verbessertes Informationsmanagement und

- Einsicht des Top-Managers in stark partizipativ geprägte Strategiefindungsprozesse.

Als Zielkonfiguration ist ein von Selbsteuerung, Projektarbeit und hoher Kundennähe geprägtes Unternehmen denkbar, das seine Innovationsführerschaft durch ständigen Einsatz und Prüfung neuester Technologien ausbaut, d.h. in diesem Fall Spezialisten für Intranet-Lösungen, Java und VRML besitzt. Das Resultat entspricht der Konfiguration, die als "Anpassende Firma in stark herausfordernder Umwelt" bezeichnet wird.

Beispiel zu Konfigurationsübergang 3

Als Ausgangskonfiguration für die "stagnierende Bürokratie" ist ein kommunaler Energieversorger in öffentlichem Besitz denkbar. Bürokratische Strukturen und gesetzliche Zwänge beschränken die Handlungsspielräume sowie ein konservativ geprägtes Management. Das Unternehmen ist durch die extrem ruhige Umwelt "eingeschläfert". Der entscheidende Impuls entsteht durch politisch-gesellschaftlichen Druck. Der Besitzer erzwingt den Quantum Change.

Es muß dem Unternehmen gelingen in der Phase des Quantum Change folgendes zu erreichen:

- eine kulturelle Akzeptanz des Arbeitens in Konkurrenzsituationen,

- neue Karriere- und Entgeltstrukturen,

- Zukauf von know how und

- Ausbau der Informations- und Kommunikationstechnik-Systeme.

Die Zielkonfiguration ist ein Energiedienstleister, der Beratungs- und komplette Serviceleistungen für verschiedene Energiebereiche anbietet. Das Resultat entspricht der Konfiguration, die als "unternehmerisches Konglomerat" bezeichnet wird.

Beispiel zu Konfigurationsübergang 4

Als Ausgangskonfiguration für die "stagnierende Bürokratie" ist eine staatliche Behörde denkbar. Bürokratische Strukturen und gesetzliche Zwänge beschränken die Handlungsspielräume sowie ein konservativ geprägtes Management. Das Unternehmen ist durch die extrem ruhige Umwelt "eingeschläfert". Der entscheidende Impuls entsteht durch politisch-gesellschaftlichen Druck. Der Besitzer erzwingt den Quantum Change. Ein Beispiel ist der Telekommunikationsteil der früheren Deutschen Bundespost.

Es muß dem Unternehmen gelingen, in der Phase des Quantum Change folgendes zu erreichen:

- die Umwelt muß kontrollierbar gemacht werden durch strategische Allianzen und das Schaffen neuer Dienstleistungsprodukte,

- das Arbeiten in Konkurrenzsituation muß erlernt werden und

- neue Karriere- und Entgeltstrukturen sind einzuführen.

Die Zielkonfiguration, d.h. in diesem Fall die Telekom, entspricht der Konfiguration, die als "dominantes Unternehmen" bezeichnet wird.

Beispiel zu Konfigurationsübergang 5

Als Ausgangskonfiguration für die "stagnierende Bürokratie" ist eine kommunale Behörde für die Entsorgung denkbar. Bürokratische Strukturen und gesetzliche Zwänge beschränken die Handlungsspielräume, sowie ein konservativ geprägtes Management. Das Unternehmen ist durch die extrem ruhige Umwelt "eingeschläfert". Der entscheidende Impuls entsteht durch politisch-gesellschaftlichen Druck. Der kommunale Besitzer erzwingt den Quantum Change.

Es muß dem Unternehmen gelingen, in der Phase des Quantum Change einen vor allem mentalen Wandel zu erreichen durch

- Erlernen des Arbeitens in Konkurrenzsituation,

- neue Karriere- und Entgeltstrukturen und

- die genaue Beobachtung des Marktes hinsichtlich Konkurrenz und gesetzlichen Vorgaben.

Es besteht eine stabile Umwelt durch gesetzliche Vorgaben. Die Zielkonfiguration ist ein privatisiertes Entsorgungsunternehmen. Das Resultat entspricht der Konfiguration, die als "anpassende Firma in wenig herausfordernder Umwelt" bezeichnet wird.

Beispiel zu Konfigurationsübergang 6

Als Ausgangskonfiguration für die "stagnierende Bürokratie" ist eine staatliche Behörde, wie z.B. ein gesetzlicher Rentenversicherer denkbar. Bürokratische Strukturen und gesetzliche Zwänge beschränken die Handlungsspielräume sowie ein konservativ geprägtes Management. Das Unternehmen ist durch die extrem ruhige Umwelt "eingeschläfert". Der entscheidende Impuls entsteht durch politisch-gesellschaftlichen Druck. Der Besitzer (d.h. in der Regel Kommunen, Land oder Bund) erzwingt den Quantum Change.

Es muß dem Unternehmen gelingen, in der Phase des Quantum Change einen Wandel von Webers Bürokratieverständnis zu einem "New Public Management"[472] zu erreichen durch

- Vereinfachung und Konzentration auf das Wesentliche,

- Stärkung der Kompetenzräume der Mitarbeiter und ihrer Beweglichkeit,

- stärkere Ausprägung von Führung,

- Einbringung marktwirtschaftlicher Verhaltensweisen und

- verstärkte Nutzung neuer Informationstechnik.

Das Resultat entspricht der Konfiguration, die als "Moderne Bürokratie" bezeichnet wird.

Beispiel zu Konfigurationsübergang 7

Als Ausgangskonfiguration für den "kopflosen Gigant" ist z.B. ein Medienunternehmen denkbar. Ein schwaches Management und unkoordinierte Sparten prägen das Unternehmen. Information wird als Mittel zum Machterhalt des schwachen Managements genutzt. Das Management ist mit Routineaufgaben statt strategischer Planung beschäftigt.

Es muß dem Unternehmen gelingen, in der Phase des Quantum Change folgendes zu

---

[472] vgl. Gleitze, W.; Frercks, L. [1996], S. 3 und vergleichende Abbildung 16: Bürokratieverständnis im Wandel

erreichen:

- Diversivizierung in Online-Medien, Printmedien usw.,

- unternehmerisches Management,

- sehr gute Informations- und Kontrollsysteme, die ein zentrale Koordination der dezentralen Einheiten ermöglichen,

- Wachstums- und Kauforientierung und

- strategische Planung durch das Top-Management.

Die Zielkonfiguration entspricht der Konfiguration, die als "unternehmerisches Konglomerat" bezeichnet wird.

Beispiel zu Konfigurationsübergang 8

Als Ausgangskonfiguration für das "hinterherhinkende Unternehmen" ist eine kleine DV-Beratung vorstellbar, die sich auf eine auslaufende Technologie spezialisiert hat. Eine funktionale, zentralisierte Struktur, häufiger Managementwechsel und Personal, das geprägt ist von einer ständigen Verlierersituation prägen das Unternehmen. Das Unternehmen gerät so in eine Krisensituation. Es muß dem Unternehmen gelingen, in der Phase des Quantum Change das Personal für einen letzten entscheidenden Versuch zum Wandel zu motivieren. Notwendig ist dazu

- die Installation einer offenen, kreativen Unternehmenskultur,

- eine differenzierte, flexible Struktur mit Kompetenzverlagerung nach unten,

- ein verbessertes Informationsmanagement und

- die Einsicht des Top-Managers in stark partizipativ geprägte Strategiefindungsprozesse, die in neuen Produktentwicklungen münden müssen.

Als Zielkonfiguration ist ein von Selbsteuerung, Projektarbeit und hoher Kundennähe geprägtes Unternehmen denkbar, das seine Innovationsführerschaft durch ständigen Einsatz und Prüfung neuester Technologien ausbaut. Das Resultat entspricht der Konfiguration, die als "Anpassende Firma in stark herausfordernder Umwelt" bezeichnet wird.

Beispiel zu Konfigurationsübergang 9

Als Ausgangskonfiguration für die "Anpassende Firma in wenig herausfordernder Umwelt" ist eine Autovermietung vorstellbar, die sich mit verschiedenen Vertriebsformen (eigenen Vermietstationen, Lizenznehmern) in einem Markt mit starker Konkurrenz, aber großem Volumen und "klaren Spielregeln" etabliert hat. Ein Konfigurationswechsel ist in Richtung auf ein Unternehmen mit flexibleren Vertriebswegen, detailliertem Informationssystem und Controlling in einer dann heterogeneren Umwelt denkbar.

Zielkonfiguration ist ein Mobilitätsanbieter in einem virtuellen Netzwerk von verschiedensten Kooperationspartnern wie Reisebüros, Bahn, Kommunen, Fluglinien, Tankstellenketten, Reparaturwerkstätten; das Unternehmen hat sich zu einem "Giganten unter Feuer" entwickelt.

Ein weiteres Beispiel für diesen Konfigurationsübergang sind Organisationen wie Technische Überwachungsvereine, die sich zu technischen Universaldienstleistern wandeln.

Beispiel zu Konfigurationsübergang 10

Als Ausgangskonfiguration für die "Anpassende Firma in stark herausfordernder Umwelt" ist ein kleineres Unternehmen im Multi-Media Bereich denkbar, das einige Nischenpositionen erfolgreich besetzt hat. Der Ausbau dieser Positionen zu eigenständigen Geschäftsfeldern, verbunden mit dem Aufbau eines effizienten Informationsmanagements, kann das Unternehmen in einer dann heterogeneren Umgebungssituation erfolgreich agieren lassen. Die Zielkonfiguration ist ein stabiles, diversifiziertes, modular aufgebautes Unternehmen, das seine sehr stark ausgeprägte Innovationskraft etwas reduziert hat. Die Zielkonfiguration wird als "Gigant unter Feuer" bezeichnet.

Beispiel zu Konfigurationsübergang 11

Ausgangskonfiguration für die "Anpassende Firma in stark herausfordernder Umwelt" ist z.B. eine größere Bank. Eine wachtums- und kauforientierte Strategie führt zur

Zweigstellenreduktion mit größeren Zweigstellen und spezialisierter Kundenbetreuung für das "relationship banking" einerseits, zu neuen Tochtergesellschaften für das "technolgy banking" durch Telefonbanking und Online-Banking, zu Tochtergesellschaften für Versicherungen und Kooperationen mit Partnern im Kreditkartenbereich andererseits.

Zielkonfiguration ist das "unternehmerische Konglomerat", das durch eine komplexe Umwelt gekennzeichnet ist.

Beispiel zu Konfigurationsübergang 12

Ausgangspunkt für eine "Anpassende Firma in stark herausfordernder Umwelt" ist z.B. eine große Software-Company, wie es Microsoft bis vor einigen Jahren war. Eine dynamische und feindliche Umweltsituation hat sich in eine partielle Umweltkontrolle durch vertragliche Kundenbindungen, Allianzen, Partnerschaften u.s.w. gewandelt. Das Management kann sich auf die bisherigen großen Erfolge stützen. Es ist ein „dominantes Unternehmen" entstanden.

Ein weiteres Beispiel ist die SAP AG, die sich als Global Player mit Vertriebs- und Entwicklungspartnern, Hardwarepartnern, Logo-Partnern und Technologiepartnern[473] in ihrem Marktsegment eine dominierende Stellung verschafft hat.

Beispiel zu Konfigurationsübergang 13

Ein Beispiel für ein "dominantes Unternehmen" ist die Bahn AG. Sie hat die Möglichkeit einer partiellen Umweltkontrolle. Neue gesetzliche Rahmenbedingungen und ein konsequenter Ausbau des Informationsmanagements erlauben es dem Unternehmen, zunehmend in einer dynamischen, feindlichen und heterogenen Umwelt zu bestehen, in der neue Geschäftsfelder mit strategischen Partnern aufgebaut werden können (z.B. DBKom). Es entsteht eine Konfiguration, die dem "Gigant unter Feuer" entspricht.

---

[473] vgl. Hopp, D. [1996], S. 129 f

Beispiel zu Konfigurationsübergang 14

Die Ausgangskonfiguration für den "Gigant unter Feuer" ist z.B. ein großes Möbelhaus, das durch Zukäufe von kleinen Zulieferern und anderen spezialisierten Möbelhäusern eine regional bedeutende Stellung erlangt hat. Das Management hat die Aufgabe, die Markteintrittsbarrieren durch eine möglichst vollständige Abdeckung der Nischenmärkte und durch kontinuierliche Verbesserungsanstrengungen zu erhöhen und die Umwelt so zu "beruhigen". Das Management kann sich beim Wandel auf vergangene Erfolge stützen. Zielkonfiguration ist das "dominante Unternehmen".

Beispiel zu Konfigurationsübergang 15

Die Ausgangskonfiguration für den "Gigant unter Feuer" kann ein großes Telekommunikationsunternehmen sein. Die Entwicklung neuer autonomer Strukturen für neue Geschäftsbereiche wie digitales TV und der Zukauf neuer Geschäftsbereiche läßt die Zielkonfiguration des „unternehmerischen Konglomerats" entstehen. Das Management muß dazu Strukturen schaffen, die unternehmerisches Handeln in den Mittelpunkt stellen (z.B. Management-Buy-Out, Intrapreneurship) und eine detaillierte Marktbeobachtung für die Akquisition von Unternehmen in neuen Geschäftsfeldern ermöglichen.

Beispiel zu Konfigurationsübergang 16

Ausgangspunkt für das "Unternehmerisches Konglomerat" kann ein stark diversifiziertes Handelsunternehmen sein, das Lohnverpackungen, Handel mit Industrieware und Frachttransporte, sowie Beratungsleistungen im Logistikbereich für seine Kunden durchführt. Da das Unternehmen keine marktbeherrschende Stellung erlangen kann, muß es in einer "feindlichen" Umwelt ein flexibles, gut ausgebautes Informationsmanagement für seine Geschäftsprozesse aufbauen, um Wachstumspotentiale zu identifizieren und Risiken abwehren zu können. Zielkonfiguration ist der "Gigant unter Feuer".

Beispiel zu Konfigurationsübergang 17

Ausgangspunkt für das "innovative Unternehmen" ist z.B. ein mittelständischer Finanz-dienstleister. Durch den Ausbau des Informationsmanagements und die Zusammen-arbeit mit starken Vertriebspartnern, z.B. im Bereich des Kreditkarteneinsatzes mit der Reise- und Verkehrsbranche, kann es dem Unternehmen gelingen, Wachstumsmärkte in einer "feindlichen" und heterogenen Umgebung zu erschließen. Zielkonfiguration ist der "Gigant unter Feuer".